향화학

이론과 실제

AROMA CHEMISTRY

향화학

이론과 실제

차용준 · 장성민 · 정은정 · 유대웅

수학사

| 머리말 |

향기 성분의 분석을 처음 접한 것은 1980년대 초 대학원 박사 과정에서 수산 발효 식품의 풍미 성분 변화를 규명하면서이다. 그 당시 국내 휘발성 향기 성분의 추출 방법과 분석 기술은 너무나 열악한 환경이었다. 연구 인력도 드물고 기술 정보도 얻기 힘들었지만, 무엇보다 분석 장비인 GC-MSD는 꿈도 못 꿀 형편이었다. 또한 검출된 화합물의 구조식을 그려 놓고 질량 스펙트럼 데이터(mass spectral data)와 비교하면서 겨우겨우 동정하는 수준이었다.

오늘날 향료 분야는 우리나라의 경제 수준과 문화생활의 확대와 함께 적용 분야가 크게 발전하였다. 향수, 화장품, 세제, 방향제, 비누, 샴푸와 같은 가정 잡화 용품부터 치약과 같은 의약 외용품과 약용 향료, 연초 향료와 함께 산업계에서도 도시가스의 보안용 및 공장 환경 개선용, 그리고 음식 조리 및 식품 가공 산업 분야에 이르기까지 향화학의 역할은 이미 소비자의 관능 요소를 충족시키는 단계로 발전하였다. 향화학 베이스라 할 수 있는 향료 산업은 이제 정밀 화학의 고부가 가치 산업이 되었다.

1990년 중반 대학원 및 학부 과정에서는 향화학 강좌를 개설하여 향기 분석 기술 및 식품 향료를 중심으로 강의를 시작하였고, 향화학의 영역을 식품 향료에서 화장품 향료로 점차 넓혀갔다. 식품이나 화장품이나 조향사가 적용하는 향료는 소재의 차이만 있을 뿐, 천연에서 향기 물질을 추출, 동정하거나 천연·합성 향료의 조향 기술을 통하여 목적하는 제품을 개발 또는 창조해 내는 것은 모두 비슷하다.

이 책에서는 먼저 냄새가 무엇인지 냄새를 인식하는 메커니즘부터 향료의 역사, 향료 물질의 추출 방법, 냄새 표현 방법 및 기기 분석을 통한 향기 성분의 분석 방법을 소개하였다. 다음으로 동물성·식물성 천연 향료의 종류와 추출된 향유의 용도·특성을 설명하였으며, 이를 이용한 아로마테라피도 실제로 적용하기 쉽게 안내하였다. 또한 천연물의 부족분을 대체한 합성 향료, 천연 향료와 합성 향료를 소재로 한 조합 향료의 향장품 적용, 향료의 응용 및 식품 향료 분야의 적용에 이르기까지 현장 중심의 사례를 다루고, 마지막으로 직업인으로서의 조향사와 진출 분야도 함께 소개하였다.

이 책은 그동안 축적된 강의록을 바탕으로 출발하여 식품 및 향장 산업, 바이오 분야 전공 학생들뿐만 아니라 향에 관심이 많은 사람들도 학습하여 이 분야의 연구 인력이 확대할 수 있도록 보완하였고, 현장에서도 유용하게 활용할 수 있도록 준비하였다. 특히 용어는 현장에서 주로 쓰이는 표현을 중심으로, 한글 및 원어를 병용 표기하여 이해하기 쉽도록 하였다.

저자 4명이 힘을 합쳐 열정을 다해 만든 이 결과물을 통하여 향이 주는 즐거움의 폭을 넓혀 나가는 데에 큰 도움이 되길 기대하며, 이 책을 출판하기 위해 수고하여 주신 수학사의 이영호 사장님과 직원 여러분의 노고에 깊은 감사를 드린다.

2022년 8월

대표 저자 차용준

| 차례 |

제3장 향료의 역사

제4장 향료의 분류 및 추출법

제8장 아로마 오일의 용도와 특성

제9장 향기 요법(아로마테라피)

제13장 식품 향료

제14장 향수와 조향사의 세계

제1장

냄새란 무엇인가

1. 냄새로 대화할 수 있는가
2. 밀감류의 영양 성분과 향의 비교 분석
3. 밀감의 품질은 향이 좌우한다
4. 냄새의 화학적 특성

몸에서 나는 냄새를 체취라고 한다. 체취는 신체 부위에 따라 다르게 나는데 암내, 입 냄새(구취), 발 냄새, 머리 냄새 등이 대표적이다. 또한 체취는 나이에 따라 변하는데, 갓난아기일 때는 모유(또는 분유)가 주식이기에 젖비린내가 나지만, 청소년기나 청년기에는 신진대사가 활발해서 싱싱한 체취가 나고, 중년 남자에게는 아저씨 냄새가, 노년기에는 노인 냄새라는 불쾌한 체취가 생성된다.

한편으로 인종이나 식습관, 성별에 따라 체취도 제각각이다. 뭘 먹었느냐에 따라 체취가 달라지기도 한다. 예를 들어 과일을 많이 먹으면 체취가 약해지지만, 단백질이 풍부한 음식을 먹으면 상대적으로 강해진다. 최근에는 신체에서 나는 냄새를 분별하여 건강의 지표로 활용하기도 한다. 한의학에서는 호흡할 때 풍기는 냄새에 따라 신체의 어떤 기관에 문제가 있는지 파악할 수 있다고 한다.

인간이 의사소통할 때 사용하는 언어는 대체로 시각과 청각에 의존하기에 후각은 상대적으로 점차 퇴화하였다. 그러나 다른 동물은 여전히 후각이 소통의 중요한 수단으로 쓰인다. 그러나 인간도 갓 태어났을 때는 후각을 통하여 엄마를 인지한다. 그리고 이성 간에는 시각적인 것 외에 냄새를 유발하는 페로몬의 역할이 중요한 역할을 한다.

페로몬(pheromone)은 그리스어로 pherein(운반하다)과 hormone(흥분시키다)의 합성어로, 몸에서 분비되어 다른 사람의 생리적·행동적 변화를 유발하는 화학 전달 물질이다. 냄새로 표시되는 우월성에서 페로몬은 가장 중요한 수단이기에 체취가 좋으면 본능적으로 끌리고 불쾌한 체취가 나면 꺼려진다. 그러면 인간은 냄새로 대화할 수 있는지 궁금증이 생길 것이다.

1. 냄새로 대화할 수 있는가

영국 서식스(Sussex) 대학교 심리학자인 존 드루리(John Drury) 교수 연구 팀이 사람의 체취와 집단 소속감의 반응에 관해 실험한 연구 논문을 살펴보자.

첫 번째 실험은 서식스 대학교 학생 45명에게 같은 지역의 경쟁 상대인 브라이튼(Brighton) 대학교 로고가 붙은 땀 냄새가 나는 티셔츠를 제시하고 체취를 맡게 했다. 실제로 두 대학교 티셔츠에서 나는 땀 냄새는 거의 차이가 없었지만, 서식스 대학교 학생들은 브라이튼 대학교의 로고가 있는 티셔츠에서 더 지독한 냄새가 난다고 답하였다.

두 번째 실험에서는 무의식적인 반응을 조사하였다. 이번에는 세인트앤드루(St. Andrews) 대학교 학생 90명에게 같은 지역의 경쟁 상대인 던디(Dundee) 대학교 로고가 붙은 땀 냄새가 나는 티셔츠를 제시하고 체취를 맡게 하였다. 이때 탁자에 손 소독제를 비치하고 손을 씻게 하여 학생들이 어떤 행동을 하는지 지켜보았다. 세인트앤드루 대학교 학생들은 자기 학교 로고가 붙은 티셔츠의 냄새를 맡을 때에 비해 더 빨리 걸어가 손 소독제를 더 많이 펌프질하였고, 더 오랜 시간 손을 씻었다.

이러한 결과로부터 연구 팀은 "같은 학교 학생의 티셔츠에서는 내집단(ingroup)의 동질 소속감 때문에 땀 냄새의 역겨움을 훨씬 덜 느낀 것이며, 이러한 동료 간의 동질성으로 인간 사회의 협동 관계가 가능해진 것으로 볼 수 있다."고 하였다. 따라서 인간은 냄새의 차별화로 내집단에서는 같은 땀 냄새라도 친구 몸에서 나면 그리 고약하게 느껴지지 않도록 진화한 것으로 볼 수 있다.

냄새는 이렇게 인간이 생존을 위하여 적으로부터 몸을 보호하고 음식물을 찾을 때부터 오랜 시간 동안 도구로 공존하였다. 기원전 3000년경 수메르 문물에는 향과 관련된 기술이 상형 문자로 새겨져 있고, 기원전 2500년경에는 미라를 제작할 때 방부·탈취 효과가 있는 향료를 사용하였다는 기록이 남아 있다. 이러한 역사는 이집트 문명에서 그리스·로마 시대를 거쳐 발전하였으며 인도, 중국뿐만 아니라 동양의 문화에도 향에 관한 기술이 축적되어 나라마다 고유한 향료 문화를 발전시켰다.

유기 화학과 분석 기술의 발달로 향료의 합성 기술이 19세기부터 비약적으로 발전하였고, 가스 크로마토그래피(gas chromatography)와 질량 분석기(mass selective detector), 적외선 분광 광도계(fourier transform infrared spectrometer) 등과 같은 분석 기기의 발달로 향료에 존재하는 냄새 성분의 화합물 구조와 특성까지도 규명되어 응용·적용되고 있다. 예를 들어 체취 가운데 대표적인 입 냄새는 마늘 냄새의 메탄티올(CH_3SH), 황 냄새의 황화수소(H_2S), 이황화메틸(CH_3-S-S-CH_3) 등이 주된 화합물 성분이며, 겨드랑이에서 풍기는 암내는 메틸헥사노익산〔$CH_3(CH_2)_3CH(CH_3)CO_2H$〕, 양파 냄새의 메틸설파닐헥사놀〔$CH_3(CH_2)_2CHS(CH_3)CH_2CH_2OH$〕 등이 주성분이다. 또, 발 냄새는 마늘 냄새인 메탄티올, 고린내 및 역겨운 냄새 성분인 프로판산($CH_3CH_2CO_2H$), 아이소발레르산〔$(CH_3)_2CHCH_2CO_2H$〕 등이 주성분으로 밝혀졌다.

최근에는 냄새 성분 중에서 향기로운 향을 관능에 결부하여 이것을 즐기려는 경향이 많아졌다. 즉, 천연 향료나 합성 향료를 이용해 향수의 새로운 향취를 창조하여 개인적으로 즐기거나 상업적으로 판매하는 경향이 강하게 나타나고 있다. 또한 일상생활에서는 향수 이외에 화장품, 비누, 세제, 치약, 구강제, 의약품(기침약 시럽, 경구용 액상 제제 등)뿐만 아니라 과자, 껌, 음료 등과 같은 가공 식품에도 널리 활용되고 있다. 산업용에서는 안전을 목적으로 냄새가 없는 도시용 가스, LPG 등에 황화메틸 등 사람이 싫어하는 물질을 넣어 가스 냄새를 인지하게끔 하고 있다. 또한 레저용으로 모기 기피제 등과 같은 방충제, 에어졸류, 살충제 등과 같이 광범위하게 사용되므로 일상생활에서 냄새의 적용은 불가분의 관계이다.

2. 밀감류의 영양 성분과 향의 비교 분석

밀감의 일반 성분을 분석하면 [표 1-1]과 같다. 밀감의 수분 함량은 89.1%로 대부분을 차지하고, 다음으로 탄수화물이 10.04%이다. 탄수화물 가운데 자당, 포도당, 과당과 같은 당류가 7.99%를 차지하고 나머지는 고분자 당이다. 단백질(0.53%), 지방(0.1%), 식이섬유(1.6%) 등의 성분은 밀감의 향미와 같은 품질에는 전혀 관여하지 않으며, 단지 당류와 무기질, 유기산류가 밀감의 맛을 좌우한다.

>>> 유기산류는 [표 1-1]에 표시할 수 없을 정도로 밀감에 미량 함유되어 있지만 맛에 중요한 역할을 한다.

표 1-1 밀감류의 일반 성분과 함량

성분	함량(g/100 g)	참고
수분	89.10	
단백질	0.53	
지방	0.10	
탄수화물	10.04	
총 당류	7.99	자당, 포도당, 과당
회분	0.19	
총 식이섬유	1.60	수용성 식이섬유, 불용성 식이섬유
총 아미노산	451.00 mg	필수 아미노산, 비필수 아미노산
무기질	137.39 mg	칼슘, 철, 마그네슘, 인, 칼륨, 나트륨, 아연 등
비타민	32.36 mg	베타카로틴, 비타민 E, 비타민 B, 비타민 C 등

자료: 식품영양성분DB, 식품의약품안전처, 2020

표 1-2 밀감류(천혜향)의 휘발성 향기 성분

기능 그룹	함량(mg/kg)	향기 화합물
알데하이드류 (aldehydes)	550.66	hexanal, (E)-2-hexenal, heptanal, 3-methylbutanal, octanal, nonanal, citronellal, (E)-2-nonenal, 1-*p*-menthen-9-al, decanal, neral, (E)-2-decenal, geranial, perillaldehyde, α-terpinen-7-al, undecanal, (E,E)-2,4-decadienal, (E)-2-undecenal, dodecanal, (E,Z)-2,6-dodecadienal, (E)-2-dodecenal, tridecanal, β-sinensal, (E,Z)-2,6-farnesal, pentadecanal, (E,E)-farnesal, α-sinensal, hexadecanal, 3-hydroxybutanal, tetradecanal
알코올류 (alcohols)	977.47	2-pentanol, 3-methyl-2-buten-1-ol, 2,3-butanediol, (Z)-3-hexen-1-ol, 1-octanol, linalool, (E)-*p*-mentha-2,8-dienol, (Z)-*p*-menth-2-en-1-ol, isoborneol, (E)-β-terpineol, 1-nonanol, borneol, 4-terpineol, *p*-cymen-8-ol, (E)-isocarveol, α-terpineol, (E)-carveol, citronellol, (Z)-carveol, geraniol, decanol, limonen-10-ol, *p*-menth-1-en-9-ol, perilla alcohol, 4-vinyl-guaiacol, pathulenol, α-elemol, γ-eudesmol, muurolol, cadinol, Neo-intermedeol, intermedeol, tetradecanol, (E,E)-2,6-farnesol, (Z,E)-α-bergamotol, viridiflorol, carvacrol, (E)-nerolidol
에스테르류 (esters)	121.31	ethyl acetate, (Z)-sabinene hydrate, methyl salicylate, octyl acetate, bornyl acetate, myrtenyl acetate, (E)-carvyl acetate, citronellyl acetate, neryl acetate, (Z)-carvyl acetate, geranyl acetate, *p*-menth-1-en-9-ol acetate, perillyl acetate, ethyl linoleate, ethyl linolenate, ethyl dodecanoate, dodecyl acetate, methyl linoleate, decyl acetate
케톤류 (ketones)	46.49	butanone, β-thujone, carvone, butyrophenone, oplopanone, nootkatone
산류 (acids)	116.24	decanoic acid, linoleic acid, oleic acid, dodecanoic acid, tetradecanoic acid, palmitic acid
테르펜류 (terpenes)	3,246.87	(E)-2-heptene, ethyl benzene, α-thujene, α-pinene, camphene, sabinene, β-pinene, β-myrcene, α-phellandrene, α-terpinene, *p*-cymene, limonene, (E)-β-ocimene, butyl benzene, γ-terpinene, α-terpinolene, *p*-cymenene, 1,3,8-*p*-menthatriene, bicycloelemene, δ-elemene, α-cubebene, α-copaene, β-elemene, α-funebrene, β-ylangene, (E)-β-caryophyllene, γ-elemene, α-guaiene, guaia-6,9-diene, (E)-β-farnesene, sesquisabinene, α-humulene, γ-gurjunene, germacrene D, β-chamigrene, selina-4,11-diene, β-selinene, valencene, bicyclogermacrene, α-selinene, (E,E)-α-farnesene, α-bulnesene, γ-cadinene, δ-cadinene, 7-epi-α-selinene, β-sesquiphellandrene, (Z)-limonene oxide, (E)-limonene oxide, caryophyllene oxide, humulene epoxide II, germacrene B

자료: *Korean J Food Preserv*, 23(7), 977-988, 2016

3. 밀감의 품질은 향이 좌우한다

그럼 밀감의 향긋한 향은 어디에서 오는 것일까? [표 1-2]에서 밀감류의 향기 성분을 분석한 결과를 살펴보자. 밀감류에서 나는 향기 성분의 주된 화합물은 테르펜류가 가장 많고, 다음으로 알코올류, 알데하이드류, 에스테르류, 산류, 케톤류로 구성된다는 것을 알 수 있다. 특히 여기에서 동정된 테르펜류는 향료 물질로 추출되어 향수나 화장품, 식용, 아로마 치료용으로 쓰이는 주된 구성 성분이다. 다음으로 함량이 많은 알코올류도 대부분 테르펜류의 산화 작용으로 생성되며 향기에 관여하는 주된 물질이다. 또한 알데하이드류, 에스테르류는 식물의 꽃이나 과일 열매 등과 같이 식물성 소재에서 추출되는 유용한 물질이다.

이러한 향기 성분의 함량을 보면 밀감 100 g에 단지 0.5 g 정도 함유되어 있다. 이러한 향기 성분이 밀감의 향뿐만 아니라 맛에도 직접 관여한다. 물론 이들 분석 동정된 물질은 모두 밀감의 향기에 관여하지는 않는다. 이들 화합물 중에서도 각 화합물의 함량(정량적 분석)을 각각의 화합물이 가지는 고유의 역치(threshold)로 나눈 냄새 값(odor value)으로 환산하여 볼 때, 냄새 값이 가장 높은 물질들이 밀감의 주된 향기 성분(aroma active compound)으로 관여한다. 그러면 실제로 향기 성분의 함량은 더 작아질 것이다.

일반적으로 식물성 천연 소재에서 증류법 또는 추출법 등 여러 가지 방법으로 얻는 에센셜 오일의 양은 이보다 훨씬 적다. 따라서 0.1~0.5% 범위의 향기 성분들이 밀감의 품질에 영향을 미치는 향미를 좌우한다. 과일의 향미를 표현할 적에 맛이 좋다고 표현하는데 혀로 인지하는 맛은 단맛, 짠맛, 쓴맛, 신맛, 감칠맛의 5가지뿐이다. 또한 냄새를 가진 분자로 40만여 종류가 알려져 있고, 이 중에서 사람은 대략 1만여 종을 구분할 수 있다는 것이 일반적인 통설이다.

따라서 우리는 수박의 냄새를 표현할 적에 '수박 향과 같은(-like)', '단 향(sweet) 및 멜론과 같은(melon-like)' 형태로 표현한다. 또한 카페에 들어갔을 때 커피 냄새를 맡고서 '좋은 커피 향' 등으로 인식한다. 실제 가스 크로마토그래피에 부착된 후각 측정기(olfactometry)를 이용하여 냄새 실험(sniffing test)을 할 적에 피라진류인 2,5-다이메틸피라진(2,5-dimethylpyrazine) 화합물의 냄새를 고소한(nutty), 초콜릿(chocolate), 볶은 참깨(roasted sesame), 바삭바삭한 빵(crisp bread-like) 또는 엿기름(malt-like) 냄새 등으로 표현한다. 결론적으로 물질의 향기 성분은 후각(코)을 통하여 뇌가 인지함으로써 그 물질의 향미와 같은 품질을 결정한다.

4. 냄새의 화학적 특성

1) 함량이 매우 적다

후각이 민감한 사람은 담배 연기를 수 킬로미터 밖에서도 맡을 수가 있어서, 군대에서 경계 근무를 설 때 담배를 절대로 소지할 수가 없다. 이처럼 냄새는 구성 화합물의 특성에 따라 인식해서 선별할 수 있다. 앞서 우리는 밀감의 일반 성분과 향기 성분을 살펴보았다. 그리고 밀감류의 향미와 같은 품질은 주된 향기 성분에서 유래된다고 하였다. 그러나 이러한 성분의 전체 함량은 ppm 단위로 정량적으로 보더라도 0.5% 이하로 매우 적었다. 특히 함황화합물 함량은 0.01 ppb만 존재하여도 인지할 수 있어서 산업 분야에서 위험한 가스에 첨가하여 안전을 도모한다.

이러한 화합물을 우리가 냄새로 인식하려면 몇 단계를 거쳐야 한다. 첫째, 분자량이 25~300 amu(atomic mass unit)이어야 한다(질량 분석기에서 분석할 적에는 실제로 35~330 amu 범위로 설정한다). 그리고 끓는점이 낮으면 기화하기 쉬운데, 휘발성 향기 물질은 대부분 끓는점이 300°C 이하이다. 일부 향기 화합물 중에는 끓는점이 높은 물질도 많은데, 이때 증기압은 상대적으로 낮아진다. 이러한 향기 물질 가운데 휘발성이 큰 물질이 코로 들어오면 후각 상피세포의 후각 수용체와 결합하여 신경계를 통해 대뇌에서 향기 물질을 인식하게 된다.

>>> 냄새의 인식 메커니즘은 제2장에서 구체적으로 소개한다.

2) 향기 성분의 인식은 각 화합물의 함량보다 냄새 값에 지배를 받는다

냄새 값이란 앞에서 설명한 대로 특정 화합물의 함량을 그 화합물이 가지는 고유의 역치로 나눈 값을 말한다. 여기서 역치란 각 화합물의 냄새를 코로 맡을 때 느낄 수 있는 최저 농도를 의미한다. [표 1-3]을 통해 실제로 젓갈류에서 냄새 물질을 분석하여 동정된 각 화합물을 그 화합물의 역치로 나눈 냄새 값을 비교하여 보자.

표 1-3 젓갈류의 주된 향기 성분

화합물	머무름 지수 (RI)	멸치		새우		참치 소스		참치 내장		냄새 역치 (ng/g)	냄새 묘사
		농도 (ng/g)	냄새 값	농도 (ng/g)	냄새 값	농도 (ng/g)	냄새 값	농도 (ng/g)	냄새 값		
2-methylpropanal	789	-	-	-	-	182	260	데이터 없음 (ND)	-	0.7	다크 초콜릿 향
3-methylbutanal	902	63.26	158.15	9.4	47	1,395	3,488	140	350	0.4	엿기름(malty), 다크 초콜릿 향
(Z)-4-heptenal	1,225	67.63	1,690.8	-	-	2.1	53	37	925	0.04	비린내(fishy), 산패취(rancid)
(E,E)-2,4-hexadienal	1,404	28.51	0.48	-	-	-	-	-	-	-	퀴퀴한 냄새, 곡물 향(grainy)
(E)-2-octenal	1,421	-	-	-	-	8.3	2.8	26	8.7	3	커피, 고소한 향, 퀴퀴한 냄새, 구운 감자 냄새
3-methylthiopropanal	1,450	75.42	377.1	-	-	187	935	23	115	0.2	양조간장, 구운 감자 냄새
(E,E)-2,4-heptadienal	1,510	979.68	1.26	4.68	258.75	6	0.008	41	0.05	778	땅콩, 곡물 향, 한식 간장, 퀴퀴한, 지방(fatty), 쓴 냄새
(E)-2-nonenal	1,524	-	-	-	-	12	150	21	263	0.08	오이, 풀, 건초, 퀴퀴한, 쓴 냄새
(E,Z)-2,6-nonadienal	1,568	90.17	4,508.5	-	-	1.5	75	20	1,000	0.02	오이, 멜론, 스위트, 신선한 냄새
phenylacetaldehyde	1,628	-	-	-	-	67	17	18	4.5	4	꽃, 허니서클(honeysuckle) 향
(E,E)-2,4-decadienal	1,805	56.34	804.86	-	-	4.4	147	13	433	0.07	튀긴 기름(fried-fat like), 지방취, 산패취, 삶은 콩 냄새

자료: *Korean J Fish Aquat Sci*, 53(3), 259-272, 2020

멸치(anchovy)젓에서는 퀴퀴(stale)한 냄새 또는 곡물 향(grainy)이 나는 (E,E)-2,4-heptadienal이 979.68 ppb(ng/g)로 가장 많았고, 다음으로 멜론 또는 오이 냄새가 나는 (E,Z)-2,6-nonadienal이 90.17 ppb, 양조간장 또는 구운 감자 냄새가 나는 3-methylthiopropanal이 75.42 ppb, 비린내 또는 산패취(rancid)가 나는 (Z)-4-heptenal이 67.63 ppb, 다크 초콜릿 냄새가 나는 3-methylbutanal이 63.26 ppb의 순이었다.

그러나 여기에 각 화합물의 역치 값(odor threshold)으로 각 화합물의 함량을 나누면 (E,E)-2,4-heptadienal은 1.26이고 (E,Z)-2,6-nonadienal은 4,508.5로, 함량이 가장 많았던 (E,E)-2,4-heptadienal에 비해 3,578배 강한 냄새가 나는 멸치젓의 지배적인 물질로 간주된다.

이렇게 어떤 물질(또는 식품 등)에 기여하는 특정 냄새 물질을 규명하려면 냄새 물질의 정량적 분석과 함께 각 화합물의 역치로 환산한 냄새 값으로 주된 화합물(aroma active compound)을 규명하지 않으면 냄새 성분의 분석은 아무 의미가 없다.

3) 화합물의 분자 구조가 향의 강도에 기여한다

냄새 성분은 코를 통하여 들어와 후각 상피세포에 있는 후각 수용체와 결합한다. 이때 결합하는 분자 구조의 특성에 따라 결합력에 차이가 난다. 결합력이 강한 화합물은 오랫동안 향을 느낄 수 있다. 분자량이 작은 화합물은 후각 수용체와 결합력이 약해 향을 인지하는 시간도 짧아진다.

이러한 것을 결정하는 것은 각 화합물의 끓는점, 친수성(hydrophilic) 또는 친유성(hydrophobic)과 같은 화학적 결합도이다. 식물에서 추출한 향유(에센셜 오일)의 대부분은 친유성이다. 그러나 냄새 물질이 후각 상피세포의 점액질에 녹으려면 친수성이어야 하며, 후각 수용체에 결합하고 휘발성이 강해지려면 친유성을 동시에 가져야 한다.

냄새 물질은 각각 고유의 관능기(functional group)를 가지고 있으며, 이 관능기에 따라 냄새 성분에 특징을 보인다. 일반적으로 향기 성분은 분석한 뒤 [표 1-2]의 밀감류의 향기 성분처럼 관능기에 따라 그룹별로 분류한다. 알데하이드류(aldehydes), 케톤류(ketones), 알코올류(alcohols), 에스테르류(esters), 방향족 화합물류(aromatic hydrocarbons), 함질소화합물류(N-containing compounds), 함황화합물류(S-containing compounds), 산류(acids), 테르펜류(terpenes) 등을 예로 들 수 있다.

알데하이드류나 케톤류 등은 카르보닐 화합물의 구성 성분으로, 대체로 지방족 화합물의 산화적 분해 산물로 구성되며 알코올과 함께 모든 향료 소재에서 검출된다. 황을 함유한 화합물(ethyl mercaptan, isopropyl mercaptan, diethyl sulfide, dimethyl sulfide 등)은 대체로 불쾌한 냄새(양파 썩은 냄새)가 나는 특성과 함께 역치가 0.1 ppb 이하로 매우 낮아 미량만 존재하여도 인식할 수 있어서 산업 안전용으로 많이 활용한다.

허브 향을 구성하는 물질에는 에스테르류가 많다. 이는 분자 구조의 결합력이 약하여 산과 알코올로 전환하기가 매우 쉽다. 따라서 방향제는 강한 태양 빛 아래에서는 분해되기 쉬운 단점도 있다. 테르펜류는 식물성 향료의 주된 정유 성분으로, 아이소프렌(isoprene, C_5H_8) 단위체 2개가 결합하여 모노테르펜(monoterpene), 3개가 결합하여 세스퀴테르펜(sesquiterpene), 4개가 결합하여 다이테르펜(diterpene) 등으로 명명된다. 정유의 주된 향기 성분은 모노테르펜과 세스퀴테르펜이 대부분이다.

제2장

냄새 인식 메커니즘과 냄새 분류

1. 냄새와 후각 기관
2. 냄새를 인식하는 메커니즘
3. 냄새의 분류

1. 냄새와 후각 기관

1) 냄새

냄새는 일반적으로 농도(통상 ppm~ppb 단위)가 매우 낮은 하나 이상의 휘발성 화합물에 의하여 발생하여 후각 기관에서 인지하는 것을 의미한다. 냄새 외에 또 다른 용어로 같은 종의 동물끼리 의사소통에 사용하는 화학적 신호인 페로몬(pheromone)이 있다. 체외 분비성 물질인 페르몬은 사용 목적에 따라 경보(alarm) 페로몬, 음식 집합 페로몬, 성적 페로몬 등 여러 종류로 세분화되고 생리나 행동에 영향을 미친다. 어쨌든 동물은 종족 보존이나 생명을 연장하고 또 적으로부터 보호하고자 자신의 고유 냄새를 가지고 있으며, 또 냄새를 맡아 자신을 보호하는 역할도 후각 기관을 통하여 행하여진다.

후각은 동물의 콧속(비강) 안에 있는 후각 신경이 자극을 받아 생기는 감각을 말한다. 어떤 물질과 후각 신경 사이에 어떤 작용이 일어나 후각을 자극할 때 그 물질에는 냄새(odor)가 있다고 한다. 냄새 가운데 기분 좋은 냄새를 향기 또는 향이라 하고 영어로는 fragrance, scent, aroma 등을 사용한다. 불쾌한 냄새는 악취 또는 취라 하고 영어로는 malodor라고 한다. 향기가 있는 물질을 통틀어 향 물질이라고 하는데, 그 가운데 향기가 우수해서 일상생활에 이용되어 기분 좋은 향기를 부여하거나 정서적으로 편안함을 주고 고유 냄새를 없애는 등 유익한 향기 물질을 향료(perfume)라고 한다.

향기 물질이 외부에서 비강 안으로 들어오면 냄새를 느끼지만 구강 안에 들어온 향 물질이 미각, 후각을 동시에 자극하면 odor, smell 외의 특이한 향과 맛을 느낀다. 따라서 맛과 향을 가지는 물질을 넓은 의미로 플레이버(flavor)라고 한다.

플레이버는 한때 입안에서 느끼는 맛과 향 이외에 조직감(texture)도 포함되었으나 학문 분야가 세분화되면서 조직감은 독립된 분야로 분리되었다. 한편 맛을 중시하고 이에 관한 연구 역사가 오래된 일본에서는 맛과 향의 의미를 플레이버로 통용해 왔으나, 지금은 동서양 모두 플레이버를 좁은 의미로 향을 가지는 물질로만 정의하고 있다. 따라서 식품 분야에서는 이러한 향기 물질을 식품 향료라고 한다.

2) 냄새와 맛의 관계

동물은 시각, 청각, 촉각, 미각, 후각의 5감을 가지고 있다. 이 가운데 시각과 청각은

색차계나 음파 등과 같이 과학적으로 규명할 수 있으므로 일상생활에 널리 도입, 이용하고 있다. 그러나 냄새는 합리적이고 객관적으로 측정, 비교하기 어려워서 가장 늦게 발달하였다.

오감 가운데 시각은 광선 혹은 미립자의 자극으로 감지될 수 있고 청각, 촉각은 압력차로 감지된다. 그러나 맛과 냄새는 혀나 코의 감각 기관에서 냄새 유발 물질의 접촉으로 감지된다. 따라서 미각과 후각은 화학적 감각(chemical sense)이라 하고 시각·청각·촉각은 물리적 감각(physical sense)이라고 한다.

후각은 맛을 인식하고 식별할 때 매우 중요한 역할을 한다. 예를 들어 코가 막힌 사람이 음식을 씹으면 단맛, 신맛, 짠맛, 쓴맛은 느끼지만 그 밖에 다른 맛은 느끼지 못한다. 이는 공기가 입으로부터 후각 기관으로 올라갈 때 후각 상피에서 대뇌로 연결되는 인지 기능이 떨어지기 때문이다. 따라서 미각은 냄새에 의해서 강화되고 그 영향을 받는다.

실제로 후각 기관을 차단한 후 특정 물질에 대한 맛의 인지 기능을 실험한 결과를 보면, 커피는 완벽히 인지하지 못했다. 만일 코가 막힌 사람이 커피를 마시면 그 맛은 대부분 사라지거나 혹은 커피로 인식되지도 못한다. 또한 포도주, 설탕물, 버찌, 살구, 파인애플, 초콜릿, 시럽, 계피, 마늘 같은 향신료를 인식하는 능력도 심하면 정상의 10% 이하까지 떨어진다. 따라서 감기에 걸리면 음식의 맛을 모르는 이유도 여기에 있다. 즉, 비강 상피의 점막층이 부풀어서 후각 기관을 통한 공기의 유통이 막히면 냄새가 감각세포로 잘 침투할 수 없게 된다. 따라서 음식의 맛을 즐기려면 후각 기관의 기능이 매우 중요하다고 볼 수 있다.

3) 후각 기관

[그림 2-1]에서 후각 기관의 구조를 보면 콧속(비강)은 갑개(concha), 후각부(olfactory area), 후구(olfactory bulb)로 나눌 수 있다. 코로 호흡할 때 공기는 콧구멍으로 들어와 2개의 비강으로 나뉘고, 비강마다 3개의 갑개(밑에서부터 하갑개, 중갑개 및 상갑개)를 통과하여 상부의 후각부에 도달한다. 후각 구조에서 냄새 물질의 감지는 중갑개 안쪽에서 가장 앞에 돌출한 부위와 비중격 사이에 너비가 1~2 mm인 좁은 후역부터 속까지 이루어진다. 화살표는 코로 호흡할 때 기류의 방향이다. 이처럼 사람의 후각 기관은 코

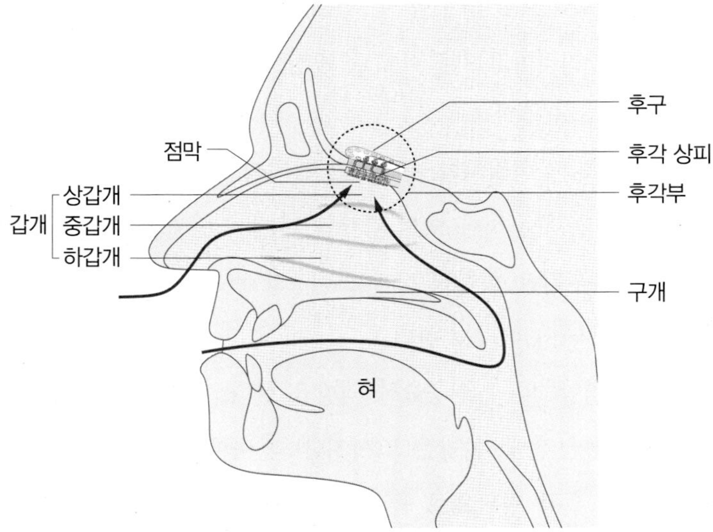

그림 2-1 **얼굴의 단면도**

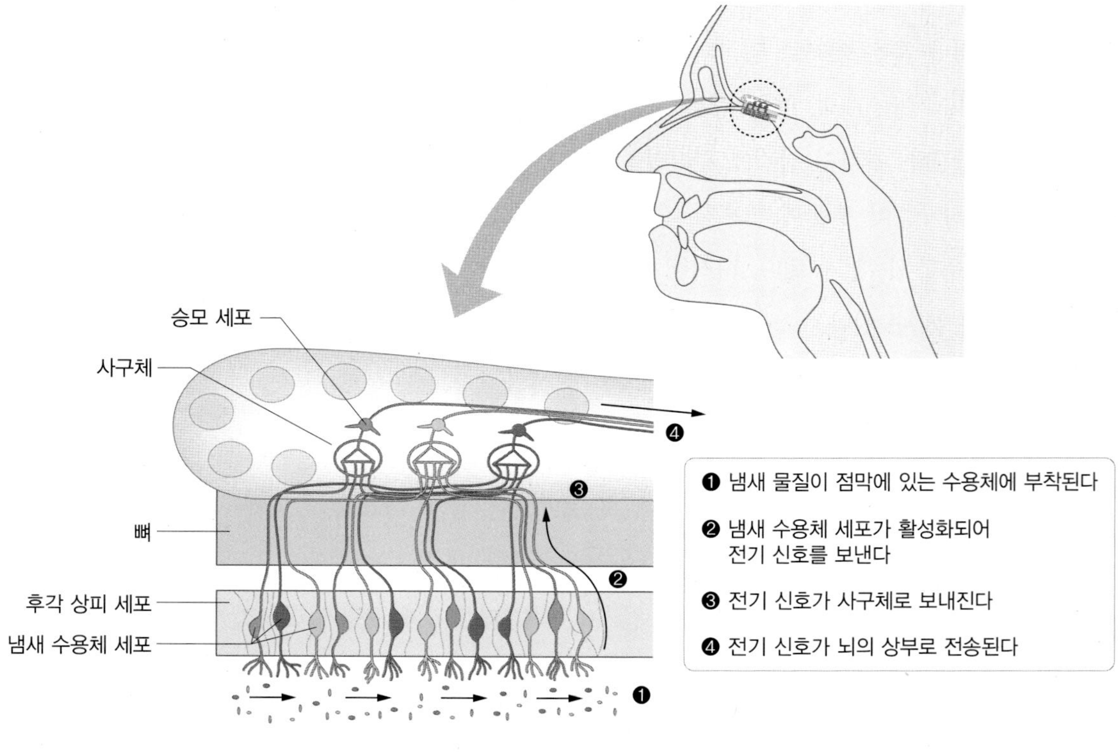

그림 2-2 **후각 상피와 주변 모식도**

의 상층부에 있다.

[그림 2-2]는 후각 기관(후각 상피와 그 주변)을 확대해서 자세히 그린 것으로 점액층, 후각 상피(olfactory epithelium), 지지층으로 이루어진다. 후각 상피는 실제로 냄새를 맡는 기관이다. 후각 점막([그림 2-2]의 맨 아래쪽)은 상부강의 황색 색소가 침착된 점막부이며 여기에 냄새를 감지할 수 있는 1,000만 개 정도의 후각 세포와 후각 말초 기관이 밀집해 있다. 즉, 후각 세포와 미세한 말초의 후각 섬모가 있어서 여기를 자극해서 냄새를 인지한다.

콧속으로 들어온 냄새는 점액층의 후각 섬모와 접촉해 반응한다. 점액층은 수많은 샘(腺)에서 습기를 얻으며, 그중에 가장 많은 측부 비강샘은 관을 통해서 코끝 근처로 분비물을 낸다. 샘의 분비를 통해서 코는 축축한 상태로 유지되며, 여기에 냄새 분자가 더 많이 흡수된다. 즉, 냄새는 점액에 녹아서 후각 기관 쪽으로 운반되는데 그 과정에서 냄새의 농도가 증가한다. 수용액은 공기보다 훨씬 더 많은 냄새 분자를 함유할 수 있다.

후각 상피에는 신경 세포가 제곱 밀리미터(mm^2)당 3만 개쯤 분포해 있다. 전체 표면적을 고려하면 후각 수용체 세포(olfactory receptor cells)가 비강 하나당 300~500만 개 있고, 좌우 합하면 600~1,000만 개가 있다. 후각 수용체 세포는 수상돌기(dendrite)와 신경돌기(neurite)인 분지성 돌기들이 있는 양극성 신경 세포이다. 점액에 묻혀 있기는 하지만, 외부(비강)에 그대로 노출되어 있어서 보통 4~8주 지나면 기능을 잃고 다른 세포로 대치된다.

컬럼비아 대학교의 리처드 액셀(Richard Axel) 교수와 워싱턴 대학교의 린다 버크(Rinda Buck) 교수는, 후각은 감각 기관 타입의 동등한 수를 일으키는 1,000개의 다른 유전자로 돼 있으며, 이 유전자는 세포 하나에 후각 수용체 하나를 가지고 있어서 한 가지 냄새만 감별할 수 있다고 하였다.

냄새 물질이 부착된 냄새 수용체 세포가 활성화되어 생성된 전기 신호는 후각 수용체의 신경세포(neuron)를 통해 후구(olfactory bulb)로 이어진다. 후구에는 신경 연합 조직과 시냅스(synapse)를 이룬 사구체(glomerulus)와 승모 세포(mitral cell)를 거쳐 뇌에 전달된다.

액셀과 버크 교수는 인간의 후각에 대한 기초 원리를 체계적으로 규명하고, 후각 수용체(odorant receptor)가 냄새 하나를 수용하여 뇌로 보내 감별하는 과정인 '후각 수용체와 후각계의 구조'를 밝힌 연구 결과로 2004년 노벨 생리의학상을 공동 수상하였다.

2. 냄새를 인식하는 메커니즘

1) G 단백질 결합 수용체

냄새 분자를 느끼고 그 정보를 세포 안에 전달하는 것이 후각 수용체(olfactory receptor)이다. 후각 수용체에는 사람의 경우 1,000개가 넘는 수용기가 있는 것으로 알려져 있다. 냄새 물질에는 후각 수용체에 결합할 수 있는 특정한 부위들이 있어서 후각 수용체를 자극한다. 한 종류의 냄새 물질은 한 종류의 후각 수용체만 자극하지 않고 여러 수용체를 자극한다. 우리의 뇌는 이것을 처리하여 다양한 냄새로 구별한다고 알려져 있다.

G 단백질 결합 수용체(G protein coupled receptor, GPCR)는 이름에서 알 수 있듯이 세포막에 존재하며 세포 바깥에서 오는 신호를 세포 안으로 전달해 주고 막을 관통하

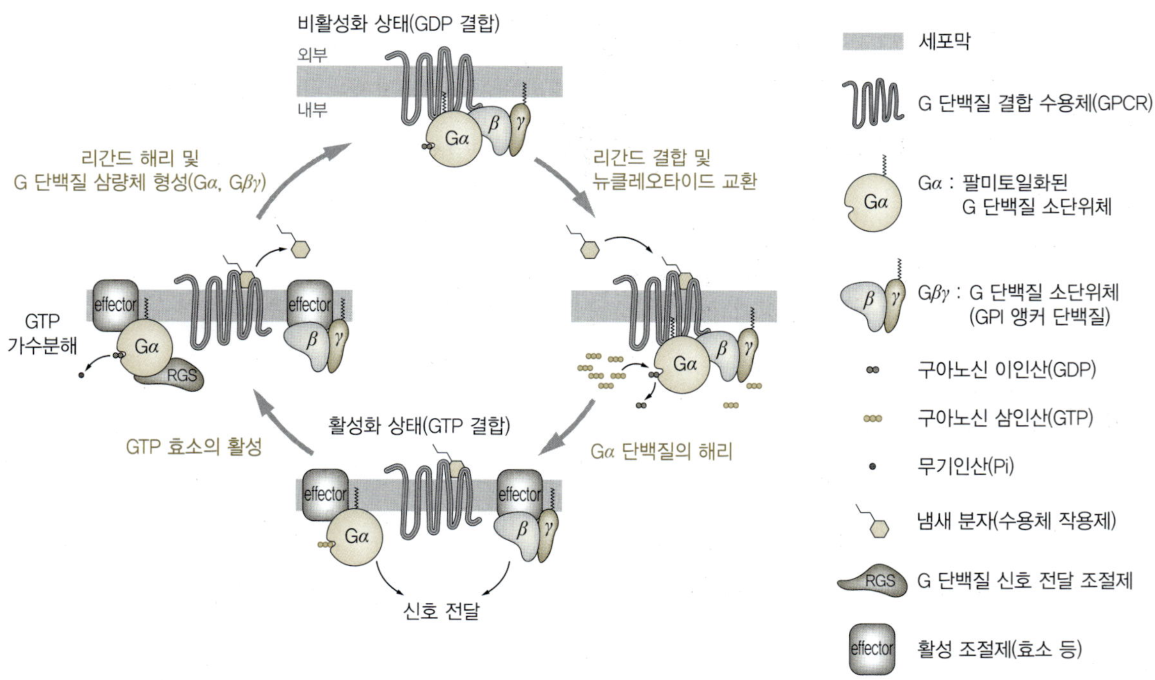

그림 2-3 GPCR의 신호 전달 체계

는 막횡단 영역이 7개 존재한다. 생체 내 수용체는 800~1,000개 존재하여 대부분의 생리 반응을 촉매한다. 냄새를 감지하는 후각 수용체도 이 가운데 하나이다.

[그림 2-3]의 GPCR의 신호 전달 체계는 수십 년 동안 많은 연구 결과로 밝혀졌다. 전달 체계는 수용체 작용제(냄새 물질)가 수용체에 결합하면 구조가 바뀐다. 비활성화 상태에서 Gα는 GDP와 G$\beta\gamma$(Glycophosphatidylinositol, GPI 앵커 단백질)에 결합하여 있다. 구조가 바뀐 수용체는 G 단백과 결합하고 이러한 접촉 때문에 G 단백은 Gα와 Gβ-Gγ 이중체 구조로 나뉜다. 세포 또는 기관 내 2차 메신저의 반응은 각기 나뉜 물질에 의해 촉매되어 연쇄 반응이 일어난다.

그 결과 다양한 세포 반응이 일어나고, 후속 반응으로 G 단백 연관 cAMP 경로를 통해 cAMP가 생성된다. 생성된 cAMP는 세포막에 있는 CNG(cyclic nucleotide-gated, 고리형 뉴클레오타이드 개폐 통로)를 열어 주고, 세포 내부로 들어온 칼슘 이온과 같은 양이온들이 유입되어 탈분극이 발생한다(Na^+, Ca^{2+} 증가, Cl^- 감소). 그리고 통로를 통해 세포 내부로 들어온 칼슘 이온이 다시 CNG를 닫고, cAMP 경로를 차단하여 더 이상 자극이 발생하지 않도록 한다.

최종적으로는 β-arrestin에 의해 완전히 종료되고 남은 칼슘은 외부로 수송된다. 그리고 냄새 신호는 앞서 언급한 것처럼 사구체와 승모 세포를 통해 대뇌 피질로 이어져 냄새를 구별하고 의식적으로 생각하게 된다.

이러한 세포막에 존재하는 GPCR의 내부 작용을 밝히는 획기적인 연구로 듀크 대학교의 로버트 레프코비츠(Robert J. Lefkowitz) 교수와 스탠퍼드 대학교의 브리안 코빌카(Brian K. Kobilka) 교수는 2012년 노벨화학상을 받았다.

2) 냄새 인식 메커니즘

냄새를 인식하는 메커니즘은 아직 명확히 밝혀지지 않은 점이 많지만, 현재까지 알려진 후각 과정을 요약하면 다음과 같다.

① 먼저 물질(화합물)이 냄새를 가지려면 다음과 같은 기본 특성이 있어야 한다.

- 휘발성이 있어야 한다. 이때 분자량은 대략 350 dalton 이하이다.
- 미량이라도 물에 녹아야 한다. 물에 전혀 녹지 않으면 화합물의 증기가 후각 상피 세포의 얇은 막을 통과해서 신경계로 전달되기 어렵기 때문이다.

• 지용성이어야 한다. 세포막을 형성하는 지방층을 뚫고 신경 끝에 화합물이 전달되어야 하기 때문이다.

② 냄새 물질은 호흡할 때 콧구멍을 통하여 공기와 같이 후각 수용체 세포에 도착한다.

③ 후각 상피의 표면에 수성 점액이 있어서 수용성 물질은 용해되어 후각 선모에 흡착되고, 또 상피 면에 노출되어 있는 신경 말단에도 흡착된다.

④ 수성 점액 중에는 각종 효소 모양 물질, 특유의 황색 색소, 광학 활성 레시틴(lecithin)을 함유한 유색 지질 등이 존재하여 냄새 물질의 화학 변화가 일어난다. 존 아무어(John Amoore)는 냄새 분자가 점막에 있는 후각 수용체 세포의 수용막과 접할 때 전기적 진동(pulse)이 발생하고 전류(전기 신호)가 흘러 대뇌까지 전달된다고 하였다. 냄새 분자의 흡착은 전기적으로 일어나는데 점액 중의 Na^+, Cl^- 등이 관여한다.

⑤ 후선모에 흡착된 부분은 특유의 진동으로 후각근에 전달된다. 후각근의 길이가 분자 진동의 진폭과 같을 때는 공진이 일어나 후각 상피 세포와 중추에 차례로 전달되어서 냄새를 감지한다.

⑥ 정리하면, 냄새 물질 → 후각 수용체(구심성 뉴런 말단) → 사구체 → 승모 세포 → 변연계 또는 시상을 거쳐 대뇌 피질로 이동한다. 대뇌 피질로 이동한 신호는 냄새를 구별하고 의식적으로 생각하게 한다.

⑦ 냄새의 느낌과 종류, 강약을 판단하는 정도는 나이, 노약, 성별, 인종, 습관, 건강도 등의 차이에 따라 각기 다르다.

3. 냄새의 분류

지구에는 200만여 종의 화합물이 있는데 그중에 1/5쯤 되는 40만여 종이 고유한 냄새를 갖는다고 한다. 인간은 오래전부터 냄새를 구별하고 정체에 관해 연구하였다. 이를 대표적으로 분류한 것을 보면 다음과 같다.

1) 린네의 분류(Carl von Linné, 1752)

기본 향으로 방향성 냄새(aromatic), 꽃향기 냄새(fragrant, 향수 냄새), 사향 냄새(ambrosia,

머스크 향), 마늘 냄새(alliaceous, 자극적인 냄새), 산양 냄새(hircine), 썩은 냄새(foul), 메스꺼운 냄새(nauseous)의 7종류로 구분하였다.

2) 즈바르데마커의 분류(Hendrik Zwaardemaker, 1895)

린네의 계통적 분류를 더 발전시킨 것으로, 냄새를 다음처럼 9종류로 분류하고 각각 다시 세부적으로 구분하였다.

① 에테르 냄새(etherical): fruits, beeswax, ether

② 방향성 냄새(aromatic): camphor, clove, lavender, lemon, bitter almond

③ 꽃향기 냄새(fragrant): flower, violet, vanilla 및 coumarin

④ 사향 냄새(ambrosia): amber, musk

⑤ 마늘 냄새(alliaceous): sulfured hydrogen, arsine, chlorine

⑥ 탄 냄새(empyreumatic): roast coffee, benzene

⑦ 산양 냄새(hircine): cheese, rancid fat

⑧ 썩은 냄새(foul): 고수풀, 벌레, bedbug

⑨ 메스꺼운 냄새(nauseous): faeces

3) 크로커-헨더슨의 분류(Ernest Crocker and Lloyd Henderson, 1927)

후각 신경은 꽃향기 냄새(fragrant), 산 냄새(acid), 탄 냄새(burnt), 썩은 냄새(foul)의 4종류로 구성되고 전체 냄새는 이 4종류의 조합으로 분류할 수 있다고 하였다. 이 4종류의 요소는 냄새의 강함에 따라 9점 평점(0~8)의 수치로 표현할 수 있고, 각 수치는 4행 숫자로 배역해서 표시하는 것을 제안하였다. 즉, 1행은 썩은 냄새, 10행은 탄 냄새, 100행은 산 냄새, 1,000행은 꽃향기 냄새로 표시하고 각각 4행 숫자로 고유의 냄새를 표현하였다. 예를 들면 오렌지 정유는 6333, 식초는 3803 등으로 나타내었다.

4) 헤닝의 분류(Hans Henning, 1916)

경험한 자료를 바탕으로 냄새를 6군으로 분류하고, 각각의 냄새를 명확히 구분하지 않고 상호 연속성이 있다고 해서 상관관계를 후각 프리즘(olfactory prism)으로 표시하였다.

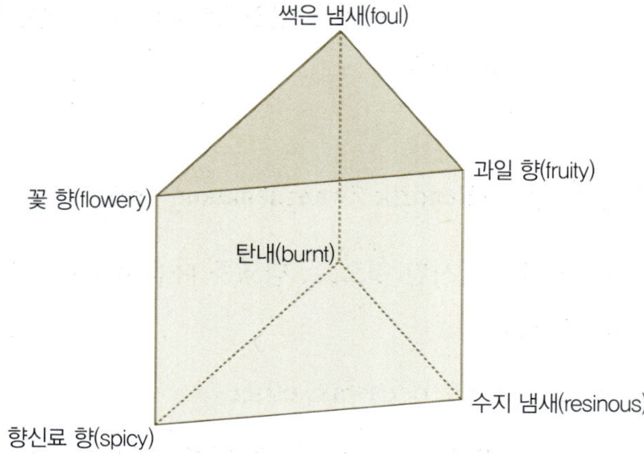

그림 2-4 헤닝의 냄새 분류

자료: Mamlouk AM. Quantifying Olfactory Perception, Diploma Thesis, University of Lubeck, 2002

5) 아무어의 분류(John Amoore, 1952)

다음 7가지 냄새를 모든 냄새의 기본취라고 하였다. 이 기본 냄새에 대응하는 수용체(receptor site)의 크기, 모양 및 화학적 친화력에 대한 '후각의 입체 화학설'을 발표하였다. ①~⑤까지는 키락(key-lock)설에 의한 물리적 냄새로, ⑥~⑦은 화학적 냄새로 구분하였다.

물리적 냄새

① 장뇌 향(camphoraceous), ② 사향(musk), ③ 꽃 향(floral),
④ 민트 향(minty), ⑤ 에테르 냄새(ethereal)

화학적 냄새

⑥ 톡 쏘는 냄새(pungent, stinging), ⑦ 썩은 냄새(foul, putrid)

6) 림멜의 분류(Eugène Rimmel, 1895)

조향사의 경험에 의해 냄새를 18종으로 분류한 것이다(Perfumes and Flavours Technology Handbook, 2010). 다음은 18종의 냄새와 그 대표적인 것을 같이 표기하였다. 많은 조향사가 이 분류법을 모델로 사용한다.

① 아몬드 향(almondy): bitter almond ② 용연향(amber): ambergris

③ 아니스 향(anise): aniseed

④ 발삼 향(balsamic): vanilla

⑤ 장뇌 향(camphoraceous): camphor

⑥ 정향(caryophyllaceous): clove

⑦ 레몬 향(citrine): lemon

⑧ 과일 향(fruity): pear

⑨ 재스민 향(jasmine): jasmine

⑩ 라벤더 향(herbaceous): lavender

⑪ 민트 향(mint): peppermint

⑫ 머스크 향(musky): musk

⑬ 오렌지 향(orange): orange flower

⑭ 로즈 향(rosaceous): rose

⑮ 샌들우드 향(santalaceous): sandalwood

⑯ 향신료 향(spicy): cinnamon

⑰ 투베로즈 향(tuberose): tuberose

⑱ 바이올렛 향(violet): violet

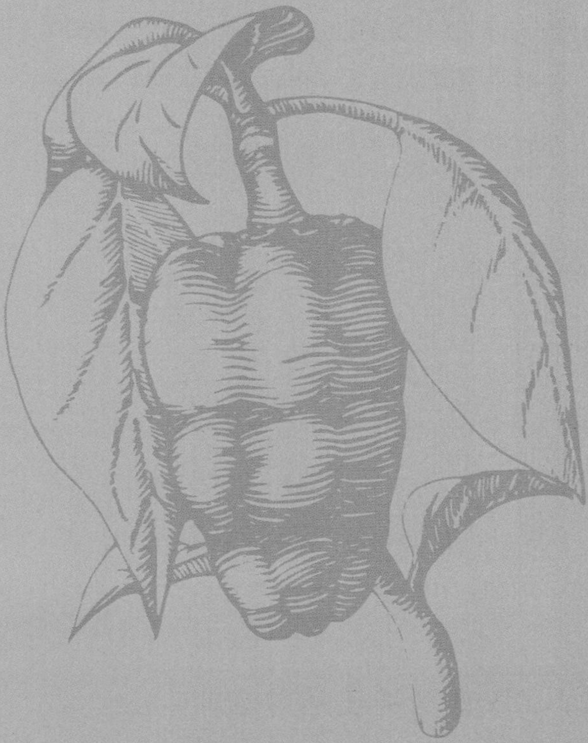

제3장 향료의 역사

1. 향료의 유래

2. 향료의 발달사

3. 우리나라 향료의 역사

향료의 어원은 '연기를 통하거나 태운다'를 뜻하는 라틴어 perfumu으로, 이는 고대 민족이 불에 태우는 데서 비롯되었다. 향료의 역사는 5000여 년 전으로 거슬러 올라가 메소포타미아 문명과 고대 이집트 문명에까지 이른다. 그 당시 향료의 원료는 샌들우드(sandalwood), 시나몬(cinnamon, 계피), 몰약(myrrh), 아이리스(iris) 등을 사용하였다.

1. 향료의 유래

1) 종교적인 면

신전에 나가기 전에 향료를 몸에 칠하거나 방향 물질(aroma)을 불에 태워 그 연기를 씌움으로써 몸을 정결히 하여 신에 대한 경의를 표시하였다. 신을 신성하게 여겨온 고대 사람들은 종교 의식에서 제물로 바칠 동물을 몰아낼 때, 제사 음식으로 술에 맛을 내거나 음식물이 부패하지 않도록 할 때 향료를 사용하였다.

2) 종교 의식 이외의 방부 및 방취 효과

기원전 3000년경 이집트에서는 향료를 시신의 방부 처리, 미용, 의료 및 중요한 의식에 사용했다는 기록으로 보아 약학, 의학, 진정, 소염, 진통, 살균 등의 목적으로 향기 요법(aromatherapy)을 이용한 것을 알 수 있다. 이집트에서는 왕이나 귀족이 죽으면 미라를 만들었는데, 밀랍과 함께 방부 효과를 목적으로 몰약, 유향(frankincense) 등의 에센셜 오일을 넣었다. 이러한 역사는 성경에 동방박사가 예수님이 태어났을 때 선물한 3가지 물건(황금, 몰약, 유향)에서도 나타난다.

그리고 전쟁에 나가기 전에 무장할 때 자기 시체를 발견한 사람에게 불쾌감(소취 효과)을 주지 않기 위해서 향료를 피워 몸에 스며들게 하였으며, 제물로 바치는 동물의 냄새와 피 냄새를 제거할 때에도 향료를 사용하였다. 예를 들어 이집트 투탕카멘 무덤(Tutankhamen tumb)에서 발삼(balsam)이란 용어가 나오고, 성경에도 향신료(spice), 향유(balm), 몰약 및 향료용 수지(galbanum) 등이 기록되어 있다.

3) 지역적인 면

위성 사진을 보면 아프리카 북부 및 중동 지역인 이집트, 이란, 이라크, 아라비아 등지는 초록색이 아니라 황토색으로 나타난다. 이 지역은 메마르고 숲이 없으며 기온이 높아서 자신들의 체취(땀 냄새)를 없애거나 마스킹(masking)할 때 사용할 향료가 필요하였다. 따라서 전 세계 가운데 이 지역에서 향료가 가장 먼저 발달하였으며, 서양으로 통하는 길목인 그리스를 거쳐 유럽으로 전래되었다.

그림 3-1 표본 처리한 미라(위)와 미라를 처리하는 도구(아래)

자료: 대영박물관 이집트관, 영국

2. 향료의 발달사

1) 고대 이집트

향료가 사용되기 시작한 시기는 분명하지 않지만, 고대 이집트 제5왕조(BC 25세기~BC 24세기)의 향로(香爐)와 미라에 향료를 사용한 흔적이 있다. 또, 구약성경 가운데「출애굽기」와「레위기」에서 "향을 피운다" 또는 "유향(乳香)"이 언급되어 있고, 그리스 호메로스가 지은『일리아드(Iliad)』에 장미 향이 나는 향고를 몸에 칠하는 풍습이 나온 것으로 볼 때 향료는 4000~5000년 전부터 사용한 것으로 추측할 수 있다. 이집트에서는 왕의 즉위식 때 파라오의 머리에 향유(香油)를 붓는 의식을 행하였으며, 클레오파트라 여왕은 유람선 돛대에 장미 향(연고 형태의 고형 향수)을 듬뿍 적실 만큼 즐겨 사용하였다고 한다. 그 당시에 이집트는 향료를 만드는 최고 기술을 보유하였으며 이 기술은 고대 바빌로니아, 아시리아 시대를 거쳐 점차 그리스로 전래되었다.

2) 그리스 시대

그리스는 서양으로 통하는 길목에 위치해서 일찍부터 향료를 얻기 쉬웠고 귀족 계급 사이에서 애용하였다. 그중에서도 장미꽃 향료의 인기가 가장 높았으며, 이러한 풍조는 로마 시대에 절정에 달하였다. 물론 향수를 즐기는 여유가 있었지만, 그보다도 향료의 의학적인 효능을 더 중요하게 여겼다. 향료의 원료는 아이리스(iris), 로즈(rose), 바이올렛(violet), 백합(lily) 등을 사용하였다.

3) 로마 시대

향수의 천국이라고 할 정도로 향료를 남용하여 대중화하는 시대가 도래하였다. 이 당시 방향성 물질을 유분에 용해하여 사용하는 방법이 개발되었으며, 이것이 현재 알코올 향수의 시초라고 볼 수 있다. 예를 들어 헤나(henna), 재스민(jasmine), 히아신스(hyacinth), 나르시스(narcissus, 수선화), 베티베르(vetiver), 샌들우드, 로즈 등의 향료를 일상생활에서 몸에 바르는 것은 물론, 상류 사회에서는 음식물에까지 향미료(spicery) 등을 이용하여 냄새를 나게 하여 향취를 즐겼다. 또한 로마의 폭군 네로(Nero) 황제는 애첩의 장례식에서 당시 10년간의 생산량에 해당하는 향유를 단 하루 동안 사용하였다고 한다.

한편 향수로 계급을 구분할 수 있을 정도였는데, 귀족 계급은 화향조(로즈, 재스민과 같은 꽃 향료) 등의 정유 에센스를 욕실·거실·침실·식탁 등에 사용하였고, 일반 계급은 훈향(fumigation) 형태로 향을 피워 사용하였다.

로마 제국이 멸망한 후 향료는 제사 지낼 때 외에는 사용이 금지되었다. 중세(5~15세기)에는 십자군 병사들이 유럽으로 돌아올 때 향료를 가지고 왔고, 무역항인 이탈리아 베네치아에는 동양의 향료가 수입되었다.

4) 9~14세기

- 900년경: 아라비아에서 증류법(Arabic distillator)을 발명하여 로즈 향(rose otto)을 최초로 선보였으며, 유럽으로 전파되었다.
- 1150년: 라벤더 워터(lavender water)가 출현하였다.
- 1280년: 현재의 증류법(distillation)에 따른 진짜 에센셜 오일(essential oil) 추출법이 소개되었다.
- 1370년: 최초의 알코올 향수인 헝가리 워터(Hungary water), 즉 헝가리 여왕의 물이라 불리는 오드라레인드 헝가리(eau de la reine de Hongrie)가 출현하였다. 이는 로즈마리로 만든 유럽 최초의 알코올 기반 향수였으나, 나중의 제형에는 라벤더, 박하, 세이지, 마조람, 오렌지꽃과 레몬이 포함되었다.

5) 16~18세기

16세기 프랑스에서는 꽃의 재배와 함께 향료 추출 공업이 탄생하였고, 르네상스(14~16세기) 이후 일반 대중에게도 퍼져 새 향료가 대량으로 만들어졌다.

- 1560년: 프랑스 남부 그라스(Grasse)에서 향료 식물을 재배하기 시작하였는데, 이것으로 오늘날 향료의 중심지가 된 역사적 계기가 마련되었다. 이곳은 소설과 영화 「향수 – 어느 살인자의 이야기」의 배경이기도 하다.
- 1710년: 알코올이 들어간 새로운 형태의 향수 오드콜로뉴(eau de cologne)가 첫선을

보여 향수의 혁명으로 인기 절정을 이루었다. 오드콜로뉴는 쾰른의 물(eau de Koln = Kolnish wasser)을 뜻하는데 파리에 반입되어 크게 유행하였다.

6) 19세기

19세기로 접어들면서 발달한 유기 화학은 향료 공업을 더욱 발달시켰다. 또, 알코올이 싼값으로 제조되면서 향수가 일반 대중에게까지 널리 보급되었으며 합성 향료가 출현하였다.

- 1818년: 테르펜(terpene) 탄화수소의 조성을 아이소프렌(C_5H_8)으로 결정하였다. 자크쥘리앵 라비야르디에르(Jacques-Julien Houtou de La Billardière)가 향수 재료에서 가장 중요한 테르펜의 기본 구조인 아이소프렌을 명명하였다.
- 1829년: 세계적인 향료 회사 쉼멜(Schimmel)이 독일에 설립되었다.
- 1874년: 독일 화학자 페르디난트 티만(Ferdinand Tiemann)과 빌헬름 하르만(Wilhelm Haarmann)이 바닐린의 구조 결정과 합성에 성공하였다.
- 1876년: 과이어콜(guaiacol)로부터 바닐린을 합성하였다. 페르디난트 티만과 카를 라이머(Karl Reimer)가 석탄의 부산물인 타르에서 바닐라 향을 가진 바닐린 합성에 성공하였다.
- 1882년: 세계적인 향료 회사 우비강(Houbigant Perfum)에서 푸제르 로얄(Fougère Royale)을 출시하였다. 쿠마린(coumarin)을 사용한 향수가 출하됨으로써 합성 향료 시대가 열렸다.
- 1885년: 알파피넨(α-pinene)에서 테르피네올(terpineol) 합성, 캄펜(camphene)에서 보르네올(borneol) 합성에 성공하였다. 독일의 오토 발라흐(Otto Wallach)가 발명하였다.
- 1896년: 합성된 시남알데하이드(cinnamaldehyde)가 처음으로 발매되었다.

7) 20세기

- 1901년: 앙플뢰라주(enfleurage), 즉 용매를 액상 대신 고형 지방으로 이용한 침출법을 발명하였다.

- 1910년: 오토 발라흐가 테르펜 화학을 연구한 공로로 노벨상을 받았다.
- 1919년: 스위스 과학자 레오폴트 루지치카(Leopold Ružička)가 리날로올(linalool) 합성에 성공하였다.
- 1920년: 일본 다카사고(高砂) 향료공업주식회사가 설립되어 향료 합성 및 연구를 하였다.
- 1921년: 가브리엘 샤넬(Gabrielle Chanel)이 '샤넬 No.5' 향수를 출시하였다. 조향사는 어네스토 보(Ernest Beaux)였다.
- 1926년: 루지치카가 무스콘(muscone), 시베톤의 구조 결정에 성공하였다.
- 1928년: 루지치카가 엑살톨리드(exaltolide) 등의 대환상 락톤(lactone) 합성에 성공하였다.
- 1941년: 아처 마틴(Archer Martin)과 리처드 싱(Richard Synge)이 가스 크로마토그래피법(gas chromatography)을 발명하여 1952년 노벨상을 받았다.
- 1948년: 맥스 스톨(Max Stoll)이 무스콘, 시베톤의 합성에 성공하였다.
- 1955년: 다카사고 향료공업주식회사가 합성 멘톨(menthol)을 최초로 제조하였다.
- 1967년: 미국 기든(Glidden)사가 알파피넨에서 베타피넨으로 전환하는 기술을 개발하였다.
- 1972년: 다카사고 향료공업주식회사가 석유 화학 원료에 의한 합성 멘톨 공장을 전 세계에서 처음으로 준공하였다.
- 1981년: 기든사가 알파피넨에서 리날로올 합성에 성공하였다.

3. 우리나라 향료의 역사

향료는 고대 이집트 시대의 종교 의식에서 시작하여 점차 일상생활에 사용되었으며, 동양에서는 파미르고원(Pamir mountains)을 넘어 인도 또는 중국을 거쳐 우리나라로 전해졌다.

1) 종교 의식에서 시작

우리나라에서 향료는 불교문화가 전래되면서 함께 시작되었다. 단군신화에 나오는 단(檀)은 박달나무로 자단(紫檀), 백단(白檀) 등의 향나무를 총칭하며 단향(檀香)이라고도 한다. 그러나 『삼국사기』에 따르면 구체적인 사용 사례는 삼국 시대(서기 372년 고구려 승려, 382년 백제 승려)에 이르러서 나타난다. 불교 의식에서 향을 피워 불공을 드릴 때 부처님이 강림하시어 원하는 것을 들어준다고 믿었으며, 제사 때도 조상의 혼을 불러 모시기 위해 향을 사용하였다.

2) 귀부인의 향낭 사용

향료는 귀족층에 국한해서 사용되다가 고구려 묵호자가 신라 눌지왕 때 전승하여 대중화되었다. 처음에는 인도, 중국에서 도입하였으며, 그 후에는 향이 좋은 꽃잎이나 줄기를 직접 말리고 유지에 배합한 뒤 작은 도자기 용기에 담아 사용하였다.

향낭은 향료를 담은 주머니로, 옷고름이나 허리춤에 달고 다님으로써 일찍이 노리개로도 겸용하였다. 또한 향낭의 재질도 은, 은칠보, 금사, 밀화, 비취, 백옥 따위로 고급스럽게 만들고 정교하게 조각하였다.

3) 사향과 난향을 애용

우리나라에서는 사향노루의 사향샘을 건조하여 얻은 양질의 사향(musk)이 많이 생산되었다. 사향은 응혈된 피를 용해하고 토사곽란을 진정시키는 상비 의약품으로 효용가치가 높았다. 또한 난 향은 우울증을 항진하고 흥분 상태를 진정시키는 등 약리 효과도 병행되었다.

고급품은 향장(香匠)이 맡았으나 대부분 자가 제조하여 민가에서는 여성뿐만 아니라 남성도 사용하였다. 향수는 향료 물질을 압착하거나 기름에 용해해서 만들었다. 향료 물질을 분말로 만들고 나서 다시 혼합하여 응고시키기도 하였다. 선비들은 늙은 소나무와 잣나무의 뿌리, 가지, 잎, 열매를 절구에 찧어 분말로 만든 후 소나무 진에 섞어 응고시켜 사용하였다.

4) 유럽에서 알코올 향수의 유입

조선 시대에는 조정이나 민간에서 향료의 관심이 커져감에 따라 향료 식물의 재배와 생산을 장려하였고, 향실(香室)이라는 직계를 만들기도 하였다. 조선 시대 후기인 1872년에 유럽에서 알코올 향수가 일본을 거쳐 우리나라에 처음으로 소개되었지만, 신여성이나 기생 등 특수 계층에서 주로 사용하였다.

5) 지역별 향기 문화

서울, 경기도 지역에서는 향낭 문화가 그대로 계승되고 있으며 녹차, 매실, 모과, 산수유, 당귀, 인삼, 결명자, 감잎 등 각종 허브가 전통차로 향 문화를 이어가고 있다. 향신 채소 또는 허브 쌈밥 역시 향 문화의 하나라고 할 수 있다.

경상도나 전라도 지역에서는 초피나무 열매를 향신료뿐 아니라 약리 효과가 좋고 먹는 향으로 대표할 정도로 수많은 김치 절임류와 추어탕 등에 사용해 왔다. 일본에서는 이 열매를 산초라고 하고 각종 식품류에 이용한다. 특히 지리산 근처의 보성, 화개, 남원, 산청 등에서는 지역 특산품으로 녹차, 라벤더, 원추리, 옥잠화 등의 야생화를 이용한 향차와 향수를 지금도 소개하고 있다. 남해안에서 재배되는 유자 또한 약용, 식용하는 차로 인기가 있다.

강원도는 산악 지대가 넓게 퍼져 있어서 약초를 이용한 향낭, 향차와 향수가 발달하였다. 정선의 천궁, 당귀, 동백, 금은화(인동초), 감차(수국)가 대표적이다. 또한 평창 지역

그림 3-2 **향을 피우는 모습**

그림 3-3 **향낭**

을 중심으로 한 허브 농장에서는 야생화를 대량 재배하고 있다.

충남 금산군에서 재배하는 인삼은 전 세계적으로 유명하다. 경기도 가평과 인천 강화, 경북 풍기 지역도 인삼 재배지로 유명하다. 충북 옥천 지역은 창포로 유명한데, 단옷날에 잎과 뿌리를 우려낸 물에 머리를 감거나 몸을 씻는 문화가 계승되었다. 창포물에 머리를 감으면 머리카락에 윤기가 나는 것으로 알려져 있다.

제주도는 감귤류로 유명하다. 껍질은 말려 한약재로 사용하고, 끓는 물에 우려 향차로도 이용한다. 또한 유채꽃을 비롯해 다양한 허브를 재배하므로 향차나 향료를 많이 생산한다. 울릉도에서 자라는 어성초(魚腥草)는 이름처럼 생선 비린내가 나는 식물로, 정유 성분이 풍부하여 약용 목적으로 차로 이용한다.

제4장

향료의 분류 및 추출법

1. 향료의 분류

2. 향료 추출법

3. 향료와 관련된 용어

1. 향료의 분류

유럽 연합(EU)과 미국에서 말하는 플레이버(flavor)는 입에서 느낄 수 있는 종합적인 감각으로 주로 미각, 후각 및 촉각까지 향에 맛의 의미가 들어 있는 용어로 사용한다. 하지만 우리나라에서 향료라 하면 단지 향기만을 부여하는 것으로 의미가 있다. 유럽 연합에서 플레이버링(flavoring)은 [표 4-1]처럼 식품에 향미를 첨가하거나, 기존의 향에 변화를 주거나, 본연의 향을 강조할 목적으로 하는 첨가제로서 천연 향료, 천연 향료 물질, 천연 유사 향료 물질, 인공 향료 물질, 향미 제제, 반응향 등을 포함한다. 그러나 우리나라의 『식품첨가물공전』(2021년 11월 24일 고시 기준)에 따르면 향료는 천연 향료와 합성 향료로 구분한다.

우리나라 『식품첨가물공전』에서 명시하는 천연 향료는 "원료에서 추출, 증류, 발효, 효소 처리 등의 제법으로 얻어지는 것으로 향미를 부여 또는 증강하기 위하여 사용되는 물질"로 정의되어 있으며, 정유·추출물·올레오레진(다만, 따로 규격이 정하여진 향신료 올레오레진류는 제외) 등을 말한다고 하였다. 또한 천연 향료를 제조 또는 가공하는 경우에는 적합한 용매(에탄올, 아이소프로필알코올, 헥산)를 단독 또는 병용하여 각 원료에서 추출하며, 사용한 용매는 잔류 용매 규격에 적합하도록 제거하여야 한다.

표 4-1 원재료에 따른 향료 분류

분류	정의
천연 향료 (natural flavor)	안전성이 확보된 방향성 천연 물질에서 물리적 공정으로 취득된 것으로 정유, 추출물, 올레오레진 등이 있다.
천연 향료 물질 (natural flavoring substance)	천연 향료의 기원 물질에서 물리적·미생물학적·효소적 공법으로 추출한 화합물이다. 예) 박하에서 추출한 *l*-멘톨(*l*-mentol)
천연 유사 향료 물질 (natural identical flavoring substance)	화학적으로 합성된 향료 화합물 또는 천연 방향성 원료에서 화학적 공정을 거쳐 분리된 향료 화합물이지만 인간이 섭취하기에 적합한 천연물의 성분과 화학적으로 동일하다.
인공 향료 물질 (artificial flavoring substance)	천연물에서 현재 발견되지 않은 화합물인 합성 향료이다. 예) 에틸바닐린(ethyl vanillin)
향미 제제 (flavoring preparation)	식물성·동물성 원료의 식품이나 재료에서 적절한 물리적, 미생물적, 효소적 공정으로 또는 식품 준비 공정을 거쳐 가공한 후에 얻어지는 향미 특성을 위해 사용하는 제제이다.
반응향 (process flavouring)	식품 및 굽기, 끓이기, 삶기 등의 가공 공정에서 생성된 향미를 말한다. 예) 익힌 고기나 생선구이에서 나는 향

합성 향료는 성분을 화학적으로 여러 개 합성해서 만든 향료로 정의하지만, 식품의약품안전처(KFDA)에서는 국제식품규격위원회(CODEX) 등의 국제 기준과 일치하도록 천연 향료와 합성 향료를 묶어 분류하고 다양한 향료가 제조될 수 있도록 향료 체계를 통합·관리할 것으로 보인다.

>>> 구체적인 내용은 제10장 합성 향료를 참고하기 바란다.

1) 용도에 따른 향료의 분류

천연 향료는 용도에 따라 [그림 4-1]과 같이 동물성 향료와 식물성 향료로 나눌 수 있다. 대표적인 동물성 향료는 사향(musk, 사향노루의 향낭 분비물), 용연향(ambergris, 향유고래의 소화기관에서 취득), 해리향(castoreum, 비버의 향낭에서 취득), 사향고양이(civet) 향 등이 있으며, 대부분 자원의 희귀성으로 귀하게 취급되었다.

>>> 구체적인 내용은 제7장 천연 향료를 참고하기 바란다.

천연 향은 대부분 식물성 향료이며 식물의 열매, 뿌리, 줄기, 잎, 꽃, 껍질 등에서 증류, 추출 등의 방법으로 휘발성 성분을 취득한다. 식물성 정유인 에센셜 오일(essential oil), 나무껍질이나 줄기에서 얻은 액체상 수지 물질인 올레오레진(oleoresin), 식물로부터 배설되는 불용성 반고형 수지상 물질인 발삼(balsam)과 검(gum) 등이 있다. 식물에서 얻은 식물 향료는 대부분 정유(essential oil)로서, 수증기 증류로

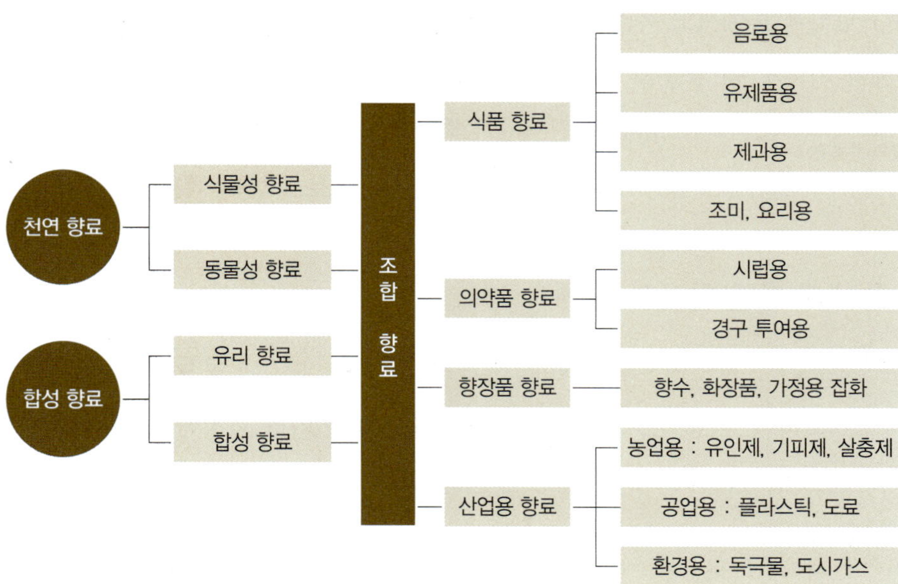

그림 4-1 향료의 용도에 따른 분류

나오는 휘발성이 강한 테르펜(terpene) 화합물과 그 유도체가 주성분이며 일반적으로 말하는 유지(lipid)류와는 성질이 다르다.

합성 향료는 석유화학 제품, 석탄 타르(tar) 제품, 테르펜유 등의 싼 원료를 이용해서 합성한 것으로, 유리 향료와 합하면 수천 종(5,000종 이상)에 이르고 매년 새로운 합성품이 나오고 있다. 유리 향료는 천연물에서 향의 주성분을 분리하여 얻은 향료로, 시트로넬라 오일(citronella oil)에서 분리한 장미 향기가 나는 게라니올(geraniol), 시트로넬롤(citronellol)과 박하 오일에서 냉각법으로 분리한 멘톨 등을 들 수 있다. 합성 향료 중에는 천연 성분을 분석해 화학 구조를 밝히고 구조가 동일한 화합물을 다른 원료로부터 합성한 것도 있다. 그러나 천연 향료나 합성 향료만으로는 소비자가 만족할 만한 향기를 얻지 못하므로 천연 향료와 합성 향료를 혼합한 조합 향료를 많이 사용한다.

조합 향료는 용도에 따라 크게 식품 향료, 의약품 향료, 향장품 향료, 산업용 향료로 나눌 수 있다. 식품 향료는 음료, 유제품, 제과, 조미료 등 대부분 식품 가공에서 첨가물로 사용한다. 이 밖에도 담배 등의 연초용으로 품질 향상을 목적으로 향을 사용하기도 한다. 의약품 향료로는 경구 투약에서 거부 반응을 완화할 목적으로 사용하는 시럽용과 당의정(정제 표면에 백당의 경질층을 입히고 착색한 정제)과 같은 경구 투여용을 들 수 있다. 향장품 향료는 향수와 화장품으로 만들 뿐만 아니라 가정용 잡화인 비누, 샴푸, 세제나 방향제 등에서도 폭넓게 사용된다. 마지막으로 산업용 향료는 해충이나 벌레의 유인제나 기피제 등 생물을 대상으로 농약으로 사용할 수 있을 뿐 아니라 천연가스나 도시가스 유출을 감지하기 위한 보안용으로, 작업장·사무실·공공건물 등에서 환경 개선을 목적으로, 공업용으로도 널리 이용된다.

»» 구체적인 내용은 제12장 향료의 응용 분야를 참고하기 바란다.

2) 형태에 따른 향료의 분류

특히 식품 가공 분야에서는 맛(단맛, 짠맛, 신맛, 쓴맛, 감칠맛)에 영향을 주는 향기 성분이 매우 중요하다. 식품 향료는 [표 4-2]와 같이 식품에 따라 물성에 맞는 다양한 형태를 갖출 필요가 있는데 크게 4가지로 나눌 수 있다.

유용성 향료(oil soluble flavor)는 천연 향료나 합성 향료, 조합 향료를 유용성 용매인 식물 유지(salad oil, 땅콩유·콩기름·면실유 등) 등에 용해·희석한 것으로, 주로 비스킷·캔디·초콜릿 등을 제조할 때 사용한다.

표 4-2 **식품 향료의 형태에 따른 분류**

분류	종	성분	용도
유용성	오일 (oil soluble flavor)	소수성이고 향을 발산할 때 균일한 분산성을 나타낸다. 오일류는 대부분 고비점이기 때문에 보류성과 내열성이 있으므로 가열 공정을 거치는 가공 식품에 적합하다. • 레몬, 오렌지, 라임 등의 천연 정유 • 유용성 용매에 천연 정유와 합성 향료를 조합하여 만든 정유	캔디, 껌류 등 제과
수용성	에센스 (essence)	천연 정유를 알코올로 추출한 것 또는 천연 정유 또는 합성 향료를 조합한 것에 희석 알코올을 가한 것이다. 알코올 이외에 수용성 용매를 향료에 사용할 수도 있다. 에센스는 알코올과 함께 향기 성분이 휘발되므로 열에 약한 단점이 있으나 가볍고 신선한 향을 나타낼 때 활용할 수 있다.	음료, 냉과
유화성	유화 향료 (emulsified flavor)	유용성 향료에 유화제, 안정제를 가해 유화시킨 향료로, 향기의 발산성이 부드럽고 보류 효과가 나타난다.	음료, 냉과
분말성	분말 향료 (powdered flavor)	유당, 전분류에 식향 베이스를 가해 혼합 교반하여 향료 성분을 캡슐로 만든 것으로, 내열성이 뛰어나고 향료의 지속성이 뛰어나다. • 스프레이 드라이(spray dry) 향료, 인캡슐레이션(encapsulation)형 등	분말 식품, 제과, 태블릿 제품

수용성 향료(essence)는 천연 향료(또는 합성 향료)를 조합한 베이스를 40~60%로 희석한 알코올에 용해시키고 필요에 따라 팅크처(tincture), 엑스트랙트(extract)류 혹은 과즙을 가해서 제품화한다. 통상 음식품에 대해 1/500~1/1,000 범위로 물에 용해 또는 분산시켜 이용한다. 내열성이 결핍되어 주로 과즙음료·탄산음료·아이스크림류·양주 등의 식품에 이용하며, 스트로베리·바나나·멜론 등의 에센스(essence)에는 에스테르(ester)를 많이 함유해서 용해도가 좋다.

유화 향료(emulsified flavor)는 대부분 소수성으로 물에 잘 녹지 않으므로 유화제나 안정제를 이용해서 미립자로 만들어 물에 분산시킨다. 유화제로는 아라비아검, 알긴산소다, 한천, 메틸셀룰로스(methyl cellulose), 카복시메틸셀룰로스(carboxymethyl cellulose), 모노글리세라이드(monoglyceride) 등을 이용한다. 맛을 주는 성분이나 착색료도 동시에 가할 수 있어서 냉과, 제과, 기타 일반 식품에도 이용한다.

분말 향료(powdered flavor)는 유당, 덱스트린(dextrin) 등에 혼합·부착시켜 향료를 유화시킨 것을 분무·건조하여 가루로 만든 것으로, 천연 분말 향료, 유당 제형 분말 향료, 박막 건조 및 분무 건조 분말 향료와 마이크로캡슐에 포함시킨 캡슐 향료 등이 있다.

2. 향료 추출법

천연 원료에서 향료를 추출하는 방법으로는 [그림 4-2]와 같이 증류법, 압착법, 용매 추출법이 있다.

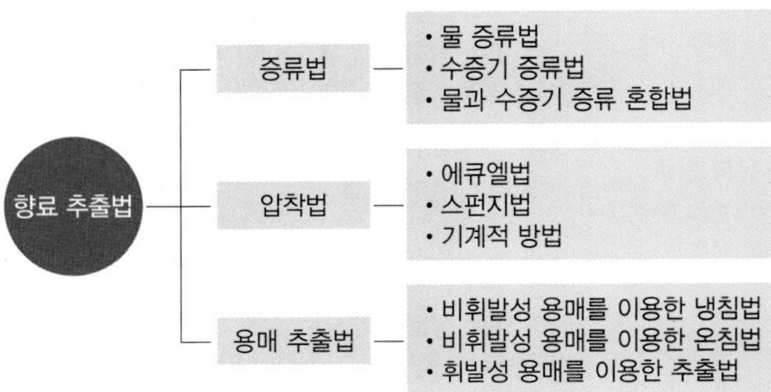

그림 4-2 **향료 추출법의 종류**

1) 증류법

증류법(distillation)은 수증기를 이용하여 천연 원료에서 향기 성분을 분리하는 방법이다. 용제 추출법이나 압착법으로 얻은 정유에 비해 제조 공정이 간단하므로 대량 생산에 적합하여 산업계에서 널리 이용한다. 채유 과정에서 가열하므로 열에 불안정한 원료나 소수성 향료에는 부적합하다. 따라서 증류법은 장미유, 오렌지 플라워(orange flower)유처럼 수용 성분을 함유한 정유에 적합하다.

증류법에는 물 증류법(water distillation), 수증기 증류법(steam distillation), 물과 수증기 증류 혼합법(water and steam distillation)의 3가지 종류가 있다. 물 증류법은 [그림 4-3]처럼 온도가 높은 물에 원료를 넣고 증류하는 형식으로, 재질에 따라 물에 뜨거나 가라앉는다. 따라서 이 방법은 수증기에 접촉하면 딱딱해져서 채유하기 쉽지 않은 장미와 오렌지 꽃잎에 적합하다.

수증기 증류법은 일반적으로 통칭하는 증류법으로 [그림 4-4]처럼 외부에서 수증기가 원료가 있는 증류솥에 주입되어 증류하는 형식으로, 오늘날 공업계에서 널리 사용한다. 마지막으로 물과 수증기 증류 혼합법은 [그림 4-5]처럼 원료를 격자 위에 쌓고 격자 밑에 물을 넣어 증류하는 방식으로, 수증기가 포화 상태이어도 과열되지 않고 식물체는 수증기에 노출된다.

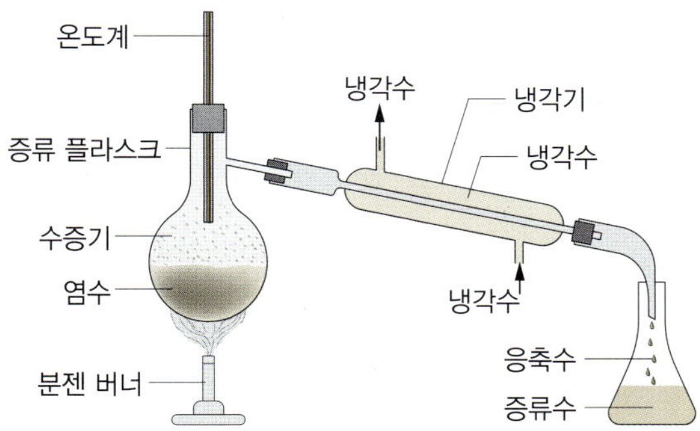

그림 4-3 물 증류법의 구조

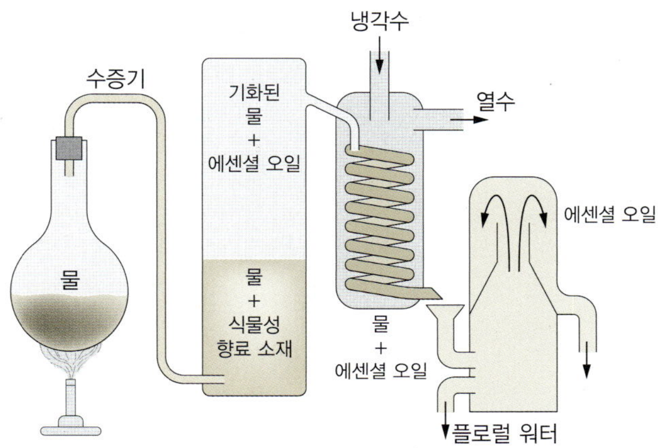

그림 4-4 수증기 증류법의 구조

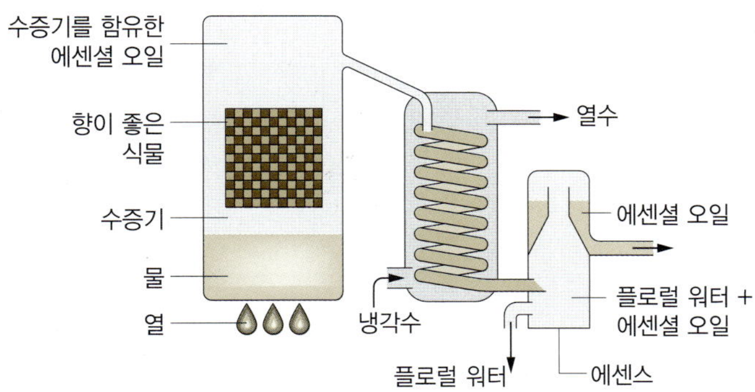

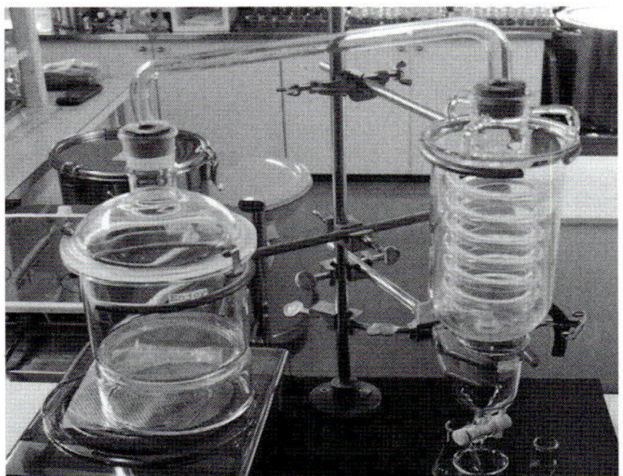

그림 4-5 물과 수증기 증류 혼합법의 구조(왼쪽)와 장치(오른쪽)

자료: 팜도미타(일본) 제공

2) 압착법

압착법(expression)은 시트러스(citrus) 계열 원료의 과피에 함유된 정유를 채유하는 방법으로, 열에 민감한 정유에서 고품질 향료를 채유할 때 사용한다. 대표적으로 에큐엘(ecuelle)법, 스펀지(sponge)법, 기계적 방법(machine abrasion)을 들 수 있다.

에큐엘법은 [그림 4-6]의 에큐엘이라는 기구를 이용하여 채유하는 방법으로, 주로 이탈리아 북부에서 가내 공업으로 행해진다. 에큐엘은 지름이 20 cm인 나팔 또는 깔때기(funnel) 모양의 금속 기구에 길이가 1 cm인 침 또는 스파이크 모양의 돌출물이 있고, 중앙에 도관으로 연결되는 구멍이 있다. 원료를 에큐엘의 돌출물에 눌러 돌린 후 액을 추출하여 도관에 모아 채유하는 방법이다.

스펀지법은 이탈리아 남부에서 소규모 가내 수공업으로 행해지는 방법이다. 과피를 손으로 눌러 나오는 정유를 스펀지에 흡수시킨 뒤 다른 용기에 이 스펀지를 압착하여 정유를 분리한다.

기계적 방법은 원료의 탈피, 압착, 분리 정제 등의 모든 과정을 기계로 하는 채유 방법이다. 포대에 과피를 넣어 수압기로 착유하고 원심 분리기로 분액하는 방법도 있다. 착유할 때 상온 이하에서 행하도록 권장한다. 남은 과피에는 정유가 남아 있으므로 수증기 증류나 용매로 추출해서 2급품 향료로 사용하기도 한다.

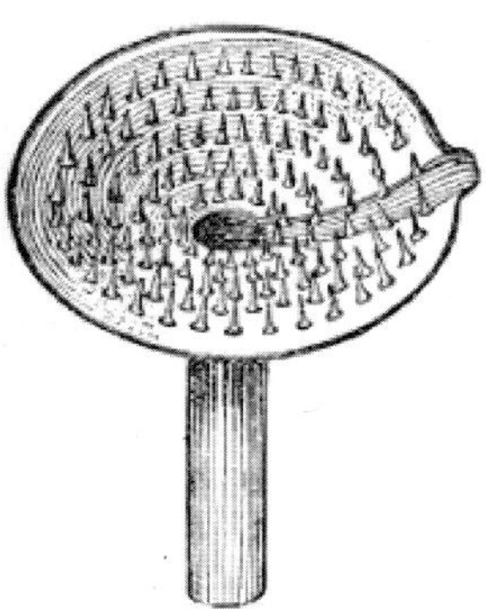

그림 4-6 **에큐엘**

그림 4-7 **수압기로 착유하는 모습**

3) 용매 추출법

용매 추출법(extraction)은 비휘발성 또는 휘발성 용매를 이용하여 추출하는 방법이다. 꽃에서 추출한 화정유는 열에 불안정해서 추출 과정에서 정유 성분이 분해·중합·수지화되므로 증류법으로는 어려움이 있다. 또한 압착법으로는 채유 수득률이 매우 낮아서 추출법을 사용한다. 추출법의 종류는 비휘발성 용매와 휘발성 용매를 사용하는 방법에 따라 나뉜다. 또한 비휘발성 용매에 의한 추출법은 냉침법과 온침법이 있다.

(1) 비휘발성 용매를 이용한 냉침법

냉침법(enfleurage)은 향을 추출하는 오래된 방법으로, 지금도 프랑스 남부 지방에서 행해진다. 이 방법은 유리판을 끼운 목제 틀인 섀시(châssis)라는 기구를 이용한다. 유리판의 양면에는 흡수 매체가 되는 유지(정제된 돈지·우지·양지)를 1 cm 정도 두께로 도포시킨다.

식물성 원료인 꽃은 수분이나 이물질을 제거해서 섀시 위에 놓아 두고 24~72시간 흡수시킨다. 시간이 지나면 꽃을 제거하고 새로운 꽃으로 교체하는 과정을 30~36회 반복하여 얻은 것, 즉 꽃향기가 유지에 농축된 포마드(pomade, 향지)가 된다. Pomade No.30이란 흡수 조작을 30회 반복해서 얻은 포마드를 의미한다. 재스민의 경우 Pomade No.36은 8~10주 필요하다고 한다.

냉침법에서 향을 추출한 꽃을 다시 용매로 추출한 뒤 그 용매는 휘발시키고 알코올 용해 부분만 다시 추출한 것을 앱설루트 섀시(absolute châssis)라고 한다. 냉침법에 사용하는 흡수 매체는 우지(혹은 양지)와 돈지를 1 : 2로 혼합한 것을 사용하고, 여기에 벤조인(benzoin)과 명반을 방부제로 사용하면 유지의 산패를 억제할 수 있다. 최근에는 광물유나 식물유 또는 알코올 에스테르유를 이용하기도 하는데 흡수성이 떨어지고 실용적이지 못한 것으로 알려져 있다.

(2) 비휘발성 용매를 이용한 온침법

온침법(maceration)은 장미, 아카시아처럼 꽃을 딴 후 생리 활성이 멈춰서 향이 크게 소실된 경우에 적합한 추출법이다. 내부 온도가 60~70°C인 지방에 꽃을 연속해서 교체하여 포마드를 만든다. 이 포마드에 고순도 알코올을 사용하여 획득한 화정유를 엑스트레이트(extrait), 엑스트랙트(extract), 에센스(essence) 등으로 부른다. 온침법은 냉침법에 비해 높은 온도의 유지를 이용하므로 조작 시간이 단축되지만, 냉침법에 비해 이상한 냄새가 강하고 앱설루트(absolute)가 산패해서 불쾌취가 나타날 수도 있다.

(3) 휘발성 용매를 이용한 추출법

휘발성 용매에 의한 추출법은 추출 장치에 원료를 넣고 정제 용제를 넣어 상온에서 추출하는 방법으로, 오늘날에 널리 이용된다. 일반적으로 용매는 석유 에테르(petroleum ether)를 많이 사용한다. 이때 용매로 향을 추출한 뒤 증발과 농축 과정을 거쳐 용매를 완전히 제거한 것을 콘크리트(concrete)라고 한다. 콘크리트에는 왁스, 색소, 단백질 등이 조금 들어 있어서 농축 플라워 오일(concentrated flower oil)이라고도 한다. 알코올을 사용하여 콘크리트를 정제(왁스 제거)한 뒤 알코올을 제거한 것을 앱설루트 플라워 오일(absolute flower oil)이라고 한다.

식품 향료에서 사용 농도가 높은 스파이스 허브(spice herb)의 정유는 일반적으로 증류법으로 얻지만, 중요한 맛을 내는 성분은 대부분 비휘발성이어서 증류법으로 추출하기가 쉽지 않다. 따라서 용매를 이용해 허브에서 향료를 추출하여 스파이스 올레오레진(spice oleoresin)을 얻을 수 있다. 원료로는 씨, 과실, 잎, 나무껍질, 뿌리 등 매우 다양하게 사용할 수 있다. 추출 용매는 아세톤, 에테르, 벤젠, 에탄올, 아이소프로필알코올 등이 있으며 부탄이나 프로판도 가압하에서 사용할 수 있다.

3. 향료와 관련된 용어

향료 추출과 응용 등 현장에서 활용도가 높은 용어를 정리하였다.

- 검(gum): 천연 검은 음이온성 물질로 글리코사이드(glycoside)와 결합한 고분자 물질이다. 향료에서 검을 레진으로 가끔 사용하는데, 이는 다양한 테르펜 화합물이 검으로써 표현되기 때문이다. 검과 레진을 구분하자면, 검은 중성 또는 약산성 용액이나 물과 함께 교질 용액(sol)을 형성하지만, 레진은 물에 불용성이며 산성 성질을 띤다.
- 검 레진(gum resin): 식물이나 나무에서 분비되는 천연물로, 검과 레진 그리고 약간

의 정유로 이루어진다. 이런 경우에 정확하게 올레오검레진(oleo-gum-resin)이라고 표현해야 한다. 이것들은 알코올이나 유기 용매에 부분적으로 녹고 또한 양에 따라 물에도 부분적으로 용해된다.

- 고정제(fixatives): 향료를 조합할 적에 휘발성이 좋은 물질(top, middle note 등)의 증발률을 낮추는 역할을 하는 물질을 말한다. 때죽나무과(Styrax japonicus)의 나무 껍질에서 얻는 발사믹 레진(balsamic resin)인 벤조인(benzoin) 등이 있다.
- 레진(resin): 천연 레진은 수목에서 나오는 분비물로, 테르펜이 산화하여 생성되는 물질인 레진은 산성을 띤 무수물이다. 가공 레진은 올레오레진에서 정유를 제거한 것을 말한다. 레진은 무정형의 고체 또는 반고체로, 냄새가 없고 물에 불용성이며 알칼리 용액에 용해된다.
- 레진 앱설루트(resin absolute): 천연 식물 원료에서 추출한 엑스트랙트이지만 검 등을 알코올로 추출한 후 진공 상태에서 알코올을 제거한 나머지를 말한다.
- 발삼(balsam): 식물의 대사 생성 물질로, 알코올에는 거의 용해되지만 물에는 불용성이다. 유기 용매에는 부분적으로 용해되는 수지상의 물질이거나 반고형의 점성 있는 액체상 물질을 말한다.
- 벤조인(benzoin): 때죽나무과의 나무에서 추출법으로 얻은 레진[gum]이다. 발사믹보다 숙성한 이후에 나타나는 수지화로 용해도가 낮아져서 발사믹 레진(balsamic resin)이라고도 한다. 다양한 향수의 베이스 노트(base note)로 빨리 휘발되지 않게 하는 보류제 역할을 한다.
- 앱설루트(absolute): 식물에서 추출한 천연 향료 물질인 콘크리트(휘발성 용매로 추출해 농축한 물질) 또는 식물 유지 추출물을 다시 알코올로 추출하여 얻은 용해성 물질이다. 향료의 희석 또는 분배에는 알코올이 주 용매로 활용된다. 앱설루트에는 냉침법(efleurage)인 섀시(châssis)로부터 얻은 추출물의 알코올 용해성 물질인 앱설루트(absolute from châssis), 수증기 또는 물 증류법으로 얻은 향 추출물(응축물)을 알코올로 추출한 앱설루트(absolute from distillation water), 향이 흡착된 유지에서 알코올로 추출한 앱설루트(absolute from pomade)의 세 종류가 있다.
- 에센셜 오일(essential oil): 식물성 원료를 증류법이나 압착법으로 얻은 방향성 있는 정유를 말한다. 여러 가지 화학 물질로 이루어지고 불휘발성인 유지(fatty oil)와 달

리 잔류물이 없고 모두 휘발되는 것이 특징이다.

- 엑스트랙트(extract): 용매를 이용해 꽃, 잎, 뿌리, 과일, 씨앗, 수지 등의 식물성 향료와 동물성 소재에서 추출한 향기 물질을 말한다.
- 엑스트레이트(extrait): 포마드에서 방향성 물질을 알코올로 용해한 용액을 말한다.
- 올레오레진(oleoresin): 천연 올레오레진은 나무껍질이나 나무줄기에서 나온 분비물로, 맑은 점성을 띠고 색이 엷은 액체이다. 가공 올레오레진은 용제를 이용해서 천연 향료, 향신료 소재에서 얻은 정유와 불휘발성 성분을 함유한 물질로, 식향의 향기 강화와 보류제로 조합 향료에 사용한다.
- 콘크리트(concrete): 용매(용제)를 이용해 식물의 꽃, 잎, 줄기, 뿌리 등에서 방향 성분을 추출하고 저온 감압하에 용매를 제거하면 왁스 상태의 농축 방향성 물질을 얻을 수 있는데, 이것을 콘크리트 오일(concrete oil)이라고 한다. 콘크리트 오일은 줄여서 콘크리트라고 한다.
- 테르펜리스 오일(terpeneless oil): 정유(essential oil)에서 공기에 산화되기 쉬운 테르펜류(또는 불휘발성 테르펜류) 등을 제거한 것을 말한다. 이들 테르펜류는 향장품이나 식품 향료 등에서 산화되면 불쾌치나 레진이 형성되기 쉽다.
- 포마드(pomade): 냉침법 또는 온침법 등의 화향 추출법으로 얻은 향지를 말한다. 포마드에서 알코올로 향을 추출하여 향기 성분만 분리한 것을 앱설루트라고 한다.

제5장 냄새 표현 방법과 묘사 실험 방법

1. 냄새의 표현 방법
2. 냄새 묘사 실험 방법
3. GC/O를 이용한 냄새 표현
4. GC/O와 AEDA법에 의한 주된 향기 화합물 동정
5. 양조간장의 AEDA법과 냄새 표현 실험

영화 「향수」에서 주인공 그루누이는 다른 감각과 달리 후각만큼은 매우 예민한 상태로 태어나 주변의 냄새를 맡기 시작한다. 우리는 냄새를 맡으면 그 향을 느낄 뿐만 아니라 감정도 떠올리므로 후각은 문화, 교육 환경과 밀접하게 연관되어 있다. 그러나 사물에서 나는 냄새를 언어로 표현할 때에는 단지 '냄새가 좋다' 또는 '냄새가 나쁘다'라는 말로 표현하는 방법밖에 없는 듯하다.

1. 냄새의 표현 방법

후각을 통하여 맡는 냄새(odor)는 화학적 감각 요소인 맛(taste)과 매우 밀접한 관계가 있다. 맛에는 단맛, 짠맛, 신맛, 쓴맛과 감칠맛이 있다. 냄새(향)를 묘사할 때에도 이러한 5가지 미각을 그대로 적용하거나 그 출처(냄새가 나는 근원)와 연관 지어 표현하는 것이 대부분이다. 예를 들어 수박 냄새를 표현할 적에 '수박 향과 같은(-like)', '스위트(sweet)', '멜론과 같은(melon-like)' 형태를 사용한다. 또한 카페에 들어갔을 때 커피 냄새를 맡고서 '좋은 커피 향' 등으로 인식한다. 실제 가스 크로마토그래피에 부착된 후각 측정기(olfactometry)를 이용하여 냄새 실험(sniffing test)을 할 때 피라진류인 2,5-다이메틸피라진(dimethylpyrazine) 화합물의 냄새를 '고소한(nutty)', '초콜릿(chocolate)', '볶은 참깨(roasted sesame)', '바삭바삭한 빵(crisp bread-like)' 또는 '엿기름(malt-like) 냄새' 등으로 표현한다.

미국표준시험법(American Society for Testing and Materials, ASTM)에서 제시한 냄새 표현법(ATLAS of Odor character profiles)에서는 [표 5-1]과 같이 146개 냄새 성분의 특성을 14개 그룹으로 분류하여 묘사하였다.

이러한 냄새의 특성을 이용하여 묘사하고 싶은 특정 물질의 냄새를 표현한 3가지 경우를 살펴보자. 첫 번째로 [표 5-2]에서 5% 농도(50 mL/L)로 조제한 리날로올(linalool) 시료에 대한 패널 요원 507명이 묘사 분석 결과를 보면, 149개 냄새 항목(profile)에서 향기로운 냄새(fragrant)가 가장 높은 점수(40점)를 받았고, 그다음으로 분필, 석회질(chalky) 냄새, 방향족(aromatic), 레몬(lemon) 향, 향수(perfumery), 바닐라(valilla) 향, 꽃(floral) 향, 감귤류(fruity, citrus) 향, 시원한(cool, cooling) 향, 허브(herbal, green, cut grass) 향, 오드콜로뉴(cologne) 향, 향신료(spicy) 냄새의 순이다. 또한 비누 향, 라벤더

표 5-1 냄새의 특성 묘사와 분류

번호	냄새 특성 묘사	번호	냄새 특성 묘사
001	향기로운(fragrant)	042	과일, 감귤류 향(fruity, citrus)
002	땀 냄새(sweaty)	043	과일 향(감귤류 제외)(fruity, other)
003	아몬드 향(almond-like)	044	부패취, 악취(putrid, foul, decayed)
004	탄, 훈연 향(burnt, smoky)	045	나무, 송진 향(woody, resinous)
005	허브, 깎은 잔디 향(herbal, green cut grass)	046	머스크 향(musk-like)
006	에테르 냄새(etherish, anaesthetic)	047	비누 향(soapy)
007	신 냄새, 산, 식초 향(sour, acid, vinegar)	048	마늘, 양파 냄새(garlic, onion)
008	피, 생고기 냄새(like blood, raw meat)	049	동물 냄새(animal)
009	파우더 향(dry powdery)	050	바닐라 향(vanilla-like)
010	암모니아 냄새(like ammonia)	051	대변(분뇨 냄새)(fecal, like manure)
011	소독제, 석탄산 향(disinfectant, carbolic)	052	꽃 향(floral)
012	방향족(aromatic)	053	효모 냄새(yeasty)
013	고기 향(meaty, cooked, good)	054	치즈 냄새(cheesy)
014	역겨운 냄새(sickening)	055	꿀 냄새(honey-like)
015	곰팡이, 흙냄새(musty, earthy, moldy)	056	아니스, 감초 향(anise, licorice)
016	날카로운, 톡 쏘는, 산 냄새(sharp, pungent, acid)	057	테레빈유, 파인 오일 향(turpentine, pine oil)
017	장뇌 냄새(camphor like)	058	신선한 채소 향(fresh green vegetables)
018	가벼운 향(light)	059	약 냄새(medicinal)
019	무거운 향(heavy)	060	오렌지 향(orange, fruit)
020	시원한 향(cool, cooling)		
021	따뜻한 향(warm)		
022	금속 냄새(metallic)		
023	향수 향(perfumery)	061	버터 향(buttery, fresh)
024	맥아 향(malty)	062	종이 탄 냄새(like burnt paper)
025	시나몬 향(cinnamon)	063	오드콜로뉴 향(cologne)
026	팝콘 향(popcorn)	064	캐러웨이 향(caraway)
027	향 냄새(incense)	065	자작나무 껍질 냄새(bark-like, birch bark)
028	칸탈루프, 허니듀 멜론 향(cantaloupe, honey dew melon)	066	로즈 향(rose-like)
029	타르 향(tar-like)	067	셀러리 향(celery)
030	유칼립투스 향(eucalyptus)	068	양초 탄 향(burnt candle)
		069	버섯 냄새(mushroom-like)
		070	젖은 양모, 젖은 개 냄새(wet wool, wet dog)
		071	분필, 석회질 냄새(chalky)
031	기름, 지방 냄새(oily, fatty)	072	가죽 냄새(leather-like)
032	좀약 냄새(like mothballs)	073	배 향(pear, fruit)
033	휘발유, 용제 냄새(like gasoline, solvent)	074	퀴퀴한 담배 연기(stale tobacco smoke)
034	조리된 채소 향(cooked vegetables)	075	생오이 향(raw cucumber-like)
035	스위트 향(sweet)	076	생감자 향(raw potato-like)
036	비린내(fishy)	077	쥐 냄새(mouse-like)
037	향신료 향(spicy)	078	후추 향(black pepper-like)
038	페인트 향(paint-like)	079	콩 냄새(bean-like)
039	산패 냄새(rancid)	080	바나나 향(banana-like)
040	민트, 페퍼민트 향(minty, peppermint)	081	고무 탄 냄새(burnt rubber-like)
041	황 냄새(sulphidic)	082	제라늄 잎 향(geranium leaves)
		083	오줌 냄새(urine-like)

번호	냄새 특성 묘사	번호	냄새 특성 묘사
084	맥주 냄새(beery, beer-like)	115	고소한 향, 호두 등(nutty, walnut, etc.)
085	삼나무 향(cedarwood-like)	116	닭튀김 냄새(fried chicken)
086	코코넛 향(coconut-like)	117	젖은 종이 냄새(wet paper-like)
087	밧줄 냄새(rope-like)	118	커피 향(coffee-like)
088	정액 냄새(seminal, sperm-like)	119	복숭아 향(peach, fruit)
089	세척액 냄새(like cleaning fluid, carbona)	120	월계수 잎 향(laurel leaves)
090	골판지 냄새(cardboard-like)	121	탄 우유 냄새(burnt milk)
091	레몬 향(lemon, fruit)	122	하수구 냄새(sewer odor)
092	더러운 리넨 냄새(dirty linen-like)	123	그을음 냄새(sooty)
093	훈제 청어 냄새(kippery, smoked fish)	124	으깬 잡초 냄새(crushed weeds)
094	캐러멜 향(caramel)	125	고무 냄새(rubbery, new rubber)
095	사워크라우트 냄새(sauerkraut-like)	126	제과점, 신선한 빵 냄새(bakery, fresh bread)
096	으깬 잔디 냄새(crushed grass)	127	오크 나무, 코냑 냄새(oak wood, cognac-like)
097	초콜릿 향(chocolate)	128	그레이프프루트 향(grapefruit)
098	당밀 향(molasses)	129	포도주스 향(grape juice-like)
099	알코올 냄새(alcohol-like)	130	계란 냄새(eggy, fresh eggs)
100	딜(허브) 향(dill-like)	131	쓴 냄새(bitter)
101	화학적인 냄새(chemical)	132	동물 사체 냄새(cadaverous, like dead animal)
102	크레오소트(목재 보존재) 냄새(creosote)	133	메이플 시럽 향(maple, as in syrup)
103	피망 냄새(green pepper)	134	고기용 양념 냄새(seasoning, for meat)
		135	사과 향(apple, fruit)
		136	수프 냄새(soupy)
		137	곡물 향(grainy, as grain)
		138	정향(clove-like)
104	가정용 가스 냄새(household gas)	139	건포도 냄새(raisins)
105	땅콩버터 향(peanut butter)	140	건초 냄새(hay)
106	바이올렛 향(violets)	141	등유 냄새(kerosene)
107	찻잎 향(tea leaves-like)	142	매니큐어 제거제 냄새(nail polish remover)
108	딸기 향(strawberry-like)	143	발효된(썩은) 과일 냄새(fermented(rotten) fruit)
109	상한 냄새(stale)	144	체리 향(cherry, berry)
110	코르크 냄새(cork-like)	145	니스 냄새(varnish)
111	라벤더 향(lavender)	146	산유 냄새(sour milk)
112	고양이 오줌 냄새(cat-urine-like)		
113	파인애플 향(pineapple, fruit)		
114	신선한 담배 연기향(fresh tobacco smoke)		

자료: Dravnieks A. *Atlas of Odor Character Profiles, ASTM Data Series DS 61*, American Society for Testing and Materials, pp.6-7, 1985

향, 나무, 송진 향, 로즈 향, 과일 향, 알코올 냄새, 오렌지 향, 따뜻한 향, 에테르 냄새, 소독제와 바이올렛 향도 인지된다는 것을 알 수 있다.

다음으로 [표 5-3]에서 감귤류 과일의 주된 화합물인 리모넨(limonene)을 8% 농도(80

표 5-2 리날로올 화합물의 냄새 특성

리날로올

1,6-octadien-3-ol, 3,7-dimethyl (-)
1,6-octadien-3-ol, 3,7-dimethyl (+)

CA service registry No. 126-91-0
$C_{10}H_{18}O_1$
분자량 154.1

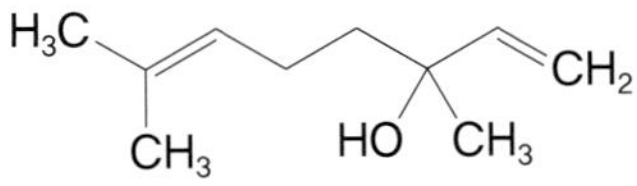

농도(mL/L) ································ 50
냄새 평가 항목 수(개) ································ 149

P.U.: 용어를 사용한 비율(percent who used the term)
P.A.: 적용 가능 비율(percent applicability)

번호	냄새 특성 묘사	P.U.	P.A.	적용 가능성(%)
1	향기로운(fragrant)	61.13	43.6	40
2	분필, 석회질 냄새(chalky)	47.47	33.27	32
3	방향족(aromatic)	43.6	30.33	28
4	레몬 향(lemon)	38.93	26.93	24
5	향수(perfumery)	38.2	26.73	24
6	바닐라 향(valilla)	38.33	25.93	24
7	꽃 향(floral)	37	25.87	24
8	감귤류 향(fruity, citrus)	29.6	20.93	20
9	시원한 향(cool, cooling)	30.93	19.13	16
10	허브 향, 잔디 깎은 냄새(herbal, green, cut grass)	22.73	15.33	12
11	오드콜로뉴 향(cologne)	20	12.4	12
12	향신료 냄새(spicy)	13.53	8.13	8
13	비누 향(soapy)	13.47	7.8	4
14	라벤더 향(lavender)	12.07	7.6	4
15	나무, 송진 향(woody, resinous)	12.73	7.33	4
16	로즈 향(rose)	12.8	7.27	4
17	과일 향(감귤류 외)(fruity, other than citrus)	9.47	5.47	4
18	알코올 냄새(alcoholic)	10.07	5.47	4
19	오렌지 향(orange)	10	5.33	4
20	따뜻한 향(warm)	8.73	5.27	4
21	에테르 냄새(etherish, anaesthetic)	9.4	5.2	4
22	소독제, 석탄산 냄새(disinfectant, carbolic)	8.07	4.6	4
23	바이올렛 향(violets)	8.07	4.4	4

자료: Dravnieks A. *Atlas of Odor Character Profiles, ASTM Data Series DS 61*, American Society for Testing and Materials, pp.186-187, 1985

표 5-3 리모넨 화합물의 냄새 특성

d-리모넨

cyclohexene, 1-methyl-4-(1-methylethenyl)

p-menth-1,8-diene

dipentene

CA service registry No. 138-86-3

$C_{10}H_{16}$

분자량 136.1

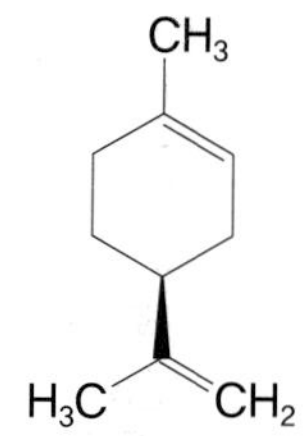

농도(mL/L) ······ 80

냄새 평가 항목 수(개) ······ 140

P.U.: 용어를 사용한 비율(percent who used the term)

P.A.: 적용 가능 비율(percent applicability)

번호	냄새 특성 묘사	P.U.	P.A.	적용 가능성(%)
1	감귤류 향(fruity, citrus)	63.70	53.56	52
2	스위트(sweet)	51.11	37.53	45
3	레몬 향(lemon)	56.30	43.61	40
4	오렌지 향(orange)	54.07	43.20	40
5	향기로운 향(fragrant)	55.56	40.77	40
6	가벼운 향(light)	45.93	32.05	32
7	방향족(aromatic)	34.81	25.19	24
8	시원한 향(cool, cooling)	25.93	18.80	16
9	과일 향(감귤류 외)(fruity, other than citrus)	23.70	17.58	12
10	꽃 향(floral)	19.26	12.53	12
11	그레이프프루트 향(grapefruit)	14.07	9.58	8
12	신, 식초 향(sour, vinegar)	17.04	9.40	8
13	향신료 냄새(spicy)	12.59	8.08	8
14	파인애플 향(pineapple)	8.89	4.73	4
15	허브, 잔디 깎는 냄새(herbal, green, cut grass)	11.85	7.14	4
16	체리, 베리 향(cherry, berry)	7.41	5.02	4
17	나무, 송진 향(woody, resinous)	8.89	5.50	4
18	민트, 페퍼민트 향(minty, peppermint)	8.89	4.59	4
19	날카로운, 자극적인, 산 냄새(sharp, pungent, acid)	8.89	5.85	4

자료: Dravnieks A, *Atlas of Odor Character Profiles, ASTM Data Series DS 61*, American Society for Testing and Materials, pp.188-189, 1985 mL/L)로 조제하여 제시한 관능 검사 결과의 냄새 프로파일을 보면, 감귤류 향이 가장 주된(52%) 것으로 인식되었다. 다음으로 스위트(sweet), 레몬(lemon) 향, 오렌지(orange) 향, 향기로운 향, 가벼운 향, 방향족, 시원한 향, 감귤류 이외의 과일 향, 꽃 향, 그레이프 프루트 향, 신 향(식초 향), 향신료 냄새 등의 순으로 냄새 강도가 표현되었다. 이처럼 냄새를 표현할 적에 냄새의 프로파일과 함께 냄새 강도도 동시에 표현하면 향료의 조향이나 배합에도 매우 유용한 자료로 활용될 수 있다.

세 번째로 2,3-다이메틸피라진(2,3-dimethylpyrazine)은 고소한 향으로 식품 향에서 많이 검출되고 가공 식품에도 많이 이용되는데, [표 5-4]에서 2% 농도(20 mL/L)로 실시한 관능 검사의 결과를 살펴보자. 땅콩버터 향이 가장 높은 점수로 인지되었다. 대체로 수수한 향인 견과류와 호두, 무거운 향(heavy), 곰팡이, 흙(moldy, earthy)냄새, 탄 냄새(훈연 향), 아몬드 향, 기름, 지방 냄새(oily, fatty), 나무, 송진 향, 팝콘 향, 방향족(aromatic) 등이 높은 점수로 인지되었다. 다음으로 산패취, 따뜻한 향, 마른 향(dry, powdery), 구역질 나는 냄새, 땀 냄새, 맥아 향, 부패취 등도 매우 높은 점수로 인지되었다.

이처럼 동일한 냄새 물질도 관능 특성에 따라 좋은 향의 효과(positive)와 나쁜 의미로 인식되는 효과(negative) 등의 양면성이 있어서, 향의 특성을 이용하거나 향장 등에서 조향할 적에 냄새의 표현이나 강도 특성을 고려하는 것은 매우 중요하다.

표 5-4 2,3-다이메틸피라진 화합물의 냄새 특성

2,3-다이메틸피라진

CA service registry No. 5910-89-4
$C_6H_8N_2$
분자량 108.1

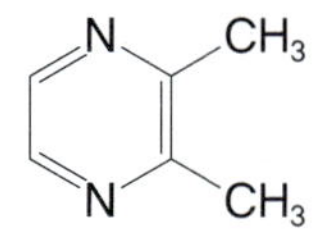

농도(mL/L) ………………………………………… 20
냄새 평가 항목 수(개) ………………………………… 140

P.U.: 용어를 사용한 비율(percent who used the term)
P.A.: 적용 가능 비율(percent applicability)

번호	냄새 특성 묘사	P.U.	P.A.	적용 가능성(%)
1	땅콩버터 향(peanut butter)	46.43	37.94	36
2	고소한, 호두 향(nutty, walnut)	40.71	29.83	28
3	무거운 향(heavy)	32.14	23.57	20
4	곰팡이, 흙냄새(musty, earthy, moldy)	31.43	22.02	20
5	탄, 훈연 향(burnt, smoky)	32.14	20.44	20
6	아몬드 향(almond)	27.14	18.68	16
7	기름, 지방 냄새(oily, fatty)	29.29	18.29	16
8	나무, 송진 향(woody, resinous)	27.14	18.05	16
9	팝콘 향(popcorn)	22.86	15.96	12
10	방향족(aromatic)	18.57	13.23	12
11	산패취(rancid)	18.57	11.52	8
12	따뜻한 향(warm)	17.14	11.39	8
13	마른 향(dry, powdery)	17.86	10.95	8
14	구역질 나는 냄새(sickening)	15	10.76	8
15	땀 냄새(sweaty)	17.14	10.73	8
16	맥아 향(malty)	15	9.71	8
17	부패취, 악취(putrid, foul, decayed)	11.43	8.08	8
18	화학 물질 냄새(chemical)	10.71	7.82	4
19	스위트(sweet)	11.43	7.45	4
20	향기로운(fragrant)	10	7.07	4
21	날카로운, 자극적인, 산 냄새(sharp, pungent, acid)	9.29	5.87	4
22	동물 냄새(animal)	6.43	4.79	4
23	고기 향(meaty, cooked, good)	6.43	4.29	4

자료: Dravnieks A. *Atlas of Odor Character Profiles, ASTM Data Series DS 61*, American Society for Testing and Materials, pp.114-115, 1985

2. 냄새 묘사 실험 방법

가장 간단하게 실시할 수 있는 방법으로는, 향기 물질 또는 그 알코올 추출 용액 등을 넣은 용기를 직접 혹은 손등에 조금 뿌려서 맡거나 깨끗한 무취의 냄새 종이로 알려진 질 좋은 두꺼운 종이(1×20 cm)에 사용해서 알코올 증발 전후의 냄새 변화를 맡아 냄새를 표현할 수 있다. 혼합물일 경우에는 성분마다 휘발도에 차이가 있으므로 그에 따라 또는 시간이 경과함에 따라 냄새에 변화가 생기므로 각각 분리해서 맡을 수 있다.

>> 무취의 냄새 종이는 여과지를 잘라서 사용해도 된다.

이때 후각을 통한 냄새의 비교 시험은 먼저 냄새의 같고 다름을 판단하고 그다음으로 냄새의 강도를 숫자로 비교하는 것이라는 점에 주의하여야 한다. 특히 여러 가지 성분이 혼합된 정유나 조합 향료일 경우에는 후각 훈련을 받은 전문가가 하지 않으면 결과의 재현성이 떨어지고 신뢰도도 낮아진다. 왜냐하면 동일한 성분(component)이라 해도 농도에 따라 냄새 표현(odor description)이 매우 다르기 때문이다. 그리고 한 장소에서 계속해서 냄새를 맡으면 먼저 맡은 냄새의 묘사가 대뇌에 기억되어 나중에 맡는 냄새를 정확하게 표현하는 데 방해받는 경우가 있다.

다음 [그림 5-1]은 미국표준시험법(ASTM)에서 제시한 냄새 묘사 분석 실험에서 사용한 시료용 키트이고, [표 5-5]는 시료용 키트의 구성 요소별 크기이다. 발사목(balsa wood) 칩은 시료 용액이 용해된 다이프로필렌글리콜(dipropylene glycol)에 담가 하룻밤 동안 스며들도록 한다. 냄새가 나는 발사목 시료는 중첩된 알루미늄 포일에 보관하고 시료 위를 알루미늄 포일로 덮는다. 이때 접착테이프로 알루미늄 중첩 포일에 알루미늄 덮개를 고정한다. 한쪽 끝은 샘플 시료를 부착하기 위해 겹치고 다른 쪽 끝은 종잇조각을 고정하기 위해 겹친다. 마지막으로 종잇조각은 샘플의 코드 명칭이 쓰여 있으며, 관능 검사를 실시할 경우에 접착테이프와 알루미늄 포일 커버를 벗겨서 샘플을 쉽게 열

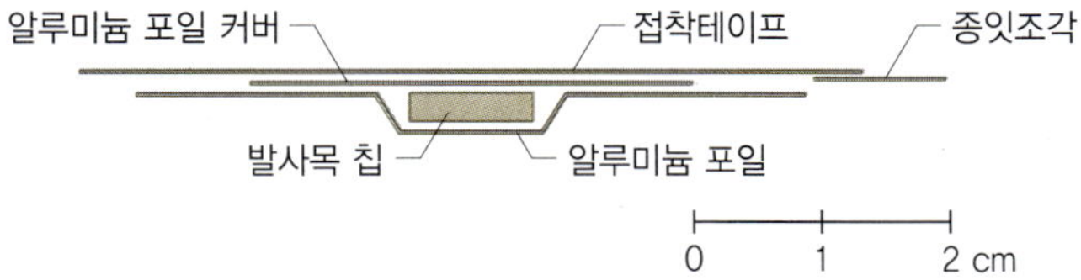

그림 5-1 냄새 묘사 분석을 위한 시료용 키트

자료: Dravnieks A. *Atlas of Odor Character Profiles, ASTM Data Series DS 61*, American Society for Testing and Materials, p.8, 1985

표 5-5 시료용 키트의 크기

키트 구성	크기
발사목 칩	두께: 1.6 mm, 너비: 9.5 mm, 높이: 9.5 mm
알루미늄 포일	두께: 0.08 mm, 너비: 38 mm, 높이: 51 mm
알루미늄 포일 커버	두께: 0.025 mm, 너비: 25 mm, 높이: 35 mm
접착테이프(3M Type 8304)	너비: 38 mm, 높이: 67 mm
종잇조각	너비: 13 mm, 높이: 57 mm

자료: Dravnieks A. *Atlas of Odor Character Profiles, ASTM Data Series DS 61*, American Society for Testing and Materials, p.8, 1985

수 있는 그림 역할을 하게 되어 있다.

관능적인 냄새 표현은 객관적으로 하여야 한다. 따라서 냄새를 객관적으로 표현하는 기술이 많이 필요하며 이는 계속 훈련해야 이루어질 수 있다. 특히 냄새 물질은 사용 용도에 따라 공기 중(in air)에서 휘발해야 하는 경우와 물(in water) 또는 용제나 기름(in oil) 성분 중에서 휘발하는 경우가 있다. 식품 향은 주로 물에서 이용하는 경우가 많고, 향장은 오일 성분에서, 산업계나 스프레이로 이용되는 경우에는 공기 중에서 널리 쓰인다는 점을 참조하기 바란다.

3. GC/O를 이용한 냄새 표현

기계 장치를 이용하여 냄새를 맡고, 그 냄새의 특성을 표현할 경우 주로 가스 크로마토그래피에 후각 측정기(olfactometry)를 부착하여 코로 직접 냄새를 맡는 방법이 가장 과학적이고 신뢰성이 있다. 즉, 시료에서 냄새 물질을 추출, 농축하여 이를 시린지(syringe)로 가스 크로마토그래피에 주입(injection port)하면, 칼럼 말단부에서 냄새 성분이 나뉘어져 일부는 검출기로 가서 냄새 강도의 전기적 신호가 그래프로 표시되고, 나머지 일부는 스니핑 포트(sniffing port)로 나와 코로 냄새를 맡는 것이다.

냄새의 표현(묘사 분석)은 1/100초 이내로 순식간에 이루어지므로 전문 패널자가 훈련을 받아서 환경 적응 및 민감도를 높여 나가야 한다. 이때 냄새의 표현과 동시에 냄새의 강도를 측정도 하는데, 일반적으로 기호척도(hedonic scale) 9점법을 이용한다. 강도 1(vw: very weak)은 '매우 약함', 9(vs: very strong)는 '매우 강함'을 나타낸다.

특히 GC/O(gas chromatography/olfactometry) 분석은 다양한 분석법과 병합함으로써 시료 냄새 성분 중에서 주된 향기 성분(aroma active compound)을 찾고자 할 때 매우 유용한 방법이다. [그림 5-2]는 GC/O의 냄새 측정 장치와 냄새 표현 방법을 보여준다.

AEDA(aroma extract dilution analysis)법, CharmAnalysis법과 OSME법이 소개되었는데, 이 중에서 AEDA법이 많은 식품 소재의 시료에서 광범위하게 응용되고 있다.

>>> GC/O 분석 방법으로 AEDA법은 피터 쉬베를레(Peter Schieberle)와 베르너 그로쉬(Werner Grosch)가 1987년에 제안하였고, CharmAnalysis법은 윌리엄 아크리(William Acree) 등이 1984년에, OSME법은 미란다-로페즈(Miranda-Lopez) 등이 1990년에 제안하였다. 자세한 것은 [참고문헌]을 참조하기 바란다.

AEDA법은 먼저 시료에서 냄새 성분을 추출, 농축한 오리지널(0.2~0.5 mL)을 시작으로 통상 1/3배 단계로 계속해서 희석한 시료를 각각 GC/O 분석을 행한다. 이때 냄새 성분이 마지막으로 2~3개 검출될 때까지 계속해서 희석한다. 최종 희석한 단계에서 검출되는 냄새 화합물이 그 시료의 주된 냄새 성분으로 간주된다. 이때 사용하는 증류수를 미리 삼각 플라스크에 넣고 6~10시간 가열하여 증류수 속에 있는 냄새 물질을 휘발시켜야 하며, 식힌 증류수를 일정 용기에 넣

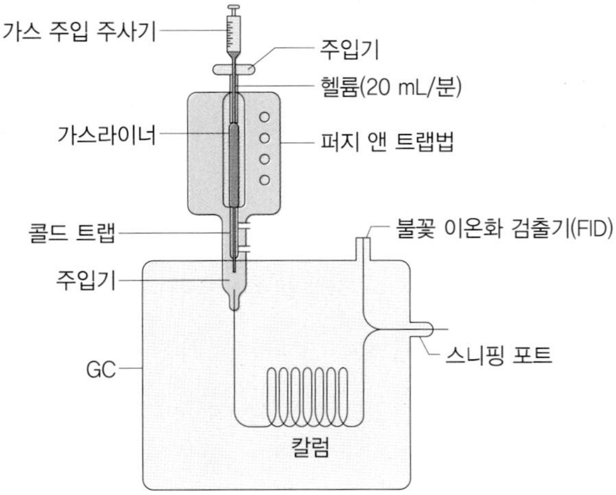

예) 액젓 시료 GC/O 분석

번호	시간(분)	향기 특성 묘사(향 강도)
1	1.89	다크 초콜릿(vw)
2	3.72	황(sulfur) 냄새(vw)
3	6.06~11	고소한 향(w/m)
4	7.83	곰팡이, 흙(mold, earthy) 냄새(vw)
5	9.11	양조간장, 구운 감자 냄새(w)
6	9.38~40	팝콘 향(w)
7	10.03~11	금속(metallic) 냄새, 곰팡이 냄새(wet mold)(m/s)
8	11.03	마른 멸치 냄새(vw)
9	12.30~50	구운 감자 냄새(m)
10	12.58	구운 감자 냄새(m)
11	13.3	양조 간장, 산패취(fatty)(w)
12	15.01	오이, 스위트, 인동초(honeysuckle) 향(m)
13	15.46~60	해물 수프(seafood broth) 냄새(w/m)
14	15.95	짠 냄새, 수프(broth) 냄새(w)
15	16.5	해물 수프 냄새, 곡물(grainy) 향(w)
16	16.7	짠 냄새, 해물 수프 냄새(w)

vw: very weak, w: weak, w/m: weak medium, m: medium, m/s: medium strong, s: strong, vs: very strong

그림 5-2 GC/O의 냄새 측정 장치(왼쪽)와 냄새 표현 방법(오른쪽)

자료: Gas Chromatography-Olfactometry in Food Aroma Analysis, In *Techniques for Analyzing Food Aroma*, pp.293-329, 1996

고 냄새를 맡고자 하는 화합물을 일정 농도로 희석하여 단계별로 넣고 일정한 풍속으로 냄새 물질을 흘러나오게 한다. 이때 풍속은 GC상의 캐리어 가스 속도와 동일하게 맞추고, 스니핑 포트에 코를 대고 흘러나오는 냄새의 표현과 강도를 측정한다. 스니핑 포트는 코가 안에 들어갈 수 있도록 맞춘 고깔 형태의 유리관이다([그림 5-2] 참고).

>>> 구체적인 내용은 제6장 향기 성분의 분석을 참고하기 바란다.

>>> 역치(threshold)란 냄새를 맡을 수 있는 한계점을 말한다.

이러한 방법을 이용하여 단계적으로 희석하여 측정하면 특정 식품에서 나는 주요 냄새 물질을 확인할 수도 있고, 또한 냄새 화합물의 역치까지도 계산할 수도 있다. 적어도 전문 패널 요원 3명 이상이 측정하여 답이 2명 이상 일치하면 통계적으로도 신뢰성을 인정받는다. 또한 시료의 냄새 성분을 추출, 농축한 오리지널 성분의 시료는 가스 크로마토그래피-질량 분석기(GC-mass selective detector, GC-MSD)로 냄새 화합물 성분을 동정하여 냄새 특성과 강도를 조합하면 특정 시료의 주된 성분(화합물)을 규명할 수 있다.

냄새를 감지할 때 화합물에 따라 후각에서 인지하는 농도가 매우 차이가 난다. 따라서 냄새의 농도를 상호 비교하려면 정량적인 농도(quantification)보다는 후각에서 느끼는 농도로 표시하는 것이 바람직하다. 이를 냄새 값(odor value)이라고 하는데, 이는 각각 검출된 화합물의 농도를 그 물질이 가지고 있는 고유의 역치(threshold)로 나눈 값이다. 따라서 냄새 값을 각각 서로 비교한다면 어떤 동식물이나 식품에서 나는 특징적인 주요 화합물을 찾을 수 있고, 또는 인위적으로 조향까지 가능하다.

$$\text{냄새 값} = \frac{\text{각 화합물의 농도 (ng/g)}}{\text{각 화합물의 역치 (ng/g)}}$$

각 화합물의 농도는 분석 기기를 통하여 얻을 수 있고, 또 표준 물질과 함께 정량적 분석을 할 수 있다. 한편 각 화합물의 역치는 앞에서 언급한 바와 같이 단계별로 계속해서 희석하면서 후각을 통하여 인식할 수 없는 단계까지 진행하여 최종 값을 취하면 된다. 단, 여기서 냄새의 표현은 패널 간에 차이가 있으므로 인식 여부에 중점을 두도록 한다(통계적으로 처리).

그러나 역치 값을 구할 적에 중시하여야 할 사항은 앞서 언급한 바와 같이 화합물을 어떤 매체에 녹이는가에 따라 그 값이 달라질 수가 있다는 것이다. 예를 들면 헥사날(hexanal)은 풀잎의 대표적인 냄새인데, 물에서는 역치가 4.5 ppb인 데 반해 공기 중에서는 0.32 ppm(L of air)으로 나타나 차이가 있으므로 사전에 어떤 매체를 이용할 것인지를 선정하고 실험을 하여야 한다. 냄새를 분석하고자 하는 시료로부터 GC/O와 AEDA법을 활용한 결과 값은 [표 5-6]과 같다.

4. GC/O와 AEDA법에 의한 주된 향기 화합물 동정

식품이나 향장 소재에서 향기 성분을 분석할 때 [그림 5-3]과 같은 프로세스로 냄새 성분을 추출, 농축한(제6장 향기 성분의 분석 참조) 뒤 GC/O와 AEDA법을 병행하면 [그림 5-4] 같은 플레이버 다일루션(flavor dilution, 3배수로 단계적 희석) 크로마토그램을 얻을 수 있다. 여기서 피크 6번, 22번이 가장 높은 희석률(6,561배 희석)을 나타내고, 다음으로 31번(2,187배 희석), 그리고 729배 희석하였을 때까지도 냄새를 맡을 수 있었던 피크 2번, 23번, 30번순이라는 것을 알 수 있다. 피크 번호는 [표 5-6]과 같다.

[그림 5-4]에서 검출된 피크는 [표 5-6]에 정리한 것처럼 GC/O 분석을 통하여 냄새 특성 묘사(odor description)를 할 수 있으며, 화합물은 GC-MSD(mass selective detector) 분석을 통하여 동정할 수 있다. 여기서 RI(retention index)는 가스 크로마토그래피에서 검출되는 화합물의 머무름 시간(retention time)을 알케인류 탄화수소의 상대적 머무름

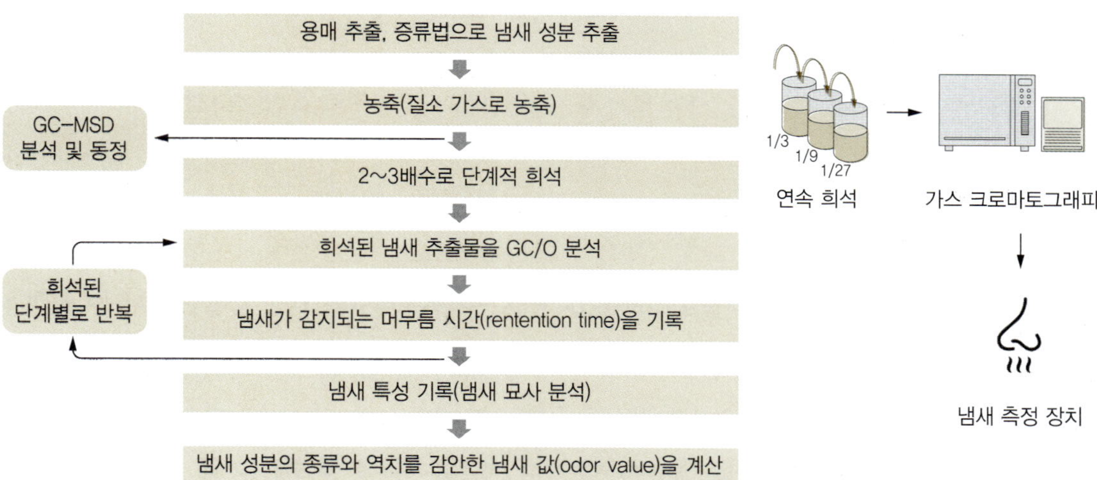

그림 5-3 GC/O와 AEDA법에 의한 냄새 분석

자료: Gas Chromatography-Olfactometry in Food Aroma Analysis. In *Techniques for Analyzing Food Aroma*, pp.293-329, 1996

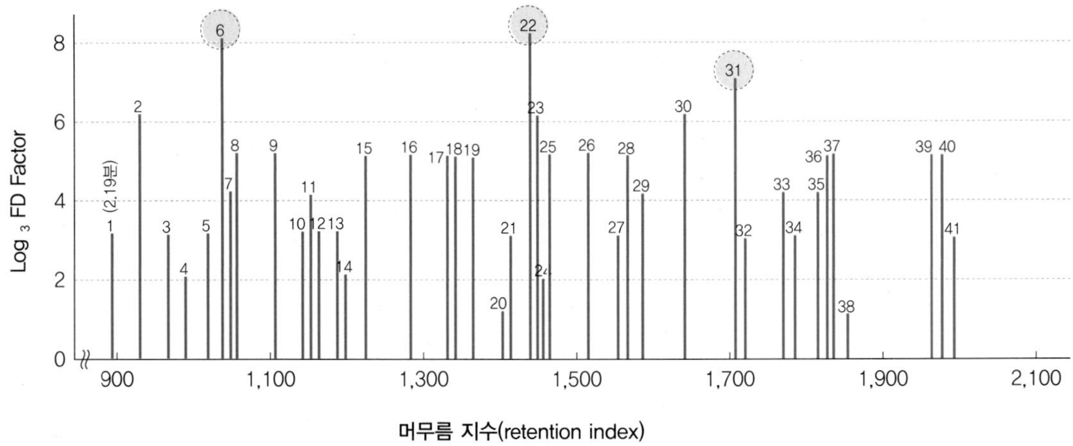

그림 5-4 시판 멸치젓 휘발성 플레이버 단계적 희석(dilution) 크로마토그램

자료: *J Korean Soc Food Sci Nutr* 28(2), 312-318, 1999

표 5-6 시판 멸치젓에서 동정된 주된 향기 성분

번호[1)]	화합물	동정법	머무름 지수[2)]	냄새 특성 묘사[3)]
1	butanal	RI, odor	(2.19분)	다크 초콜릿 향
2	3-methylbutanal	MS, RI, odor	938	다크 초콜릿 향
3	ethyl 2-methypropanoate	RI, odor	968	스위트, 체리 캔디 향
4	2,3-butanedione	RI, odor	980	신 냄새, 버터 냄새
5	1-penten-3-one	MS, RI, odor	1020	플라스틱(PVC) 냄새
6	ethyl 2-methylbutanoate	MS, RI, odor	1051	캔디 향, 스위트
7	2,3-pentanedione	MS, RI, odor	1061	신 냄새, 버터 냄새
8	ethyl 3-methylbutanoate	MS, RI, odor	1069	스위트, 꽃 향, 캔디 향
9	unknown		1103	플라스틱(PVC) 냄새
10	unknown		1129	황(sulfur), 양파 냄새
11	ethyl pentanoate	MS, RI, odor	1135	캔디, 과일 향
12	allyl sulfide	MS	1137	황, 마늘 냄새
13	unknown		1180	스위트, 톡 쏘는(pungent) 냄새
14	unknown		1188	버섯 향
15	(Z)-4-heptenal	MS, RI, odor	1225	비린내(fishy), 산패취(rancid)
16	1-octen-3-one	RI, odor	1280	버섯, 흙냄새
17	2-acetyl-1-pyrroline	RI, odor	1323	고소한, 팝콘 향
18	unknown		1331	간장, 삶은 양배추 냄새

(계속)

번호[1)]	화합물	동정법	머무름 지수[2)]	냄새 특성 묘사[3)]
19	2,4,5-trimethylthiazole	RI, odor	1353	금속(metallic), 흙 냄새
20	trimethylpyrazine	MS, RI, odor	1392	고소한, 팝콘 향
21	(E,E)-2,4-hexadienal	MS, RI, odor	1404	상한 냄새(stale), 곡물(grainy) 향
22	2-ethyl-3,5-dimethylpyrazine	MS, RI, odor	1437	고소한, 구운 감자 냄새
23	3-(methylthio)propanal	MS, RI, odor	1450	양조간장, 구운 감자 냄새
24	unknown		1459	양조간장, 지방(fatty) 냄새
25	unknown		1471	구운 감자 냄새
26	(E,E)-2,4-heptadienal	MS, RI, odor	1510	한식 간장 냄새, 곡물 향
27	(E,E)-3,5-octadien-2-one	MS	1550	지방 냄새, 과일 향
28	(E,Z)-2,6-nonadienal	MS, RI, odor	1568	멜론, 오이 향
29	unknown		1584	고추(red pepper) 향
30	2-acetylthiazole	RI, odor	1641	곡물, 고소한 향
31	unknown		1705	양조 간장, 삶은 양배추 냄새
32	unknown		1713	꽃 향
33	unknown		1753	고소한 향
34	unknown		1764	황(sulfur), 양파 냄새
35	(E,E)-2,4-decadienal	MS, RI, odor	1806	지방(fatty), 삶은 콩(cooked soybean) 냄새
36	unknown		1824	스위트, 꽃 향
37	unknown		1831	고추, 지방, 향신료 향
38	unknown		1853	고소한, 곡물 향
39	benzothiazole	MS, RI, odor	1965	해조류(seaweed) 향
40	unknown		1975	곡물, 비타민, 닭고기 수프 냄새
41	unknown		1968	탄 종이 냄새

[1)]번호는 [그림 5-4]의 번호와 같다.
[2)]머무름 지수(retention index, RI)는 칼럼(DB-Wax 칼럼, GC)에서 계산되었고, 괄호 값은 머무름 시간(retention time)이다.
[3)]냄새 특성 묘사(odor description)는 GC/O 분석 가운데 패널 3명의 평균값이다.
자료: *J Korean Soc Food Sci Nut* 28(2), 312-318, 1999

시간으로 표기한 것이다.

[표 5-7]은 동정된 냄새 화합물의 농도를 각 화합물의 역치로 나눠서 얻은 냄새 값이다. 각 화합물의 농도와 냄새 값을 비교하여 보면, GC-MSD에서 얻는 정량적 함량은 실제 후각을 통하여 느끼는 냄새 강도와는 분명히 차이가 난다는 것을 알 수 있다. 따

라서 냄새 성분은 냄새 값으로 표기하여야 우리가 코로 인식하는 정확한 냄새 강도가 될 것이다.

표 5-7 시판 멸치젓에서 동정된 주된 향기 성분의 농도와 냄새 값

번호[1]	화합물	농도[2](ng/g)	역치 값[3](ng/g)	냄새 값[4](OV)
2	3-methylbutanal	63.26	0.4	158.15
5	1-penten-3-one	126.24	1	126.24
6	ethyl 2-methylbutanoate	80.38	0.006	13,396.67
7	2,3-pentanedione	122.45	20	6.12
8	ethyl 3-methylbutanoate	19.06	0.01	1,906
11	ethyl pentanoate	25.65	5	5.13
15	(Z)-4-heptenal	67.63	0.01	1,690.75
20	trimethylpyrazine	79.16	23	3.44
21	(E,E)-2,4-hexadienal	28.51	60	0.48
22	2-ethyl-3,5-dimethylpyrazine	300.04	0.04	7,501
23	3-(methylthio)propanal	75.42	0.2	377.1
26	(E,E)-2,4-heptadienal	979.68	778	1.26
27	(E,E)-3,5-octadien-2-one	164.34	150	1.1
28	(E,Z)-2,6-nonadienal	90.17	0.02	4,508.5
35	(E,E)-2,4-decadienal	56.34	0.07	804.86
39	benzothiazole	23.49	N/A	

1)번호는 [그림 5-4]의 번호와 같다.

2)농도는 V-SDE, GC-MSD 분석에서 상대적 농도 값(relative concentration)이다.

3)역치 값(threshold in water)

4)냄새 값(odor value)은 각 화합물의 농도를 역치로 나눈 값이다.

자료: *J Korean Soc Food Sci Nutr* 28(2), 312-318, 1999

5. 양조간장의 AEDA법과 냄새 표현 실험

향화학을 수강하는 학생들에게 시판되는 양조간장을 AEDA법으로 단계적 희석하여 냄새 묘사 분석 실험을 하였다. 실험 결과를 정리하면 다음과 같다.

1) 준비물

양조간장, 유리컵(50 mL용) 10개, 증류수, 큰 숟가락, 젓가락, 랩(또는 알루미늄 포일), 테이블, A4 종이, 연필

>>> 유리컵은 시료의 농도에 따라 차이가 나므로, 냄새가 강한 시료에는 많게, 약한 시료에는 적게 준비하면 좋다. 유리컵을 사용하면 용기에서 나는 냄새를 줄일 수 있다.

2) 실험 방법

① 먼저 유리컵 10개를 깨끗하게 씻어서 말린다.

② 양조간장 3숟가락을 1번째 컵에 넣는다.

③ 1번째 유리컵에서 간장 1숟가락을 떠서 2번째 유리컵에 넣고 증류수 2숟가락을 넣은 다음, 젓가락으로 잘 젓고 상단 부분을 랩으로 덮는다. 랩 대신 알루미늄 포일을 사용해도 된다.

>>> 증류수란 식용수를 6~7시간 끓인 다음 식힌 용액을 말한다.

④ 2번째 유리컵에서 1숟가락을 떠서 3번째 유리컵에 넣고 증류수 2숟가락을 넣은 다음, 젓가락으로 잘 젓고 상단 부분을 랩으로 덮는다.

⑤ 마지막 10번째 유리컵까지 같은 방법을 반복한 뒤 모두 순서대로 늘어놓는다.

⑥ 1번째 유리컵부터 뚜껑을 열어 천천히 냄새를 맡고 특성과 강도를 작성한다. 이때 냄새 강도는 기호척도 9점법으로 표기한다.

3) 결과 및 고찰

학생들이 GC/O 분석을 제외하고 양조간장 시료를 AEDA법에 따라 3배수로 희석하면서 냄새를 맡고, 냄새의 프로파일(odor description)을 표기하는 방법을 실시하였다. 방법은 잘 숙지했지만 냄새 표현 방법은 서툴렀다. 결과적으로 냄새 특성을 표현하는 훈련을 하려면 시간이 꽤 필요하다는 것을 학생들 스스로 인지하였다. 냄새 표현법은 훈련해야 하므로 절대 혼자서 하면 안 되고, 3명 이상 합의된 의견으로 표현하여야 한다. 또한 자신이 직접 냄새를 맡지 않았다면 다른 사람의 경험을 습득하여 자신의 것으로 인지할 수 있어야 훈련이 된다.

표 5-8 시판 양조간장의 AEDA법과 냄새 표현 실험 결과

냄새 표현 \ 시료	시료 1	시료 2	시료 3	시료 4	시료 5	시료 6	시료 7	시료 8	시료 9	시료 10
간장 향(soy sauce like)	8	6	3	2	2	1	–	–	–	–
짠 향(salty)	8	8	4	3	–	–	–	–	–	–
단 향(sweet)	4	4	3	2	1	1	–	–	–	–
설탕 향(melting sugar)	5	4	4	2	1	–	–	–	–	–
탄 향(burnt)	7	6	5	2	–	–	–	–	–	–
고소한 향(savory)	4	4	3	2	1	–	–	–	–	–
삶은 콩 향(boiled soybean)	6	6	3	3	2	1	1	–	–	–
신 향(acidic/sour)	7	6	3	3	–	–	–	–	–	–

*냄새 강도: 1점: 아주 미약하다, 5점: 보통이다, 9점: 아주 강하다
** –: 검출되지 않음

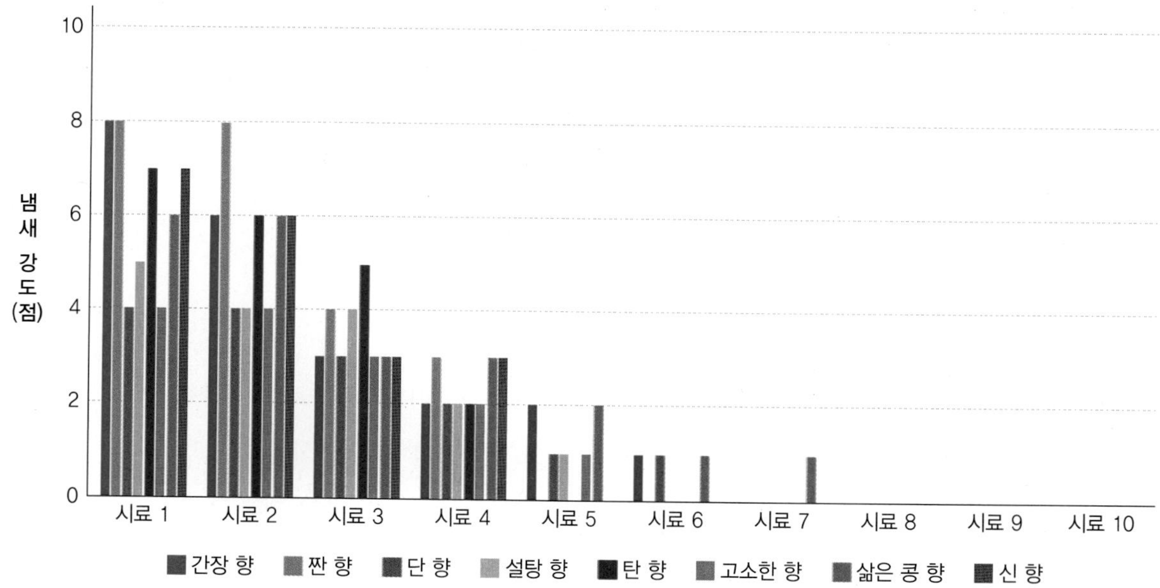

그림 5-5 시판 양조간장의 AEDA법과 냄새 표현 실험 결과

제6장

향기 성분의 분석

1. 시료의 전처리

2. 향 분리 방법

3. 휘발성 성분의 농축

4. 휘발성 향기 성분의 분석

5. 전자코

플레이버(flavor)란 넓은 의미로는 음식물을 입으로 섭취할 때 느껴지는 맛(taste)과 냄새(odor) 그리고 입안에서 느껴지는 감촉(texture) 등을 포함하여 정의하지만, 좁은 의미로는 향기(냄새) 성분을 의미한다. 식품 성분에서 향기 분석은 그 식품의 휘발성 성분 분석에 초점을 둔다. 최근에는 제품의 품질을 개선할 때 관능적인 요소, 즉 냄새나 맛의 개선을 우선시한다. 1990년대 이후 분석 장비의 발달로 향기 성분의 분석과 주된 성분이 규명되었으며, 향기 성분의 발현 메커니즘이 밝혀져 이를 토대로 관능적으로 우수한 가공 식품이 많이 선보였다.

향이란 인간의 후각 기관이 휘발성 물질의 혼합물을 인식하는 것으로, 식품 분야의 향 화학은 주로 식품이나 향미료의 휘발성 물질에 관한 연구를 진행해 왔다. 천연 원재료를 이용한 향 분석의 의미는 실제 원재료의 향기를 충실하게 재현하는 것으로, 원료의 특성(예를 들어 생마늘, 깐 마늘, 볶은 마늘 등)을 파악하여 원재료에만 있는 특유의 향을 추출하여 분석할 수 있는 기술이 필요하다.

일반적으로 향기를 분석하는 순서는 시료의 선택과 향기 성분의 분리법을 어떻게 선정하느냐로부터 출발한다. 향기 성분을 분리한 후 향기 성분을 농축하고, 농축된 시료는 기기 분석을 통하여 휘발성 향기 성분을 분석한다. 이때 주로 사용하는 기기인 GC로 혼합된 향기 성분을 분리하고 GC-MSD(mass selective detector)로 성분의 동정 작업을 수행한다. 향기 성분의 복잡함은 우리의 관능 인식 구조가 단지 향기 성분의 함량이 정량적으로 많다고 해서 그 향을 강하게 인지하지 않는다는 데 있다. 따라서 향기 성분 분석은 단순히 정량 분석에서 멈출 수 없다고 말할 수 있다.

예를 들어 밥 한 공기를 접했을 때 우리가 느끼는 밥의 향에 비해 마늘 한 조각에서 감지되는 마늘 특유의 향이 훨씬 강하게 느낀다는 것에서 알 수 있듯이, 향기 분석은 정량적인 분석에서 마무리되지 않는다. 그래서 GC-MSD로 정량 분석을 한 후 관능을 이용한 냄새 강도(예: AEDA) 분석을 수행하여 시료 물질에서 가장 주된 향기 성분(aroma active compounds)을 분석해 내는 과정까지가 향기 분석의 종합 과정이다.

향기 분석에서는 무엇보다도 향의 분리와 분석 기기의 발달이 중요하다. 인간의 후각을 통하여 인지하는 이론적 냄새 감지 한계는 약 10^{-19} mol로 매우 민감한 반면에, 현재 민감도가 가장 좋은 기기라 해도 이 정도의 한계량을 측정하기에는 불가능하므로, 분석하고자 하는 시료의 양

>>> 인간이 감지할 수 있는 가장 낮은 메르캅탄(mercaptane)류 인 1-*p*-menthene-8-thiol은 0.1 ppt(in water), 그 외 함황화합물 등은 1~0.05 ppb(10억분의 1)이다.

을 많게 하는 동시에 원료로부터 추출한 휘발성 화합물을 필연적으로 농축하여 전체 함량을 증대시켜야만 분석할 수 있다.

따라서 인간의 후각을 통한 인지 능력을 따라갈 수 있는 정도의 초정밀 감도(적어도 ppb 이하의 농도)를 갖춘 분석 기기의 발달이 수반되어야 할 것이다.

또한 향기 성분은 수많은 다양한 화합물로 구성되어 있으며 원재료를 구성하는 물리적·화학적 매트릭스 전체에 분포되어 있어서 원료에서 향기 성분을 추출 또는 분리하는 과정을 모색하기 위한 고민이 필요하다.

예를 들어 우유의 향을 분석할 때 우유는 대부분 수분이고 이 외에 다당류, 단당류, 단백질, 지질로 구성되어 향은 극미량을 차지한다. 반면에 우유의 방향성 물질은 많은 화합물이 친유성이므로 우유에서 휘발성 성분만 분리하기는 매우 어렵다. 유기 용매를 이용해 친유성 화합물을 추출하는 과정에서는 지질도 같이 추출되므로, 이런 경우 추출물의 지질 성분은 분석 기기(가스 크로마토그래피)에서 분석을 방해하는 물질로 작용한다. 또한 시료의 단백질은 계면 활성제(유화제, 거품 안정제 등의 역할), 탄수화물은 점도, 유화제와 같은 기능을 보여 유기 용매의 추출 과정을 어렵게 하므로 천연 재료에서 향기 성분을 추출, 농축하는 것은 매우 복잡한 과정이 필요하다.

따라서 이 장에서는 향기 분석에서 향기 성분의 분리와 분석에 사용하는 방법을 설명하고자 한다. 원재료의 매트릭스가 복잡해질수록 완전한 향기 성분의 추출과 분석은 어려워진다. 그러나 향기 분석에서는 완전하게 추출하는 기술을 계속해서 연구하고 있다.

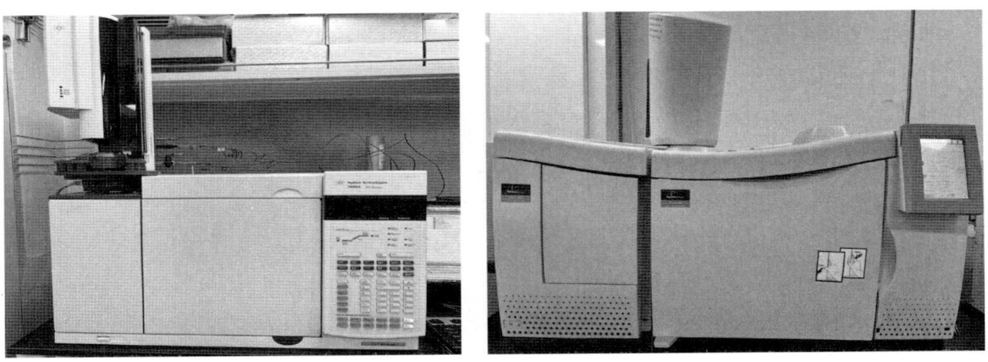

그림 6-1 향기 성분을 분석하는 GC(왼쪽)와 GC-MSD(오른쪽)

자료: HP-Agilent 7890A GC(HP-Agilent Co., Santa Clara, CA, USA) 제공(왼쪽), Perkin Elmer clarus 600T GC-MSD(Perkin Elmer Co., Fremont, CA, USA) 제공(오른쪽)

1. 시료의 전처리

원재료의 대표성이 있고 표준화된 향기 성분을 추출하려면 기기 분석의 검출 한계를 극복하기 위해 될 수 있는 한 많은 양의 시료에서 향을 추출하여야 한다. 따라서 시료의 전처리에서 원료의 분쇄, 균질화, 혼합, 농축 등의 과정이 수반된다. 특히 신선한 식물이나 동물의 조직은 마쇄, 균질화하면서 세포가 파괴되어 세포 내 효소의 활성이 촉진되어 향 프로파일(profile)이 변한다. 이러한 현상은 우리가 꽃이나 생채소를 잘라 보았을 때 향의 변화가 나타나는 것을 경험할 수 있다.

이렇듯 향을 분리하는 전처리 과정에서 원료에 있는 효소에 의해 향의 변화가 나타날 때 효소의 비활성을 위하여 메탄올로 균질화하는 방법도 있다. 하지만 이 방법은 시료가 희석되고 극성이 감소하여 이후에 향을 분리하는 데 방해가 될 수도 있다. 따라서 시료에 효소의 불활성화를 위한 처리 방법으로 열교환기를 통과시키는 방법도 있다. 이 경우는 열처리로 인공적인 향(artifical flavor)이 생성될 수도 있다. 60°C 이상 고온 처리가 수반되는 경우는 비효소적 갈변과 같은 화학적 변화로 향 프로파일의 변화가 나타날 수 있으므로 진공 증류와 같이 감압하에서(감압으로 용매의 비등점이 낮아지므로) 처리하는 방법을 추천한다. 장시간 전처리 시간이 필요한 경우 휘발성 향기 성분이 산화될 수가 있으므로 시료에 CO_2 또는 N_2를 통과시키거나 항산화제(BHA, BHT, 아스코르브산)를 시료에 직접 넣어 처리하는 경우도 있다.

2. 향 분리 방법

향 분리의 원리는 휘발성 물질의 휘발성 또는 용해도를 이용하여 시료의 매트릭스에서 분리하는 것이다. 향기 성분은 본질적으로 휘발성 물질이므로 원료의 매트릭스에서 휘발성 물질을 분석해 내는 방법이 일반적이지만, 방향성 화합물이 수용성보다 유기 용매에 더 잘 용해되는 경향이 있어서 방향 물질 분리에는 용매 추출 또한 향 분리에 중요한 방법으로 볼 수 있다. 따라서 여기서는 향을 분리해 내는 방법 가운데 냄새 성분의 휘발성과 용해도를 이용한 방법으로 크게 흡착법, 증류법, 용매 추출법, 초임계 유체 추출법 등을 소개하고자 한다.

1) 흡착법

(1) 스태틱 헤드스페이스법

밀폐된 일정 공간에서 식품과 헤드스페이스상에 휘발성 성분의 평형을 이룬 상태에서 향을 흡착하는 방법이다. 향을 매우 간단하고 쉽게 분리할 수 있는 방법으로, 식품에서 휘발된 향기 성분은 흡착제에 흡착되어 분석 기기로 옮겨져 분리·분석할 수 있는 추출 방법이다. 이 방법의 한계는 밀폐된 용기 안에 시료를 넣고 평형을 이룬 헤드스페이스상의 향기 성분을 분리한 것으로 휘발성 성분의 감도가 약하다는 단점이 있다. 또한 스태틱 헤드스페이스(static headspace) 방법은 정량적 연구를 수행하기 어렵다는 단점이 있다. 헤드스페이스의 농도와 원료 사이의 관계가 매우 복잡해서 실험적으로 그 양을 결정해서 정량화하기에 어려움이 있기 때문이다. 가장 간단한 스태틱 헤드스페이스법은 [그림 6-2]의 직접 주사법이다.

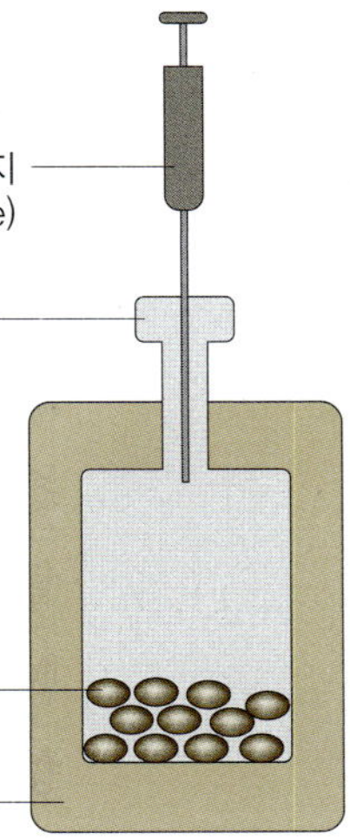

그림 6-2 직접 주사 장치의 구조

자료: Blank I. Gas chromatography-olfactometry in food aroma analysis. In *Techniques for Analyzing Food Aroma*, Marsili R ed, Marcel Dekker, New York, USA, pp.293-329, 1996

직접 주사법은 일정한 용기에 시료를 두고 알루미늄으로 뚜껑을 하여 시료 위의 헤드스페이스 증기를 취하여 분석한다. 가장 이상적이며 간편한 방법이지만 헤드스페이스에 분리된 향기 성분의 양을 정량화하는 데 어려움이 있다. 향기 성분을 정량화할 때 주로 이용되는 분석 기기의 분석 한계가 GC의 경우는 대체로 10^{-7} g/L, GC-MSD 분석에서는 10^{-5} g/L 범위이므로 직접 주사법에서 사용할 수 있는 시료의 몇십 밀리리터에서 분리되는 헤드스페이스 양으로는 정량화가 한계일 수 밖에 없다.

분석 감도를 높이기 위해 직접 주사법으로 채취해 온 시료를 GC 분석에서 스플리트리스(splitless) 또는 온칼럼(on-column) 방법으로 감도를 일부 증가시킬 수는 있지만, 아직까지 직접 주사법은 식품 내 미량의 휘발성 물질을 분석하기에는 적당하지 않다. 또한 직접적인 샘플링(sampling)은 주사기 내에 휘발성 물질이 농축, 시료 용기의 천장

(septum 부분)에 흡착되어 실험의 정밀도가 떨어지는 단점도 있다.

(2) SPME법

스태틱 헤드스페이스법의 단점을 보완하여 개발된 것이 SPME(solid phase micro extraction)법으로, 흡착과 탈착의 원리에 따라 코딩된 파이버를 사용하여 시료에서 휘발성 물질을 농축하는 원리이다. SPME 시린지는 [그림 6-3]처럼 홀더와 파이버로 구성되는데, 홀더는 샤프와 같이 위의 플런저를 누르면 파이버가 밖으로 나오도록 만들어져 있다. 플런저를 눌러 나온 파이버가 헤드스페이스에 있는 향기 성분을 흡착한다. 파이버는 용융된 실리카 심을 말하는 것으로, [표 6-1]과 같이 분석 물질의 종류에 따라 파이버 고정상의 종류나 두께가 달라진다. 시료의 헤드스페이스에 휘발성 물질을 흡착하여 GC의 주입부에서 탈착시켜 방출된 휘발성 물질을 분석한다.

이처럼 SPME법은 분석 과정이 간단하고 전처리 시간이 매우 빠른 편이다. 또한 추출

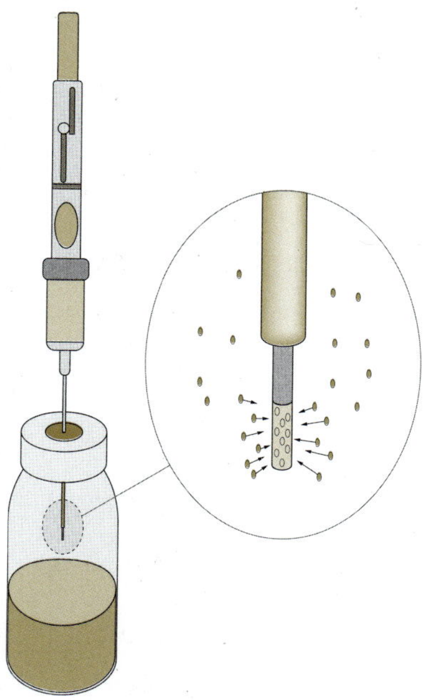

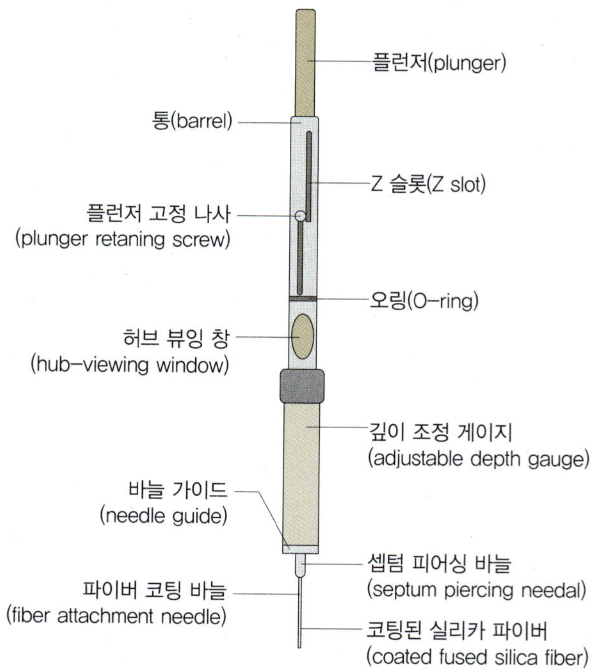

그림 6-3 SPME 흡착 원리(왼쪽) 및 시린지 구조(오른쪽)

자료: Schmidt K, Podmore I. Solid phase microextraction (SPME) method development in analysis of volatile organic compounds (VOCS) as potential biomarkers of cancer. *J Mol Biomark Diagn* 6(6), 253, 2015(왼쪽), de Koning et al. Modern methods of sample preparation for GC analysis. *Chromatographia Supplement* 69, S33-S78, 2009(오른쪽)

표 6-1 분석 물질에 따른 SPME 파이버의 종류

분석 물질	파이버의 종류	
	두께(㎛)	재질
휘발성(volatile) 및 반휘발성 물질(semivolatiles)	7	polymethylsiloxane
	85	polyacrylate
	100	polydimethylsiloxane
수용액 가운데 휘발성 물질 또는 극성 유기물	75	carboxen, polydimethyl, siloxane
	65	polydimethylsiloxane, divinylbenzene
	65	carbowax, divinylbenzene
향기 성분(flavor 또는 odor)	100	polydimethylsiloxane
	65	polydimethylsiloxane, divinylbenzene
	75	carboxen, polydimethylsiloxane

자료: Sigma-Aldrich 제공(https://www.sigmaaldrich.com/KR/ko/technical-documents/technical-article/analytical-chemistry/solid-phase-microextraction/selecting-spme-fibers)

법에서 문제가 되는 용매로 인한 오염 물질 영향이 없다는 점과 GC 분석에서 용매가 검출되는 시간대(retention time, 머무름 시간)에 분리되는 휘발성 물질을 동정할 수 있다는 이점도 있다.

이렇듯 시료의 흡착 농축 효율을 높인 SPME법은 사용 방법이 간단하고 다양한 화합물을 분석할 수 있어서 최근 사용 빈도가 매우 높아지고 있다.

(3) DHS법

기존의 스태틱 헤드스페이스법을 사용할 때 시료에서 향의 추출 감도가 떨어지는 것을 보완한 방법으로 [그림 6-4]의 DHS(dynamic headspace)법이 있다. 즉, N_2 가스 등의 불활성 가스를 퍼지 가스(purge gas)로 시료 용기 내에 주입시켜 더 많은 양의 휘발성 향기 성분을 헤드스페이스로 분리하는 방법으로 분석 효율을 개선하였다. 이때 불활성 가스를 시료에 흘려보내 향기 성분을 연속해서 콜드 트랩(cold trap) 내에 응축시켜야 하기 때문에 크라이어제닉 트래핑 장치가 필요하다.

다음으로 퍼지 가스에 의해 분리된 향기 성분을 흡착제에 흡착시켜서 향을 분리해 낸다. 즉, DHS는 가스 스트리핑(stripping)과 농축을 사용하는 방법으로, 질소 또는 헬륨과 같은 비활성 가스로 시료를 퍼지(purge)하여 휘발성 물질을 흡착제(tenax 또는 흡

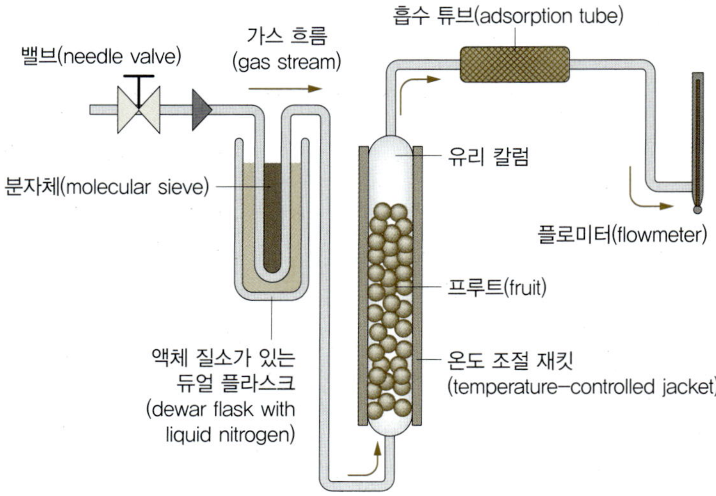

그림 6-4 DHS 기기(왼쪽)와 DHS의 구조(오른쪽)

자료: 영인크로매스(YOUNGIN Chromass)(왼쪽), Reineccius G. *Flavor Chemistry and Technology*. CRC Press Taylor & Francis Group, USA. p.44, 2006(오른쪽)

착 폴리머)에 농축하는 방법이다. 이 방법의 문제점은 물도 트래핑되기 때문에 물을 제거하는 방법이 수반되어야 하고, 이에 따른 향기 성분 프로파일에서 오차가 발생할 수 있다는 것이다. DHS법은 크라이어제닉 트래핑과 업소번트 트래핑 장치로 구성된다.

① 크라이어제닉 트래핑

크라이어제닉 트래핑(cryogenic trapping)은 [그림 6-5]와 같이 연속된 콜드 트랩을 퍼지 가스가 통과하면서 헤드스페이스 안의 휘발성 화합물이 농축되는 장치이다. 이 장비는 수분 함량이 많은 식품의 경우 트랩 안의 수분에 향기 성분이 흡착되므로 수분에서 향기 성분을 추출하여야 하는 번거로움이 있다.

이 방법은 불활성 가스가 용기 안의 밑부분에서 식품을 통과하여 연속된 응축기를 통과하는 방식이다. 초창기에는 냉매로 얼음물을 주로 이용하였으나 이후에는 드라이아이스-아세톤 혼합 용액이나 액체 질소를 이용하고 있다. 응축 용매로는 에테르나 디크로로 메탄을 사용하고 있다. 응축물에서 수분을 탈수하기 위해 무수 황산나트륨이나 황산마그네슘을 활용할 수도 있다. 이 장치를 이용하여 헤드스페이스 분석을 할 경우에는 2~4시간이 적당하다.

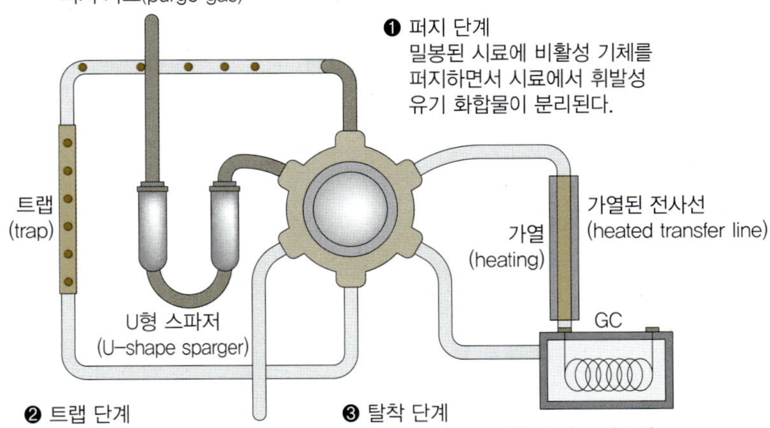

그림 6-5 퍼지 & 트랩 농축기(purge & trap concentrator)(왼쪽)와 구조(오른쪽)

자료: 영인크로매스(YOUNGIN Chromass)

② 업소번트 트래핑

업소번트 트래핑(adsorbent trapping)은 앞서 설명한 응축된 휘발성 향기 물질을 흡착제 표면에 흡착시키는 과정을 말한다. 일반적으로 흡착제의 종류에 따라 흡착되는 휘발성 성분에 차이가 나타난다. 예를 들면 활성탄은 비극성 휘발성 성분 흡착을 잘하지만 물에 대한 흡착 능력이 떨어져 헤드스페이스 증기에서 휘발성 물질을 흡착하는데 오래전부터 이용됐다.

[표 6-2]는 흡착제의 종류에 따라 에탄올과 벤젠의 흡착 능력을 나타낸 것이다. 활성탄은 다른 흡착제에 비해 흡착 능력이 뛰어난 것을 볼 수 있지만 순도가 낮은 활성탄일 경우에 흡착된 향기 물질은 탈착 과정에서 인위적인 화합물이 생성될 수 있다. 한편 테낙스(Tenax) GC도 수분과 친화력이 거의 없고 300°C에서도 안정해서 많이 이용되는 흡착제이다.

>>> 흡착 능력은 흡착제의 백분율을 나타낸다. NR은 not retained, NA는 not available의 머리글자이다.

표 6-2 흡착제의 종류에 따른 흡착 능력

흡착제	화학 물질	표면적(m^2g)	흡착 능력	
			에탄올	벤젠
charcoal	coconut carbon	1150~1250	7.9	24.7
Corapak Q	ethyl vinyl benzene-divinyl benzene	550~650	0.18	NA
Tenax GC	diphenyl-phenylene oxide	18.6	NR	0.53
XAD-4	styrene divinyl	849	0.4	2.9
XAD-7	acrylic ester	445	0.9	1.8
XAD-9	sulfoxide	70	0.7	0.82

자료: Sydor, R., Pietryzk, D.J. Comparison of porous copolymers and related absorbents for the stripping of low molecular weight compounds from a flowing air stream. *Anal Chem* 50(13), 1842-1847, 1987

2) 증류법

증류법(distillation)은 원료를 단순히 가열하고 증류된 향기 성분을 분석하는 방법으로, 수증기 증류를 이용하는 방법(steam distillation), 고진공을 이용하는 방법(high vacuum distillation)으로 나눌 수 있다. 수증기 증류법은 오늘날 가장 흔하게 사용하는데, 향기 성분을 분리하는 방법으로 [그림 6-6]의 동시 증류·추출(simultaneous distillation/

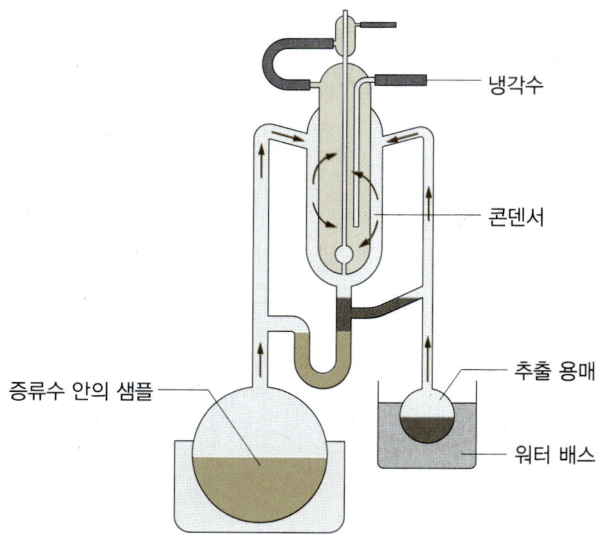

그림 6-6 SDE의 구조

자료: Bankova V. et al. Standard methods for *Apis mellifera* propolis research, J Apicultural Research, 58(2), 1-49, 2019 extraction, SDE)법, 또는 개발자의 이름을 따서 리켄스-니커슨(Likens-Nickerson) 추출법이라고도 한다. 증류법은 비교적 열에 안정한 시료를 채취하는 방법으로 SDE법을 많이 이용한다. 그러나 유지 함량이 높은 시료는 추출 과정에서 유지 산패로 향기 성분에 변화가 나타날 수 있다. 또한 열에 불안정한 시료(비점이 낮은 휘발성 향기 성분이 많은 시료)는 추출 과정에서 소실될 우려가 있다.

한편 SDE법의 단점을 극복하기 위하여 진공 펌프를 SDE 장치에 부착하여 전체 라인을 190 mmHg의 감압 상태로 운전하면, 50°C 부근에서 시료를 보일링(boiling)할 수 있는 [그림 6-7]의 고진공 증류(vacuum-SDE, V-SDE)법이 된다. SDE법이나 V-SDE법은 증류·추출이 연속해서 이루어진다. 즉, 시료 용기(3~5 L 용량)에서 증발한 휘발성 향기 성분은 동시에 용매 용기(50~100 mL 용량)에서 증발한 용매와 SDE 장치의 콘덴서(condenser)에서 만나 응축되는데, 이러한 조작이 계속해서 이루어진다. 다음으로 용매층을 분리하여 농축과 함께 흡수된 일부 물을 망초(Na_2SO_4)를 소량 넣어 제거한 후에 다음 조작을 한다.

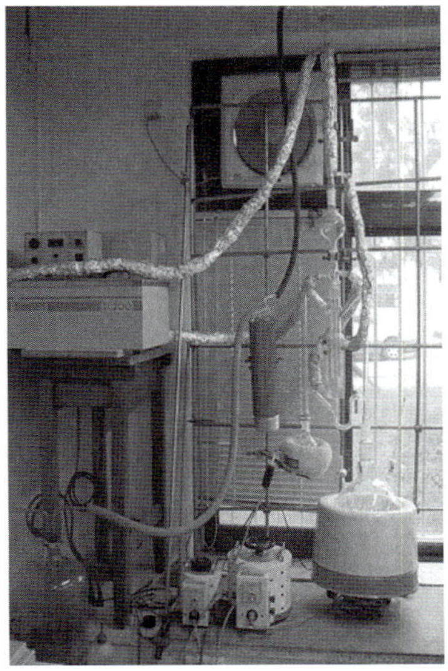

그림 6-7 V-SDE의 장치

자료: Likens-Nickerson Vacuum-SDE 장치, 식품가공 및 미생물실험실, 창원대학교

SDE법이나 V-SDE법은 비점이 높은 휘발성 물질 분리와 기기(GC-MSD) 분석에서 시료를 반복해서 주입하기가 용이하다는 장점이 있지만 실제 원료의 향기 프로필을 나타내기에는 부족하다고 볼 수 있다.

3) 추출법

(1) 용매 추출법

용매를 이용한 휘발성 향기 성분의 추출은 가장 간단하고 효율적인 방식이다. 용매 추출법(solvent extraction)에는 증류법의 SDE법이나 흡착법의 DHS법의 문제점을 최소화한 LLCE(liquid liquid continuous extraction)법과 SAFE(solvent assisted flavor evaporation)법이 있다. 둘 다 원리나 방법은 같으며 여기에서는 LLCE법을 소개한다.

LLCE법은 고진공 상태(10^{-4} torr 이하)를 유지하면서 상온보다 낮은 온도에서 휘발성 성분을 추출하는 방법으로, 열에 불안정한 휘발성 성분을 추출하는 데 적합한 것으로 알려져 있다.

먼저 분석하고자 하는 시료에 내부 표준 물질을 넣고 용매(diethyl ether) 500 mL를 3회로 나누어 추출한 후 용매층만 [그림 6-8]의 둥근 플라스크(2 L)에 넣고 심온동결고(-70°C)에 4시간 정도 방치하고 나서 LLCE 장치에 설치한다. 3개의 쿨링 트랩 내에는 추출 용매로서 재증류한 다이클로로메테인(dichloromethane, 비극성 용매)을 각각 50 mL씩 넣고, 외부 보온 용기에는 액체 질소를 넣어 진공(10^{-4} torr) 및 극저온(-40°C)에서 용매가 끓는 상태로 2시간 동안 추출한다.

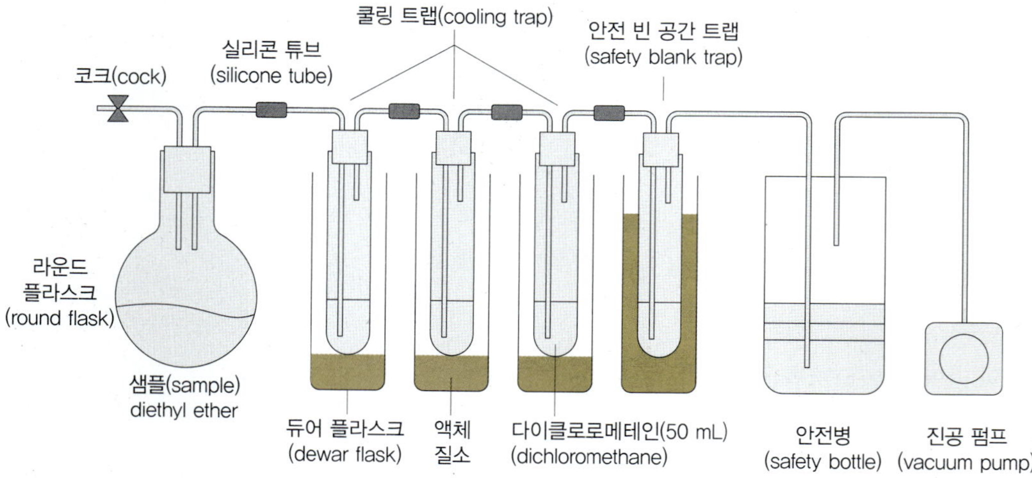

그림 6-8 LLCE의 구조

자료: J Korean Soc Food Sci Nutr 29(6), 1042-1049, 2000

이 추출액은 냉동고(-30°C)에서 하룻밤 저장하여 얼음층을 제거하고 농축하여 GC-MSD용 시료로 한다. 이 방법으로 방사선을 조사한 육류에서 방사선 표지 물질을 유용하게 추적·구명하였다. 용매 추출의 정도는 용매의 종류에 따라 소수성, 친수성 화학물질의 상대적 용해도에 따라 달라진다. 극저온을 유지하기 위해 액체 질소가 많이 소모되는 경제적인 단점이 있지만, 시료 자체의 저비점 휘발성 성분을 찾아내는 데는 매우 유용한 방법이다.

(2) 초임계 유체 추출법

원료에서 향기 성분을 분리해 내는 과정에서 유기 용매를 이용하면 용매와 휘발성 성분 간의 반응으로 향 변화가 일어날 수 있다. 그래서 추출 용매를 선택할 때 고심이 따른다. 이에 적절한 방법으로 초임계 유체 추출법(supercritical fluid extraction, SFE)이 있다. 초임계 유체란 [그림 6-9]를 참고하면 기체의 고유 임계점 이상의 압력과 온도에서 기체상과 비슷한 확산 계수, 점도 등의 물성 및 액체상과 비슷한 밀도를 가지는 물질을 말한다. 초임계 유체에 의한 향기 성분의 분리는 [그림 6-10]의 추출 장치를 이용하는데, 용매 추출이나 수증기 증류법에 비해 열변성이 적고 휘발성 화합물의 손실이 적으며, 특히 유기 용매에 의한 독성 문제를 해결할 수 있어서 식품뿐만 아니라 화장품, 향수 등의 고급 향료 성분을 추출하는 수단으로 광범위하게 이용된다.

초임계 유체 추출에서는 주로 액체 이산화탄소를 사용하는데, 이는 임계 온도 31.1°C와 압력 7.38 MPa로서 통상 35~40°C에서 추출할 수 있고, 열처리에 따른 향의 변화에서도 추출 용매와 화학적 반응이 일어나지 않는다는 장점이 있다. 또한 불활성 액체이므로 용매의 산화 반응이 일어나지 않고 이산화탄소 자체가 인체에 해가 없다는 점과 초임계 상태에서 액체 상태의 비중과 낮은 점도, 그리고 가스와 같은 침투력이 강한 특성 때문에 부가가치가 높은 물질을 추출할 때 많이 응용된다.

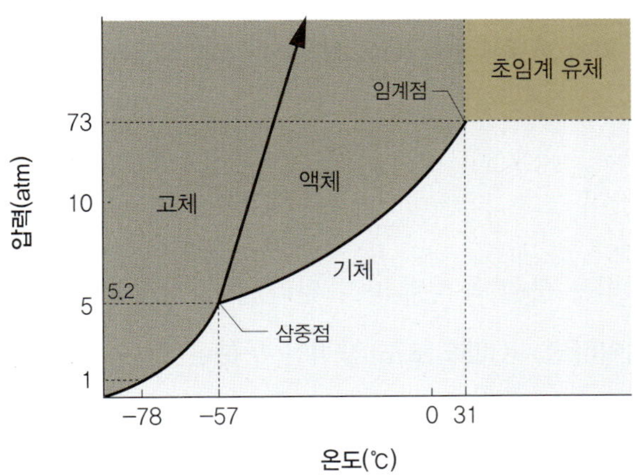

그림 6-9 초임계 유체점

자료: https://supercritical.appliedseparations.com/what-is-supercritical-fluid/

그림 6-10 초임계 유체 추출 장치

자료: 일신오토클레이브, 한국 제공

3. 휘발성 성분의 농축

앞에서 언급한 증류법이나 용매 추출법에서 얻은 휘발성 물질의 함량은 추출 용매량에 비해 상대적으로 매우 낮다. 즉, 다음 단계인 GC 또는 GC-MSD로 휘발성 향기 성분을 분석하기에는 그 함량이 매우 적다는 것이다. 따라서 농축을 통하여 휘발성 물질의 함량을 높여야 한다. 그리고 추출 과정에서 수분을 포함한 추출물이 나올 수 있으므로 추출 용매를 동결고(-20°C 이하)에서 하룻밤 정도 방치하여 수분을 얼음으로 분리한 후 농축 단계로 넘어간다.

용매를 증발시키는 기술은 휘발성 향기 성분과 용매 사이에 비점 차이를 이용해야 한다. 즉, 휘발성 향기 성분을 분리할 때 사용하는 추출 용매는 펜테인(pentane), 다이클로로메테인(dichloromethane), 다이에틸 에테르(diethyl ether) 등과 같은 저비점 용매를 사용해야 농축 효율이 좋아진다. 또한 농축할 때 노출되는 시간과 온도에 따라 불안정한 휘발성 성분이 산화될 수 있으므로 질소 가스를 이용한 불활성 환경에서 농축할 수 있도록 해야 추출된 향의 변화를 최소한으로 줄일 수 있다. 이때 사용하는 장치가 질소 농축 장치이며, 질소 가스 용량을 조절하여 추출 용액 표면에 흘려 줌으로써 농축되는 방식이다.

마지막으로 완전히 농축되기 전에 무수황산나트륨(망초)이나 황산마그네슘과 같은 탈수제를 사용하여 잔존하는 수분을 완전히 제거한 후 휘발성 성분의 농도가 10 ppb/μL 이상 되도록 농축시킨다.

4. 휘발성 향기 성분의 분석

농축된 휘발성 향기 성분의 분석 방법은 분석 목적에 따라 달라진다. 시료에서 휘발된 향기 성분의 함량을 확인하는 방법이라면 GC만으로도 양적인 부분은 알 수 있지만 어떤 화합물인지는 알기 힘들다. 만약 휘발성 향기 성분의 화합물을 알고 싶다면 GC-MSD를 분석하여야 하고, 관능적인 분석(악취, 달달한 향, 쉰 향 등)이 필요하다면 GC/O(olfactometry)로 분석해야 한다.

예를 들어 이산화탄소와 같은 휘발성 물질은 관능적으로 무취이다. 이와 같이 GC-

MSD 분석을 통해 정량적으로 함량이 높은 화합물이 동정되더라도 관능적으로 향이 무취이거나 역치가 아주 높은 화합물인 경우라면, 이런 화합물은 관능적으로 인지하는 농도가 낮으므로 주된 향기 성분이라고 할 수 없다. 실제로 우리가 식품에 향기를 부여하거나 향장품에서 향수나 조합 향료를 만들 때 관능적으로 우선순위에 있는 화합물로 조성하여야 우리가 그 향기를 맡고 품질을 평가할 수 있기 때문에 이런 점을 충분히 고려하여야 한다.

1) GC

가스 크로마토그래피(gas chromatography, GC)는 뛰어난 분리력과 극도의 감도(피코그램 검출 수준)를 가지고 있으므로 휘발성 향기 성분을 분석하기에 매우 적합하다. GC는 [그림 6-11]처럼 이동상인 가스 조절부, 시료 주입부, 칼럼, 검출기, 데이터 출력 장치(컴퓨터)로 구성된다. 이동상 가스 조절부는 주로 이동상이 칼럼 내로 들어가는 캐리어 가스의 속도를 조절하는 장치로, 압력을 일정하게 도와준다. 시료 주입부는 시료를 칼럼으로 보내는 장치로, 분석 혼합물이 칼럼 내로 들어가기 전에 시료를 기화시키는 역할을 한다.

기화된 시료는 칼럼으로 옮겨진다. 칼럼은 혼합물을 분리하는 관으로, 충전 칼럼(packed column)과 모세관 칼럼(capillary column) 두 종류가 있지만 가스 크로마토그래피는 모세관 칼럼을 주로 사용한다. 칼럼으로 이동한 시료는 [그림 6-11]과 같이 이동상

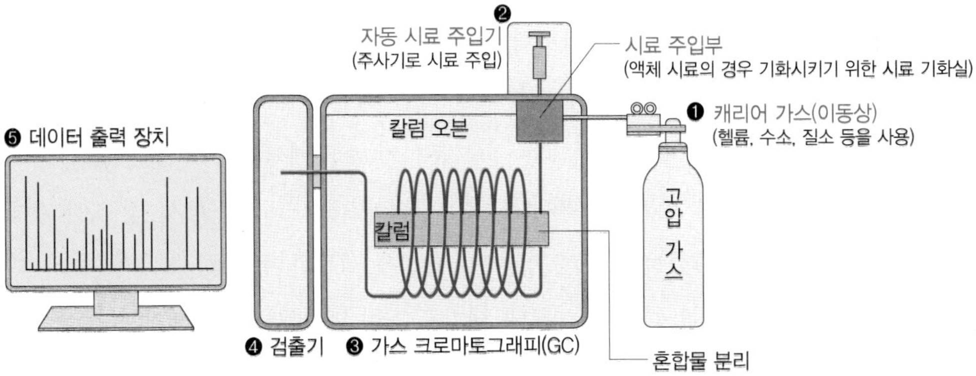

그림 6-11 가스 크로마토그래피의 구성

자료: 써모피셔사이언티픽(https://m.blog.naver.com/thermofisherkorea/222022556738)

기체와 함께 칼럼 내를 이동하는데, 이때 칼럼 내에 충진물과의 친화도(용해도, 흡착력 등)에 따라 시료 혼합 화합물이 칼럼 내에서 이동하는 속도가 달라지고 각각의 성분으로 분리된다. 분리된 성분은 검출기를 차례로 통과하여 각각의 신호가 데이터 출력 장치를 통해 나타난다.

검출기는 분석 성분에 따라 선택해서 사용할 수 있다. 일반적으로 많이 사용하는 검출기는 TCD, FID, ECD, FTD, HID 등이다. TCD(thermal conductivity detector)는 운반 기체와 칼럼 용출 분리물의 열전도도 차이를 통해서 검출하는 방식으로, 검출할 수 있는 화합물의 범위가 넓지만 감도가 매우 낮다.

FID(flame ionization detector)는 칼럼에서 용출된 분리 화합물들이 불꽃에서 타오르면서 이온이 만들어지고 이온 농도에 따라 신호를 주는 검출기이다. TCD에 비하여 높은 감도를 보이지만 불꽃에서 이온을 생성해 내는 화합물만 검출할 수 있으며, 식품 분야 등 사용 범위가 넓다.

ECD(electron capture detector)는 음이온이 되기 쉬운 분자나 전자 친화력이 있는 분자를 검출하기 쉽다. FTD(flame thermoionic detector)는 인과 질소를 가진 화합물에 고감도 검출력을 보이고, HID(helium ionization detector)는 무기 기체를 검출할 수 있다.

2) MSD

MSD(mass selective detector)는 [그림 6-12]와 같이 GC와 같이 사용하여 1~10 ng이나 SIM(selective ion monitoring)을 사용할 경우 1~10 pg 범위의 시료를 정성·정량화할 수 있는 장비이다. GC를 사용하여 분석하고자 하는 화합물이 모세관(capillary) 칼럼을 통과하면서 분리되고 칼럼에서 빠져나와 질량 분석기(MSD)에서 전자 에너지에 의해 이온화된다. 이온화된 여러 성분의 분자 이온을 사중극자(quadrupole)에서 질량 대 전하비(m/z)로 분리하여 각 화합물에 관한 성분 및 조성을 획득할 수 있다.

이때 각 화합물에서 얻은 이온들의 상대 세기를 질량 대 전하 비로 제시된 질량 스펙트럼(mass spectrum)을 라이브러리(각 화합물의 고유의 스펙트럼 저장고, 상업용으로 Wiley/NBS 또는 NIST database가 있다)를 사용하여 물질의 화학 구조와 분자량을 확인하여 [그림 6-13]처럼 정성·정량 분석을 할 수 있다.

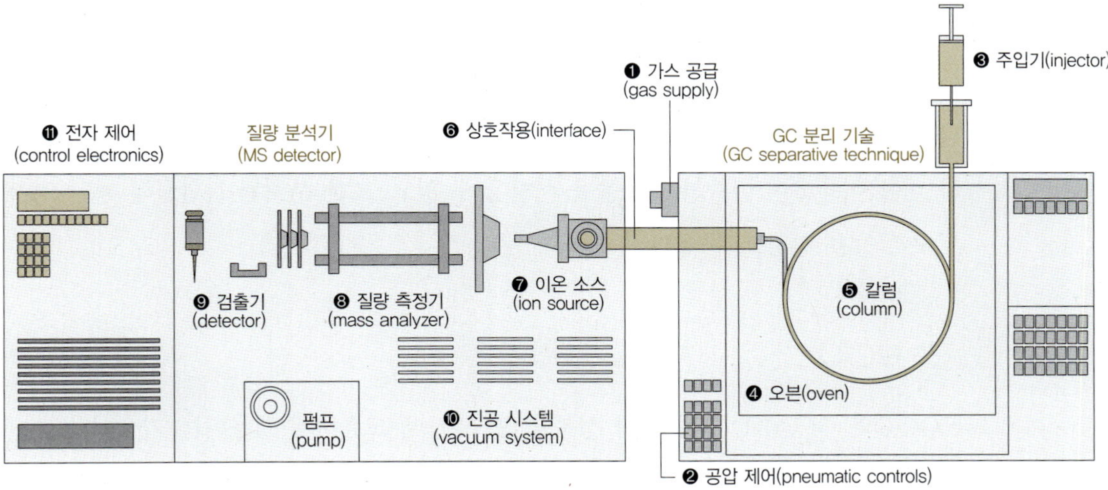

그림 6-12 GC(오른쪽)와 MSD(왼쪽)의 구조

자료: 김영철, GC/MS의 특징과 장점

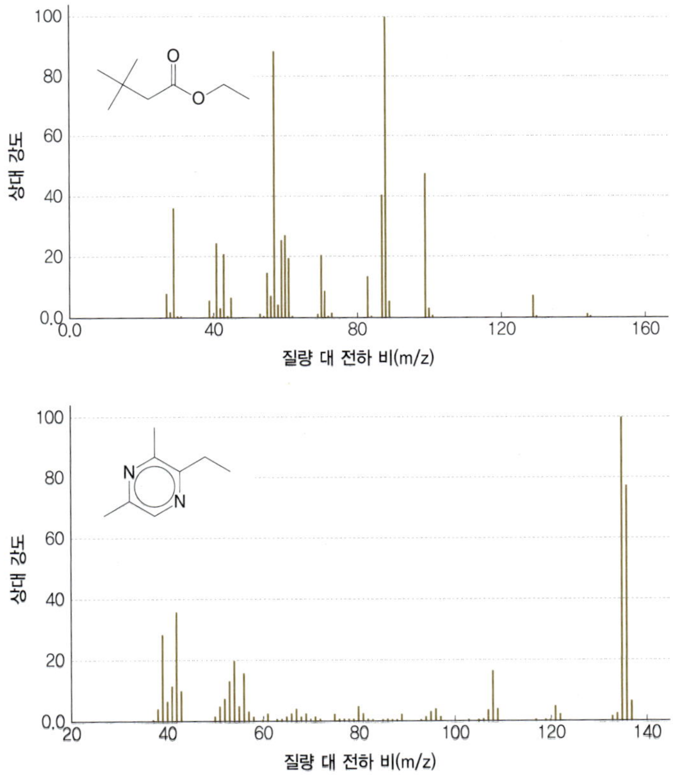

그림 6-13 에틸-2-메틸부타노에이트(ethyl-2-methylbutanoate)(위), 2-에틸-3,5-다이메틸피라진(2-ethyl-3,5-dimethylpyrazine)(아래)의 매스 스펙트럼

자료: NIST Chemistry Webbook(https://webbook.nist.goc/chemistry)

MSD는 검출기로 감도와 스캔 속도를 조절할 때 선택된 이온(SIM) 또는 전체 스캔 모드를 사용할 수 있다. SIM 모드에서 MSD는 GC를 실행하는 전반에 걸쳐 매우 짧은 시간 간격으로 선택된 이온만 측정하여 감도를 높일 방법으로 쪼개진 이온의 질량 대 전하 비를 이용하여 미확인 화합물을 식별할 수 있고, 또한 분석된 화합물의 피크 영역을 토대로 양을 결정할 수 있다.

3) GC/O

GC/O와 GC-MSD/O는 향기 성분을 연구할 때 고유하게 적용되는 기술이다. 이 두 기술은 시료에서 측정한 여러 가지 휘발성 향기 성분 중에서 지배적인 화합물을 코로 직접 냄새를 맡는 스니핑(sniffing) 방법으로 주된 향기 성분을 밝혀 낼 수 있다.

(1) GC/O의 구조와 사용 방법

올팍토메트리(Olfactometry)란 인간의 후각을 담당하는 코를 GC 검출기로 사용하는 방법이다. [그림 6-14]를 보면, GC의 칼럼을 통하여 휘발성 성분의 일부가 스니핑 포트로 이동하고 나머지 분리된 유출물은 GC의 FID 검출기 또는 MS 분석기로 이동하도록 제작된다. 즉, GC 칼럼에서 분리된 화합물은 칼럼 끝부분에서 1:1로 스플릿(split)하여 반은 기기 분석기의 검출기(예: FID)로 가고 나머지 반은 스니핑 포트로 이동한다. 고도

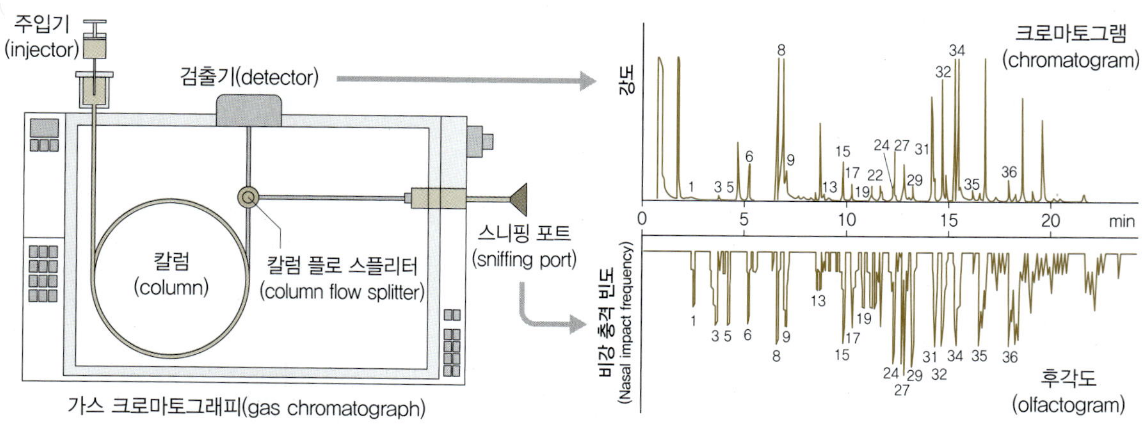

그림 6-14 GC/O의 구조와 검출 분석 결과

자료: Wardencki W, Chmiel T, Dymerski T. In *Instrumental Assessment of Food Sensory Quality: A Practical Guide*, Woodhead Publishing Series in Food Science, Technology and Nutrition, pp.195-229, 2013

로 훈련된 분석자가 그 냄새를 맡고 기계적 검출 분석 결과 피크에 해당하는 화합물의 관능적인 특성(냄새 성분의 향 묘사 및 강도)을 제시할 수 있다.

일반적으로 GC/O법은 후각을 통해 시료에서 냄새 성분을 관능적으로 식별하는 방법이다. GC/O 분석을 할 때 GC의 피크와 GC/O의 특정 성분은 양과 향의 강도에서 일치하지 않는 경우가 많다. 왜냐하면 기체상으로 양적으로 높은 함량의 화합물이 GC상에서 측정되더라도 관능적으로 무취도 있을 수 있고, 냄새를 맡을 수 있는 역치(냄새 한계치)가 높은 화합물이면 함량과 관계없이 관능적인 향의 강도는 낮을 수밖에 없다. 또한 GC/O법은 분석자의 훈련 정도에 따라 결과 해석이 다양해질 수도 있으므로 이에 대한 과학적이고 체계적인 관능 검사 훈련 프로그램이 필요하다. 일반적으로 분석자가 3명 이상일 때의 평균 결과 값($n \geq 3$)이 통계적 신뢰성을 얻는다.

4) 식품 속 주된 향기 성분의 분석

주된 향기 성분(aroma active compound)의 분석은 시료에서 화합물을 분리 및 동정하는 것으로 이루어지지만 실제로 시료에 존재하는 다양한 화합물이 향에 기여하는 것은 아니다. 시료에 존재하는 향을 재현하는 데는 식품에 존재하는 휘발성 화합물이 수백 가지 필요한 것이 아니라 20~30개에 의해서 결정된다는 것을 연구자들이 발견하였다. 이러한 화합물을 결정하기 위하여 다음 방법이 제시되었다.

첫 번째로 냄새 값(odor value, OV)을 이용하는 방법이다. 냄새 값은 방향성 화합물의 관능적인 역치 값을 구하고, 시료에서 분석된 정량적인 함량을 그 화합물의 역치 값으로 나눈 것이다.

>>> odor value는 odor activity value, odor unit이라고도 한다.

$$\text{냄새 값} = \frac{\text{각 화합물의 농도 (ng/g)}}{\text{각 화합물의 역치 (ng/g)}}$$

OV란 각 화합물이 역치 농도 이상으로 존재할 때 관능적으로 인지되는 향에 대한 기여도가 높을 것으로 보여 주는 값이다. 제5장 [표 5-6]의 시판 멸치젓에서 검출 및 동정된 휘발성 물질은 단계적 희석법인 AEDA(aroma extract dilution analysis)법을 적용한 GC/O/AEDA로 [그림 5-4]와 같은 결과가 얻어진다. 여기서 FD(flavor dilution) 값이 높은 화합물일수록 냄새 강도가 높다는 것을 의미한다. 즉, GC-MSD법으로 검출된 화합물의 농도가 정량적으로 높아도 FD 값이 낮으면 우리가 코로 그 냄새를 인지할 수가 없다는 것이다. 이것이 실제 냄새 성분을 분석하는 데 매우 중요한 것이다.

[표 5-6]은 시판 멸치젓에서 검출된 주된 향기 성분을 나타낸 것이다. 그중 멸치젓에서 주된 역할을 하는 화합물 결정은 [표 5-7]의 냄새 값을 통해 해석할 수 있다. 즉, 화합물이 총 41종 검출되었지만 이 가운데 ethyl 2-methylbutanoate(캔디 향, 스위트)가 가장 지배적인 물질로 나타났고, 다음으로 2-ethyl-3,5-dimethylpyrazine(고소한, 구운 감자 냄새), (E,Z)-2,6-nonadienal(멜론, 오이 향), ethyl 3-methylbutanoate(스위트, 꽃 향, 캔디 향), (Z)-4-heptenal(비린내, 산패취) 등의 순으로 역할이 크다는 것을 알 수 있다.

이렇게 OV 값을 적용한 이후에 식품에서 주된 냄새 성분을 선별하기 위한 방법으로 추출물 단계적 희석 분석법(aroma extract dilution analysis, AEDA) 이외에 CharmAnalysis 분석법 등이 있다. [그림 6-15]는 CharmAnalysis 분석 과정을 보여 준다.

이 2가지 방법은 GC/O를 하기 위해 추출한 분석 시료를 희석하는 정도에 따라 휘발성 화합물이 감지되는 정도를 기록하여 냄새가 감지되는 희석 배수에 따른 향기 성분의 값을 CharmAnalysis 또는 AEDA에서 희석 배수 값(dilution value)으로 나타낸다. AEDA와 CharmAnalysis 방법은 희석 배수 값, 즉 냄새를 맡는 포트에서 냄새가 감지되지 않

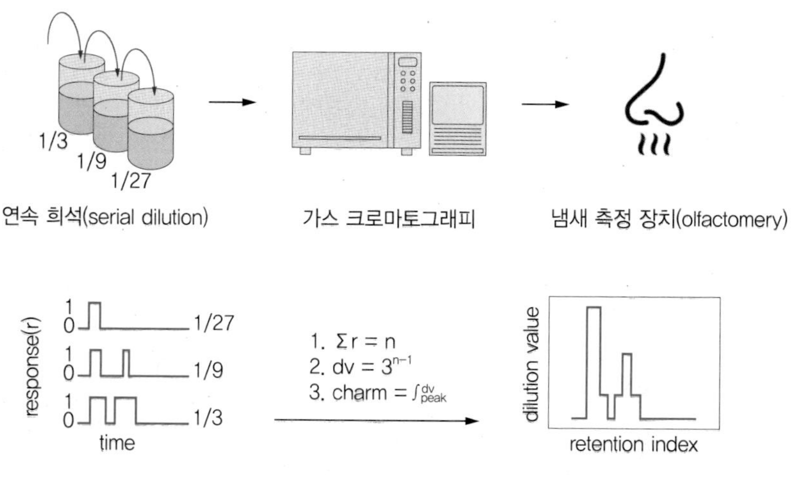

그림 6-15 CharmAnalysis법을 활용한 GC/O 분석

자료: Blank I., Gas Chromatography-Olfactometry in Food Aroma Analysis, In *Techniques for Analyzing Food Aroma*, R. Marsili ed., Marcel Dekker, 1996

을 때까지 희석한 횟수가 클수록 전체 향기에 대한 해당 화합물의 기여도가 더 크다고 볼 수 있다.

AEDA는 GC/O 분석을 위해 처리된 시료를 일정 비율로 유기 용매에 희석하여 GC/O 분석을 행한다. 결국 강한 향기 성분만 남아 시료에서 가장 영향이 있을 것으로 추정되는 향기 성분을 동정하는 방법이다. 이러한 희석법은 희석 배수에 따른 휘발 성분이 수학적인 변화를 나타내지 않는 경우가 있고, 분석자의 관능적인 인지 차이로 재현성 문제가 야기된다. 또한 스니핑 포트를 통한 냄새를 맡는 과정에서 호흡(날숨)할 때 냄새를 인지하지 못하는 단점이 있다.

마지막으로 냄새의 시간과 강도를 표시하는 OSME법이 있다. 이 방법은 분석자가 가변 저항기를 사용하여 각 화합물의 냄새 강도를 평가하는데, GC 칼럼에서 분리된 화합물의 냄새를 맡아 분석자가 가변 저항기의 스위치를 움직여서 감지된 냄새의 강도와 지속 시간을 기록하는 방법이다.

5. 전자코

전자코는 후각 기관을 모방한 장비로, 기존의 GC/O 분석에서 드러나는 단점을 극복하기 위해 제작되었다. 앞서 설명한 바와 같이 GC/O 분석을 하려면 분석자는 오랜 시간 표준화된 관능 검사 훈련을 받아야 하고, 분석 참여 시간(20~25분) 등으로 피로해진 후각 감각 때문에 분석에 제약이 따른다. 반면 전자코는 냄새 성분과 센서 어레이(array) 반응을 패턴화하여 처리할 수 있는 분석 장비이다.

전자코는 [그림 6-16]과 같이 시료 처리부, 검출부, 데이터 처리부로 구성된다. 시료 처리부는 헤드스페이스법, SPME법, 흡착 추출 교반 막대(stir bar sorptive extraction, SBSE)법 등을 사용할 수 있다. 검출부는 기체 센서 어레이어가 휘발성 특정 분자와 반응하여 전기 신호로 변환해 주는 장비로, 반도체 가스 센서(금속 산화물), 표면 탄성파 소자, 바이오센서, 전도성 고분자, 질량 분석 기반 센서 등 여러 유형의 센서가 있다. 전자코의 단점은 분석할 수 있는 시료나 농도에서 한계가 있다는 것인데, 분석의 용이성과 관능 검사 전문가가 없어도 분석할 수 있고 무엇보다도 인체에 해로운 냄새 분석에도 응용할 수 있다는 장점이 있다.

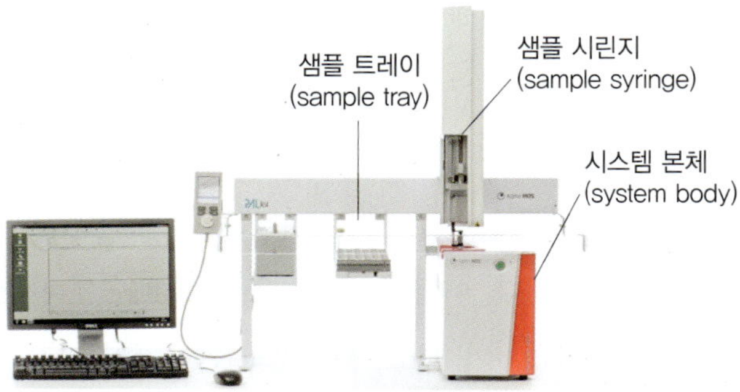

그림 6-16 **전자코의 구성(위)과 실제 모습(아래)**

자료: Heracles Neo, Alpha MOS, 프랑스

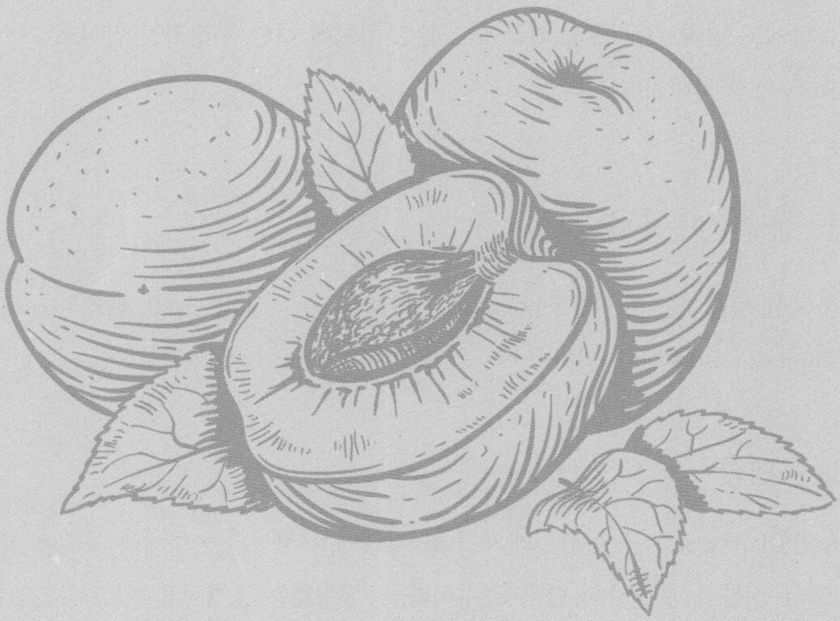

제7장
천연 향료

1. 동물성 향료

2. 식물성 향료

천연 향료란 천연물에서 추출·분리한 향료로 동물성인 것과 식물성인 것으로 나뉜다. 동물성인 것은 몇 가지 종에 불과하고, 식물성이 거의 대부분을 차지한다. 천연 향료는 가격이 비싸고 공급이 불안정하다는 단점이 있지만 합성품으로는 얻을 수 없으며 오늘날에도 널리 이용된다. 최근에는 합성 향료에 대한 부정적인 인식으로 천연 향료의 수요가 크게 증대되고 있다.

1. 동물성 향료

동물성 향료에는 용연향(ambergris), 사향(musk), 시빗향(civet), 해리향(castoreum), 사향쥐(musk rat) 향 등이 있다.

1) 용연향

용연향(ambergris)은 향유고래의 소화 기관에서 생성되는 무채색 물질을 알코올에 녹여 향료 성분을 추출하여 만든 향수이다. 향유고래는 오징어류를 주식으로 하는데, 수컷은 번식기에 투쟁·번식 행동을 하여 창자 움직임이 약해서 직장 속 오징어의 분비물이 왁스(wax) 같은 덩어리로 배설되는 경우가 있는데 이것을 용연이라고 한다. 깨끗한 상태의 용연은 고운 질감과 검은색을 띠며 악취가 난다. 하지만 오랜 시간 바닷속에서 햇빛과 염에 노출되면 딱딱해지면서 색이 점차 연해지고 향이 좋아져서 향수의 재료로 사용된다. 용연의 주성분은 트리테르펜(triterpene)인 암브레인(ambrein, $C_{30}H_{52}O$)으로, 알코올에 녹여 팅크처(tincture)로 만들어 고급 향수의 향기를 지속시키는 보류제(fixer)로 사용한다.

2) 사향

사향(musk)은 사향노루의 사향샘을 건조하여 얻는 분비물이다. 사향샘은 사향노루 수컷의 생식샘 부근에 있는 달걀 모양의 분비샘을 말려서 상품화한 것으로, 호흡 기능을 돕고 혈액 순환과 뇌의 작용을 증진시키며 향이 좋아 분향, 향약 등으로 사용한다. 사향 향기의 주성분은 대환상 케톤 구조의 무스콘(muscone, 3-methyl cyclopentadecanone)으로 0.3~2.5% 함유한다. 알코올로 추출하고 산과 알칼리 등에 안정하다. 사향을 증류하면 어두운 갈색의 정유가 생성되는데 그 속에 있는 큰 고리 모양은 케톤이며 함유량은 2% 정도이다. 큰 고리 모양 케톤의 합성에 의해 *dl*-무스콘이 합성되지만 공업화되지는 않는다.

3) 시빗향

시빗(civet)은 사향고양이가 먹이를 먹고 난 후 소화되지 못한 채 배설된 분비물을 모은 것이다. 성분은 시베톤(civetone, $C_{17}H_{30}O$)으로 이루어지고 사향의 주성분인 무스콘과 비슷한 향기가 난다. 시빗은 사향고양이의 냄새 주머니에서 얻을 수 있으며, 불쾌한 냄새(악취)가 강하게 나지만 극도로 희석하면 향기로운 향이 난다. 알코올 추출물인 팅크처로 해서 사용한다.

4) 해리향

해리향(castoreum)은 해리, 곧 비버(beaver: Castor fiber)의 분비물로 향의 주성분은 분명하지 않다. 수컷 비버는 자신의 영역을 표시하기 위해 항문의 냄새 주머니에서 분비물을 내뿜는데, 이 주머니를 건조한 것이 캐스토르(castor)이다. 캐스토르를 알코올에 녹여 추출한 것을 캐스토리엄(castoreum)이라고 한다. 향기 성분을 알코올로 추출하여 팅크처 형태로 사용하기 때문에 생산량이 비교적 적어서 가격도 비싸며, 사용량도 매우 적어 희소성이 있다.

5) 사향쥐 향

북미와 시베리아 지역에 서식하는 사향쥐(musk rat)의 방향 분비선낭을 잘라 건조한 것으로, 해리와 같이 암수 모두 있으나 암컷은 선낭이 작아 상품 가치가 없다. 주성분은 다이하이드로시베톤(dihydrocivetone), 사이클로펜타데카논(cyclopentadecanone) 등으로 알코올에 녹여 팅크처로 해서 사용한다.

향유고래

용연

사향노루

사향고양이

해리(비버)

사향쥐

그림 7-1 **동물성 천연 향료의 재료**

2. 식물성 향료

식물성 향료는 식물의 가지, 과실, 껍질, 꽃, 뿌리, 잎, 종자 등에 함유된 향기 물질을 여러 방법으로 추출한 것으로 정유(essential oil), 앱설루트(absolute)가 대표적이다. 식물성 향료는 상온에서 휘발성이 뛰어나며 400~500종에 이른다. 어떤 종류에는 정유 또는 방향유라는 휘발성 기름이 포함되어 있는데, 이것들은 휘발할 때 향기를 풍겨 일반 식물의 기름과 쉽게 구별된다. 주로 껌, 과자류, 비누, 음료, 향료와 향수, 화장품 등과 의료용, 방부용으로도 쓰인다.

옛날에는 식물 원료 자체를 향료로 사용했지만 지금은 증류법, 용매 추출법, 압착법 등 다양한 방법으로 정유를 얻는다. 일반적으로 수증기 증류법을 사용하는데, 수증기로 원료를 가열하면서 향료 성분이 휘발되므로 이것을 수증기와 함께 수집하여 냉각시켜서 정유를 물과 분리하여 회수하는 원리이다.

향료 식물은 발육 시기에 따라 향의 함유량에 차이가 있다. 예를 들어 스피어민트(spearmint)는 어린잎이 늙은 잎보다 향의 함유량이 많으며, 꽃필 무렵에 함유량이 가장 높아진다. 또한 채취 직후보다 장기 저장하면 향의 함유량이 증가하는데, 그 이유는 효소에 의한 배당체 분해가 채취한 후에도 지속되기 때문이다.

향료 식물은 개화 시기와 향기 발산의 유형이 조금씩 다르므로 각각 적절한 채취법이 있다. 재스민(jasmine), 투베로즈(tuberose, 월하향) 등은 세포에 방향유를 거의 함유하고 있지 않다가 채취한 후 세포가 생활 기능을 유지하는 동안에 향을 계속 생성하여 발산시킨다. 따라서 꽃을 딴 후에 일정 기간 동안 세포가 생활 기능을 유지할 수 있도록 냉침법(enfleurage)으로 세포의 사멸을 막고 향을 충분히 생성시킨 다음에 용매 추출법으로 정유를 얻는다.

1) 식물성 향료의 분류

방향유를 함유한 식물은 수백 종으로 많으나, 상업적으로 이용되는 것은 수십 종에 불과하다. 향료 식물은 이용하는 부분에 따라 다음과 같이 분류한다.

표 7-1 향료 식물의 종류와 채취 부분

채취 부분	식물의 종류
꽃	재스민, 로즈, 오렌지꽃, 은방울꽃, 일랑일랑, 캐모마일, 투베로즈, 제라늄 등
열매 껍질	감귤류 등의 라임, 레몬, 만다린, 베르가못, 오렌지 등
잎	레몬그라스, 박하, 시트로넬라, 유칼립투스, 팔마로사, 월계수 등
수지 또는 나무껍질	로즈우드, 샌들우드, 시나몬, 시더우드, 미르(몰약), 프랑킨센스 등
열매, 씨앗	너트멕, 통카 빈, 블랙커런트, 베리, 플럼(서양자두) 등
뿌리	베티베르, 오리스 루트(orris root) 등

2) 시트러스 오일

시트러스 오일(citrus oil)은 시트러스 종에서 얻어지며 대부분 냉압법(cold pressing)을 이용한다. 냉압법에서는 유화액(emulsion)의 형태로 얻어지므로 유기 용매를 사용하지 않고 원심 분리를 통해서 분리할 수 있다. 그러나 수증기 증류법에서는 저급 오일이 얻어진다. 시트러스 오일의 주 생산지는 남미, 지중해 연안 국가, 미국 플로리다와 캘리포니아이다.

시트러스 오일의 주된 향은 한 가지 화합물이 아니라 테르펜(terpene)의 생합성 대사산물이나 고급 불포화 지방산의 2차 대사 산물의 혼합물에 의한 것이다. 따라서 시트러스 계열의 향이 다른 것은 구성 성분의 화학 구조보다는 구성 성분의 양에서 차이가 나기 때문이다. 그러므로 각 성분의 함량을 분석하는 것이 향료의 가치를 결정하는 데 중요하다.

시트러스 오일의 주성분은 리모넨(limonene, $C_{10}H_{16}$)으로 시트러스 오일 특유의 냄새가 나는 기초가 된다. 그리고 모노테르펜($C_{10}H_{16}$)과 세스퀴테르펜(sesquiterpene, $C_{15}H_{24}$)계의 유도 화합물(aldehyde, ketone 유도체)이 얼마나 존재하는지에 따라 시트러스 오일의 품질에 영향을 미친다. 시트랄(citral), 누트카톤(nootkatone), 시트로넬랄(citronellal), 시넨살(sinensal) 등이 시트러스 오일에서 발견된다. 이런 화합물은 역치(threshold)가 매우 낮아 소량이어도 향료의 향기 성분에 큰 영향을 줄 수 있다.

시트러스 오일은 주로 오렌지, 레몬, 라임과 같은 감귤류의 신선하고 활기 넘치는 향조를 갖고 있어 높게는 25%까지 사용된다. 주로 톱 노트(top note)에 사용되고 여러 정유(essential oil)와 조화를 이루므로 거의 모든 종류의 향료 제품에 다양한 농도로 사용된다.

(1) 오렌지 껍질 오일

오렌지는 비터 오렌지(bitter orange, *Citrus aurantium*)와 스위트 오렌지(sweet orange, *Citrus sinensis*)의 두 종류로 나뉜다. 오렌지 껍질 오일(orange peel oil)은 시트러스 계열 중에서 저렴한 편에 속하며 달콤한 향이 특징이다. 비터 오렌지는 주로 극동 지방이나 지중해, 서인도, 브라질 등에서 재배되고 압착법으로 과피에서 정유를 얻는다. 비터 오렌지 향기의 주성분은 *d*-리모넨이 90% 이상 차지하고, 리날릴 아세테이트(linalyl acetate)와 리날로올(linalool)도 존재한다. 스위트 오렌지 오일도 압착법으로 정유를 얻으며, 수율은 0.2% 정도이다. 성분 가운데 *d*-리모넨이 90% 이상 차지하고, 다음으로 미르센(myrcene, 2~3%), 옥타놀(octanol), 옥타날(octanal) 등도 중요한 성분이다. 압착법으로 얻은 정유는 광독성이 있으므로 조합 향료에서 7% 이하로 사용한다.

(2) 만다린 오일

만다린의 껍질에서는 여러 종류의 에센셜 오일을 추출할 수 있는데, 과실의 숙성도에 따라 추출되는 오일의 종류가 달라진다. 만다린은 처음에 초록빛을 띠는데 그때에 그린

오렌지　　　　　　　　　　만다린

그림 7-2 **시트러스 오일의 원료(1)**

만다린 오일이 추출되고, 과일이 완전히 농익으면 레드 만다린 오일(mandarin oil)이 추출된다. 옐로 만다린 오일은 과일이 성숙하는 과정에서 생산된다. 압착법으로 채유하며 주성분인 리모넨이 다량 차지하고 리날로올, 시트로넬랄이 미량 존재한다.

(3) 레몬 오일

레몬 오일(leomon oil)은 주로 남아메리카, 미국, 오스트레일리아, 이탈리아, 등지에서 생산되며 압착법으로 껍질 부분에서 0.2~0.3%의 수율을 얻는다. 레몬 오일은 싱그럽고 밝은 향기로 전통적으로 오드콜로뉴(eau de cologne)의 스파클링한 톱 노트에 주로 사용하며 현재도 향수의 주된 천연 원료로 쓰인다. 레몬 오일의 주된 향기 성분은 리모넨이 56~76%로 가장 많으며 피넨(pinene, 6~17%), 리날로올(0~1%), 사비넨(sabinene, 2~5%) 순서로 함유되어 있다.

(4) 그레이프프루트 오일

그레이프프루트 오일(grapefruit oil)은 *Citrus paradisi* 종의 과피(껍질)를 냉압착하여 얻는다. 그레이프프루트의 주산지는 미국 캘리포니아와 플로리다이다. 미량이지만 산뜻하고 달콤하며 날카로운 향이 나는 1-*p*-멘텐-8-티올(1-*p*-menthene-8-thiol)과 누트카톤(nootkatone, $C_{15}H_{22}O$)은 역치가 매우 낮아 그레이프프루트 오일의 특징적인 향으로 알려져 있다. 그레이프프루트 오일의 주된 향기 성분은 리모넨이 정량적으로는 84%로 가장 많으며 미르센(1%), 데카놀(decanol, 0.4%) 시트로넬랄(0.1%)순으로 함유되어 있다.

>>> 1-*p*-멘텐-8-티올의 역치는 0.1 ppt(in water)이고, 누트카톤의 역치는 0.8 ppm 이다.

(5) 베르가못 오일

베르가못은 이탈리아의 레조칼라브리아(Reggio Calabria) 지방, 지중해 연안에서 재배되는 *Citrus bergamia*이라는 과일이다. 베르가못 오일(bergamot oil)은 냉압법으로 과일의 껍질에서 얻는다. 정유는 라임과 유사한 노란색 또는 녹색을 띠며 매우 진한 달콤한 과일 향이 난다. 베르가못 오일의 주된 향기 성분은 리모넨이 27~52%로 가장 많으며 리날릴 아세테이트(17~40%), 리날로올(2~21%), 피넨(4~11%)순으로 함유되어 있다.

(6) 라임 오일

라임의 학명은 *Citrus aurantifolia*이다. 라임 오일(lime oil)은 과일 전체(과피, 과즙 및 과즙 제조 부산물 포함)를 오래된 수증기 증류법을 이용하여 얻는다. 라임 오일은 수율 0.1%의 냉압법으로도 얻을 수 있는데 수증기 증류법으로 추출한 오일보다 비싸다. 압착법으로 얻은 정유는 광독성이 있어서 피부에 사용하는 조합 향료에는 3.5% 이하로 한다.

레몬

그레이프프루트

베르가못

라임

그림 7-3 **시트러스 오일의 원료(2)**

(7) 시트러스 향의 특징

시트러스는 주로 오렌지, 레몬, 라임과 같은 과일을 통틀어 일컬으며 신선하고 활기 넘치는 향조를 지닌다. 주로 톱 노트에 많이 사용되고 여러 에센셜 오일과 조화를 이뤄서 거의 모든 종류의 제품에 사용된다. 시트러스 계열의 향은 평소 심적으로 불안한 증세나 우울증에도 매우 탁월한 효과가 있다고 알려졌다.

3) 네롤리 오일

네롤리 오일(neroli oil)은 프랑스 남부, 이탈리아, 튀니지, 모로코 등에서 생산하며 비트 오렌지의 꽃에서 추출한다. 오렌지꽃 850 kg을 수증기 증류와 용매 추출로 콘크리트(concrete)를 얻으며, 이를 알코올로 처리하면 1 kg 정도의 네롤리 오일 앱설루트가 나온다. 네롤리 오일은 연한 노란색을 띠며 시간이 지날수록 색이 더 진해지고 점도가 높아지는 경향이 있다. 향기는 꽃향기와 따뜻한 냄새가 기조를 이루고 오렌지 오일과 매우 비슷하다. 네롤리 오일의 주된 향기 성분은 리날로올이 44~54%로 가장 많으며 리모넨(10%), 리날릴 아세테이트(4~9%), 테르피네올(4~6%), 피넨(5%) 순서로 함유되어 있다.

4) 라벤더 오일

라벤더는 현재 향수 업계에서 가장 흔하게 쓰는 에센셜 오일이다. 라벤더는 지중해 연안과 모로코, 불가리스, 스페인, 이탈리아, 프랑스 등에서 재배된다. 라벤더꽃은 아름다운 보라색을 띠어 보라색의 대명사로도 활용된다. 라벤더의 향은 깨끗하고 신선한 느낌을 준다. 라벤더 오일의 주된 향기 성분은 리날로올이 44%로 가장 많으며 리날릴 아세테이트(42%), 카리오필렌(caryophyllene, 2%) 순서로 함유되어 있다.

또한 라벤더는 향도 좋지만 약효도 뛰어나서 목욕재, 아로마테라피, 향신료, 의약재 등으로 널리 쓰였다. 현재 라벤다는 비누나 목욕 용품 그리고 청량 향료에도 흔히 쓰이고 널리 경작되어 '향수의 기본 구성 성분'으로 여겨진다. 라벤더 오일은 수율 0.7~08%의 수증기 증류법으로 연간 1,000톤 생산된다.

네롤리

라벤더

클라리 세이지

파촐리

그림 7-4 **식물성 향료의 원료(1)**

5) 클라리 세이지 오일

클라리 세이지는 일반 세이지의 하나로, 주로 미국, 중앙 유럽 전역, 북아프리카에서 재배되고 생산된다. 클라리 세이지 오일(clary sage oil)은 꽃과 잎을 수증기로 증류하여 추출할 수 있으며 냄새는 살짝 매운 풀 향이 나고 달콤한 과일 향도 느껴진다. 리날릴 아세테이트와 리날로올이 전체 오일의 85%를 차지하고, 다음으로 세스퀴테르펜류가 많이 함유되어 있다.

6) 파촐리 오일

파촐리는 Labiatae과에 속하는 *Pogostemon cablin*인데 지금은 인도네시아, 필리핀, 말레이시아, 인도 등 여러 열대 지방에서 재배된다. 수증기 증류법으로 식물성 오일이 분리된다. 파촐리 오일(patchouli oil)은 향이 진하고 달콤한 풀 향, 향기로운 매운 향이 나서 향조가 무거운 향수를 만드는 데 좋다. 또한 파촐리는 의류에서 곤충을 쫓아내는 용도로 10세기부터 온난 지역에서 사용되어 왔다.

7) 재스민꽃 오일

재스민의 원산지는 캅카스(Kavkaz, 영어식 이름은 코카서스) 산맥에서 이란과 인도 북부를 거쳐 중국 서부에 이른다. 재스민꽃은 고대부터 개인의 장신구와 종교 의식용으로 사용하였다. 재스민꽃은 석유 에테르를 용매로 추출하여 증류하면 재스민 콘크리트를 얻을 수 있고, 그다음에 알코올로 재스민 앱설루트를 얻을 수 있다. 그 밖에 포마드와 8천 송이 꽃에서 1 g 정도의 오일이 제조되므로 값이 비싸다. 재스민꽃 오일(jasmine flower oil)의 연간 생산량은 5~6 t이다. 재스민꽃 향은 강렬하면서도 따뜻하고 상쾌한 느낌을 주고 강한 최음 효과와 항균 효과도 있다. 주성분은 벤질 아세테이트(benzyl acetate), 리날로올, 자스몬(jasmone), 메틸 자스모네이트(methyl jasmonate)이다.

8) 로즈 오일

장미는 장미과 관목을 통틀어 이르는 말로 대중적으로 쓰이지만, 향료에서는 불가리아산 장미(*Rosa damascena*)와 프랑스산 장미(*Rosa centifolia*)를 사용한다. 꽃의 색에 따라 진한 향부터 언더톤(undertone), 은은한 향 등으로 향의 세기도 나누어진다. 장미에서 얻을 수 있는 3가지 주요 생산물은 에센셜 오일, 콘크리트, 앱설루트이다. 에센셜 오일(정유)은 꽃을 수증기 증류법으로, 콘크리트는 꽃과 잎을 유기 용매 추출법으로, 그리고 앱설루트는 콘크리트를 알코올로 더 용해하여 취할 수 있다.

수증기 증류법으로 얻은 오일을 화정유라고 한다. 이때 유출수에 향기 성분이 남아 있는데 이를 로즈 워터(rose water)라고 하며 화장품, 의약품, 식품 등에 추가로 사용한다. 로즈 오일(rose oil)은 주로 오렌지빛, 노란빛 그리고 앱설루트는 갈색빛이 나는 오렌지색을 띤다. 로즈의 주된 향기 성분은 시트로넬롤(citronellol)이 16~36%로 가장 많으며 게라니올(geraniol, 16~26%), 네롤(nerol, 4~9%), 메틸유제놀(methyl eugenol, 1~4%), 파르네솔(farnesol, 2%) 등의 순으로 함유되어 있다.

9) 샌들우드 오일

샌들우드(학명: *Santalum album*)는 오스트레일리아, 인도에 주로 분포하며 동인도의 미소르주에서 재배된다. 샌들우드 오일(sandalwood oil)은 백단향과(科) 식물인 샌들우드

재스민

장미

샌들우드

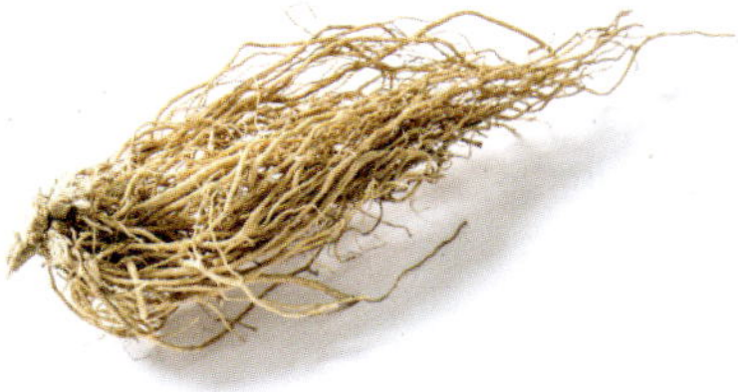

베티베르

그림 7-5 **식물성 향료의 원료(2)**

의 목재·뿌리에서 추출하며 나무 향뿐만 아니라 따뜻하고 기분을 상쾌하게 하는 향을 지닌다. 또한 이 오일은 보류성이 있어 향료 업계에서는 베이스 노트(base note)로 이용한다. 샌들우드 나무는 수천 년간 향료의 원료로 사용해 왔으나 매우 귀해서 국가 통제 아래 재배되기도 하였다. 샌들우드의 주된 향기 성분은 산탈롤(santalol)이 16%로 가장 많으며 파르네센(farnesene, 8~9%), 산탈렌(santalene, 5%), 시스-란세올(*cis*-lanceol, 3%) 순서로 함유되어 있다.

10) 베티베르 오일

베티베르(학명: *Chrysopogon zizanioides*)는 조밀하게 뭉치로 자라는 다년생 벼과 식물이다. 달콤하고 강한 나무 향과 흙냄새가 나며 풀의 뿌리나 줄기를 증류해서 얻을 수 있다. 인도가 원산지이며 주로 스리랑카, 말레이시아, 아프리카, 중남미 등에서 재배된다. 베티베르 오일(vetiver oil)은 150개가 넘는 세스퀴테르펜 화합물로 이루어진 혼합물이다. 주된 향기 성분은 베티베롤(vetiverol) 50~75%로 가장 많으며 그다음으로 베티베론(vetiverone), 베티벤(vetivene) 순서로 함유되어 있다.

11) 오크모스 오일

오크모스(학명: *Evernia prunastri*)는 오크(oak) 나무껍질에서 자라는 이끼로 향수 업계에서 중요한 부분을 차지한다. 원산지는 유럽과 북아메리카이고 프랑스나 유고슬라비아 숲에서도 재배된다. 오크모스 콘크리트는 벤젠(또는 석유 에테르)으로 추출한 후 여과하고 농축하여 크림 같은 녹색 연고를 얻을 수 있고, 이것을 알코올로 추출하여 앱설루트를 얻는다. 오크모스 오일(oakmoss oil)은 짙고 풍부한 흙냄새와 이끼, 나무 냄새가 나며 연간 100 t 정도 생산된다.

12) 갈릭 오일

갈릭(학명: *Allium sativum*)의 원산지는 남서부 시베리아, 유럽, 중앙아시아이다. 갈릭 오일(garlic oil)은 구근을 수증기로 증류하여 얻을 수 있고 미색에 가까운 옅은 노란색을 띤다. 맵고 톡 쏘는 향이 나는데, 이 향은 마늘 세포 가운데 알린(alliin)이 알리네이스(alliinase)에 의해 알리신(allicin)과 그 밖의 유화물을 형성하여 생성된다. 주로 식품 가공 분야에서 조합 향료로 활용하며, 주요 향기 성분으로는 다이메틸트리설파이드(dimethyl trisulfide), 다이알릴다이설파이드(diallyl disulfide), 2-비닐-4H-1,2-디티인(2-vinyl-4H-1,2-dithiin) 등이 대표적이다.

13) 제라늄 오일

제라늄은 *Pelargonium* 속으로 종이 다양하지만 그중에서 *Pelargonium graveolens*이 대표적이다. 제라늄의 원산지는 남아프리카이며 17세기에 유럽으로 전래되어 육종되었다. 제라늄 오일(geranium oil)은 꽃이 피기 시작할 때 잎과 줄기를 수증기로 증류하여 얻으며 황갈색 또는 녹색의 민트 향이 난다. 정유 성분 가운데 시트로넬롤이 27%로 가장 많고 그다음으로 게라니올(18%), 리날로올(9%) 등이 함유되어 있다.

14) 진저 오일

진저(학명: *Zingiber officinale*)는 아시아, 자메이카, 인도, 아프리카, 중국 등에서 재배된다. 진저 오일(ginger oil)은 구근을 수율 1.5~3.0%의 수증기 증류법으로 또는 용제 추

오크모스

갈릭

제라늄

진저

그림 7-6 **식물성 향료의 원료(3)**

출법으로 얻을 수 있다. 연한 노란색에서 황색을 띤 점성 액체이며 주된 향기 성분은 진저베렌(zingiberene, 36%)이 대표적이다.

15) 히아신스 오일

히아신스(학명: *Hyacinthus orientalis*)는 지중해 지역이 원산지이며 16세기경 유럽에 전파되어 품종 개량이 이루어졌다. 히아신스꽃을 용매 추출하여 콘크리트를 0.1~0.2% 얻고, 이것으로부터 10~14%의 앱설루트를 얻을 수 있다. 히아신스 오일(hyacinth oil)은 그린 플로럴(green floral) 향조로, 피로 회복에 주로 사용되며 진정 작용이 있어 스트레스와 우울증에도 도움을 준다. 주성분은 벤질알코올(benzyl alcohol)이며 시나밀알코올(cinnamyl alcohol), 벤질 아세테이트(benzyl acetate), 벤질 벤조에이트(benzyl benzoate) 등이 있다.

16) 너트멕 오일

너트멕(학명: *Myristica fragrans*)은 식재료인 육두구 종자의 말린 배유를 말하며 서인도의 그라나다섬이 주산지이다. 너트멕 오일(nutmeg oil)은 씨를 수증기 증류하여 6~16%의 정유를 얻을 수 있다. 과거에 향신료를 약재로 사용할 적에는 기억력을 좋게 하고 소화를 도와주며 몸을 따뜻하게 하는 효능이 있어 설사를 멈추는 데 도움을 주는 것으로도 알려졌다. 노란색 정유는 신선하고 따뜻한 매운 향이 나며 미리스티신(myristicin), 4-테르피네올(4-terpineol) 등이 주된 향기 성분이다.

17) 페퍼민트 오일

페퍼민트(학명: *Mentha piperita*)는 워터민트(watermint)와 스피어민트(spearmint)의 교잡종으로, 민트 가운데 유독 번식력이 폭발적이며 후추맛이 난다고 해서 붙여진 이름이다. 북아메리카가 주요 생산지이며 남아메리카, 동유럽, 러시아, 모로코, 아르헨티나, 이탈리아, 프랑스에서도 재배한다. 페퍼민트 잎을 수증기 증류하여 정유를 얻는다. 페퍼민트 오일(peppermint oil)의 주된 향기 성분은 멘톨(menthol, 19~54%), 멘톤(menthone, 8~32%), 메틸 아세테이트(methyl acetate, 2~11%), 시네올(cineole, 3~10%), 리모넨(0.8~5%)이다.

18) 페퍼 오일

페퍼(학명: *Piper nigrum*)의 씨앗을 수증기 증류하여 1~3%의 정유를 얻을 수 있다. 인도 남부 지역과 수마트라, 브라질에서 재배한다. 덜 익은 씨앗을 건조해서 증류한 것을 블랙 페퍼(black pepper), 완숙한 씨앗의 껍질을 벗긴 것을 화이트 페퍼(white pepper)라고 한다. 두 가지 모두 생약, 향료로 이용한다.

페퍼 오일(pepper oil)은 수증기 증류하면 매운맛이 없으나 알코올, 아세톤으로 추출하면 매운맛 성분의 알칼로이드인 피페린(piperine)과 차비신(chavicine) 등이 함유된다. 페퍼 오일의 주된 향기 성분은 리모넨이 17%로 가장 많으며 피넨(10%), 캄펜(camphene, 0.1%) 순서로 많이 함유되어 있다.

히아신스

너트멕

페퍼민트

블랙 페퍼

그림 7-7 식물성 향료의 원료(4)

19) 파인 오일

파인(학명: *Pinus sylvestris*) 오일(pine oil)은 소나뭇과의 목재 칩을 수증기 증류하거나 수증기 증류한 폐칩을 용매 추출하여 얻을 수 있다. 파인 오일의 주성분은 α-피넨(α-pinene, 50~97%)이며 투명한 유동성 액체로 특유의 소나무 향이 난다. 특히 살모넬라, 분변계 대장균과 같은 식중독 균과 병원성 균에 대한 항균 효과가 높아 살균제나 방부제로 많이 활용한다.

20) 로즈메리 오일

로즈메리(학명: *Rosemarinus officinalis*) 오일(rosemary oil)은 잎과 꽃을 수증기 증류하여 정유를 얻는다. 지중해 지역이 원산지이며 스페인, 유고, 튀니지아에서도 재배된다. 로즈메리 오일은 함량 면에서는 1,8-시네올(1,8-cineole)이 주된 향기 성분이며 그다음으로 캠퍼(camphor), 보르네올(borneol), 피넨, 캄펜 등과 같은 테르펜류가 많다. 주로 비누 향, 향수, 화장품 등에 이용한다.

21) 바닐라 오일

바닐라(학명: *Vanilla planifolia*)는 자연적 또는 인공적으로 수정시키면 8~9개월 후에 과실이 완전히 익는데 그 직전에 채집한다. 중앙아메리카, 멕시코 동부 지역이 원산지이고 마다카스카르(전 세계 바닐라 생산량의 80%를 차지), 멕시코, 자바 등에서 재배한다. 열매(vanilla bean)를 향료로 사용하는데, 용도에 따라 레지노이드(resinoid)는 바닐라 빈을 휘발성 용매(석유 에테르)로 추출한 것을 말하며, 앱설루트는 바닐라 빈을 알코올 추출로, 바닐라 엑스트랙트(extract)는 석유 에테르로 추출한 후 다시 알코올로 회수한 것으로 화장품, 식품 향료, 의약품 등에 폭넓게 사용한다. 주된 향기 성분으로는 바닐린(vanillin), 에틸바닐린(ethyl vanillin), 벤질 아세테이트, 리날릴 아세테이트 등이다.

파인

로즈메리

바닐라

그림 7-8 **식물성 향료의 원료(5)**

제8장

아로마 오일의 용도와 특성

1. 꽃, 잎, 줄기 소재
2. 열매(과일) 소재
3. 나무, 뿌리 소재
4. 기타 수지상 소재

이번 장은 제7장의 천연 향료 가운데 활용 빈도가 매우 높은 식물성 향료를 중심으로 향수, 아로마테라피 등과 같이 향장용으로 활용할 때 유용하게끔 표로 정리하였다. 즉, 식물 소재(학명, 원산지)에서 추출 부위와 추출 방법, 향료로 사용할 때 휘발성(top, middle, base)과 강도(0~10), 증발률(0~100), 향기 특성과 향기 성분 중에서 정량 분석 결과 밝혀진 휘발성 화합물류, 그리고 다른 향유 물질과 잘 어울리는 향조를 정리하여 향수를 제조할 때 기초 자료로 활용할 수 있도록 하였다. 특히 아로마테라피용으로 활용하도록 향기의 특성과 생리적 효능 등도 같이 다룬다.

1. 꽃, 잎, 줄기 소재

네롤리(neroli)	
학명	*Citrus aurantium*
원산지	프랑스 남부, 이탈리아, 튀니지, 모로코
추출 부위/추출 방법	꽃봉오리/스팀법 또는 수증기 증류법
휘발성/강도/증발률	톱 노트/5/79
향기 특성	달콤하고 톡 쏘는 향
주된 향기 성분	리날로올(linalool, 44~54%), 리모넨(limonene, 6~10%), 리날릴 아세테이트(linalyl acetate, 4~9%), 테르피네올(terpineol, 4~6%), 피넨(pinene, 3~5%)
어울리는 향조	캐모마일 저먼, 캐모마일 로만, 제라늄, 클라리 세이지, 재스민, 라벤더, 로즈, 일랑일랑, 레몬, 시트러스 계열
일반 특성	연한 노란색이고, 시간이 경과할수록 색이 진해지며 점도가 높아지는 경향을 보인다.
적용 효과	우울증, 스트레스, 불안, 히스테리, 신경성 긴장 완화, 항산화 효과가 있으며 무독성, 무광독성, 무자극으로 피부에 적용해도 된다.

라벤더(lavender)	
학명	*Lavandula angustifolia*
원산지	프랑스, 고산 지대, 스페인
추출 부위/추출 방법	꽃봉오리/수증기 증류법
휘발성/강도/증발률	미들 노트/4/85
향기 특성	깨끗한 향, 풍부한 꽃 향, 진정 완화 향
주된 향기 성분	리날로올(linalool, 44%), 리날릴 아세테이트(linalyl acetate, 42%), 카리오필렌(caryophyllene, 2%)

어울리는 향조	시트러스 계열, 플로럴 계열, 시더우드, 클라리 세이지, 제라늄, 오크모스, 베티베르, 파촐리
일반 특성	기분 좋은 발삼 향과 나무 향의 언더 톤을 띠는 달콤한 꽃 향, 허브 향 등 활력을 주는 향과 방향성이 우수하다. 조합할 때 다른 오일과 대부분 잘 어울린다.
적용 효과	방부, 살균, 진통, 반흔 형성, 해열, 살충, 항류머티즘 효과가 있으며 무독성, 무광독성, 무자극이어서 피부에 적용해도 된다.

로즈메리(rosemary)

학명	*Rosemarinus officinalis*
원산지	지중해 연안, 이탈리아
추출 부위/추출 방법	잎/수증기 증류법
휘발성/강도/증발률	미들 노트/8/18
향기 특성	캠퍼와 유사하며 톡 쏘는 향
주된 향기 성분	1,8-시네올(1,8-cineole, 39~58%), 캠퍼(camphor, 7~15%), 피넨(pinene, 10~13%), 보르네올(borneol, 3~5%), 캄펜(camphene, 3~4%)
어울리는 향조	베르가못, 페넬(fennel), 제라늄, 라벤더, 레몬, 레몬그라스, 만다린, 페퍼민트, 티트리, 주니퍼 베리
일반 특성	무색의 유동성 액체로, 강하고 신선한 나무 향과 깨끗한 발삼 향이 난다.
적용 효과	진통, 소화, 항우울, 수렴, 구풍, 담즙 분비 촉진, 생리 주기 조절, 생리 중 체액 정체 해소 효과가 있다.

마조람(majoram)

학명	*Origanum majorana*
원산지	북아프리카, 이집트, 헝가리, 스페인
추출 부위/추출 방법	잎/수증기 증류법
휘발성/강도/증발률	미들 노트/5/40
향기 특성	달콤한 향, 진정 완화 향
주된 향기 성분	테르피넨-4-올(terpinen-4-ol, 32%), α-테르피네올(α-terpineol, 8%), 리날릴 아세테이트(linalyl acetate, 7%), γ-테르피넨(γ-terpinene, 7%), 리날로올(linalool, 3%)
어울리는 향조	오렌지, 티트리, 로즈우드, 유칼립투스, 라벤더, 사이프러스, 일랑일랑, 라임
일반 특성	안정·진정 효과가 있어서 성욕 감퇴제 역할을 한다.
적용 효과	스트레스, 히스테리, 불면증 등의 감정 조절에 효과가 있다.

멜리사(melissa)

학명	*Melissa officinalls*
원산지	프랑스, 남유럽
추출 부위/추출 방법	잎, 꽃/수증기 증류법
휘발성/강도	미들 노트/4
향기 특성	달콤하고 부드러운 향, 레몬 향
주된 향기 성분	시트랄(citral, 37%), 카리오필렌 옥사이드(caryophyllnene oxide, 10%), 카디넨(cadinene, 1%), 리날로올(linalool, 0.4%)
어울리는 향조	캐모마일 저먼, 로만, 라벤더, 로즈우드, 로즈메리, 일랑일랑, 사이프러스, 시더우드, 라임, 오렌지, 로즈, 주니퍼 베리, 제라늄
일반 특성	적갈색 또는 연한 노란색으로 달콤함과 신선함이 진한 허브 향과 감귤류 향이 난다.
적용 효과	항경련, 항우울, 구풍, 발한, 살균, 해열, 진정, 신경 강화, 원기 촉진 효과가 있다.

바질(basil)

학명	*Ocimum basilicum*
원산지	인도, 코모로섬, 이집트
추출 부위/추출 방법	잎, 꽃/수증기 증류법
휘발성/강도/증발률	미들 노트/7/78
향기 특성	달콤함, 싸한 민트 향
주된 향기 성분	리날로올(linalool, 42%), 메틸차비콜(methyl chavicol, 20%)
어울리는 향조	라벤더, 오렌지 스위트, 레몬그라스, 일랑일랑, 시나몬, 베티베리, 파촐리, 샌들우드, 주니퍼 베리, 로즈우드, 시더우드
일반 특성	적갈색 또는 연한 노란색 용액으로 달콤함과 신선함이 진한 허브 향이 난다.
적용 효과	항우울, 진통 작용, 항경련, 방부, 구풍, 소화, 해열, 신경 강화, 발한제, 머리를 맑게 하는 효과가 있다.

사이프러스(cypress)

학명	*Cupressus sempervirens*
원산지	모로코, 스페인, 프랑스
추출 부위/추출 방법	잎, 줄기/수증기 증류법
휘발성/강도/증발률	미들 노트/4/30
향기 특성	날카롭고 자극적이며 소나무와 유사한 향
주된 향기 성분	피넨(pinene, 20%), 테르피놀렌(terpinolene, 6%), 세드롤(cedrol, 5%), 보르네올(borneol, 0.3%)

어울리는 향조	시더우드, 캐모마일 로만, 클라리 세이지, 제라늄, 레몬, 라임, 만다린, 주니퍼 베리, 파인, 로즈메리, 베르가못, 그레이프프루트, 오렌지, 라벤더, 샌들우드, 유칼립투스, 프랑킨센스, 일랑일랑
일반 특성	연노란색이지만 거의 무색이며 유동성이 있는 액체로 달콤한 발삼 향이 난다.
적용 효과	항경련, 탈취, 방부성, 이뇨, 간 강화, 발한, 지혈, 강장 효과, 정맥 울혈 제거 효과가 있다.

일랑일랑(ylangylang)

학명	*Cananga odorata*
원산지	필리핀
추출 부위/추출 방법	꽃잎/수증기 증류법
휘발성/강도/증발률	베이스 노트/6/91
향기 특성	바나나 향과 비슷하며 이국적이고 감각적인 느낌이 나는 달콤한 꽃 향
주된 향기 성분	제르마크렌(germacrene, 28%), 벤질 아세테이트(benzyl acetate, 8%), 리날로올(linalool, 7%), 유제놀(eugenol), 피넨(pinene)
어울리는 향조	베르가못, 그레이프프루트, 제라늄, 재스민, 라벤더, 레몬, 만다린, 멜리사, 네롤리, 오렌지 스위트, 파촐리, 로즈, 로즈우드, 베티베리, 캐모마일 로만, 유칼립투스, 팔마로사, 샌들우드
일반 특성	연한 노란색으로 강한 꽃 향과 짙은 달콤한 향이 난다.
적용 효과	항우울, 방부성, 최음, 저혈압성, 진정 효과가 있다.

로즈(rose)

학명	*Rosa damascena*
원산지	불가리아, 소아시아, 터키, 모로코, 프랑스
추출 부위/추출 방법	꽃/수증기 증류법 또는 용매 추출법
휘발성/강도	미들 노트/7
향기 특성	우아한 향
주된 향기 성분	시트로넬롤(citronellol, 16~36%), 게라니올(geraniol, 16~26%), 네롤(nerol, 4~9%), 메틸유제놀(methyl eugenol, 1~3%), 파르네솔(farnesol, 2%)
어울리는 향조	재스민, 베르가못, 라벤더, 클라리 세이지, 샌들우드, 파촐리, 벤조인, 캐모마일, 클로브, 팔마로사, 제라늄
일반 특성	연한 노란색(올리브색)으로, 따뜻하고 진한 꽃 향과 약간 매운 향, 은은하고 달콤한 꿀 냄새가 난다.
적용 효과	감정 조절, 우울증 치료, 간 기능 강화, 숙취, 변비, 간 충혈 제거, 생리 전 증후군, 생리 장애, 폐경기 장애에 효과가 있다.

재스민(jasmine)

학명	*Jasminum grandiflorum*
원산지	이집트, 남프랑스, 튀니지, 인도, 모로코
추출 부위/추출 방법	꽃/용매 추출법
휘발성/강도/증발률	베이스 노트/7/95
향기 특성	깊고 달콤한 향이 풍부하며 오래감
주된 향기 성분	벤질 아세테이트(benzyl acetate, 15~25%), 리날로올(linalool, 3~7%), 자스몬(jasmone, 1~4%), 메틸 자스모네이트(methyl jasmonate, 0.2~1%)
어울리는 향조	샌들우드, 일랑일랑, 로즈우드, 로즈, 베르가못, 네롤리, 라벤더, 제라늄, 프랑킨센스, 클라리 세이지
일반 특성	이국적이고 상쾌한 향이 나며 강한 최음 효과가 있어서 사랑의 오일, 로맨스 오일로 알려졌다.
적용 효과	항우울, 항경련, 방부성, 최유, 최음, 진정 효과, 분만을 돕는 작용을 한다.

제라늄(geranium)

학명	*Pelargonium graveolens*
원산지	모로코, 이집트, 중국
추출 부위/추출 방법	꽃, 잎/수증기 증류법
휘발성/강도/증발률	미들 노트/6/87
향기 특성	풍부하고 달콤한 향
주된 향기 성분	시트로넬롤(citronellol, 27%), 게라니올(geraniol, 18%), 리날로올(linalool, 9%), 시트로넬릴 포르메이트(citronellyl formate, 7%)
어울리는 향조	베르가못, 시더우드, 클라리 세이지, 로즈우드, 프랑킨센스, 그레이프프루트, 네롤리, 팔마로사, 오렌지 스위트, 파촐리, 레몬그라스, 시트로넬라, 샌들우드, 라벤더
일반 특성	오일은 다양한 용도로 쓰이며 부드러운 향기가 난다.
적용 효과	항우울, 방부성, 수렴, 반흔 형성, 이뇨, 탈취, 구충, 상처 치료에 효과가 있다.

클라리 세이지(clary sage)

학명	*Salvia sclarea*
원산지	미국, 유럽
추출 부위/추출 방법	꽃/수증기 증류법
휘발성/강도/증발률	미들 노트/5/82
향기 특성	골고루 스며드는 달콤하고 자극적인 향
주된 향기 성분	리날릴 아세테이트(linalyl acetate, 60~70%), 리날로올(linalool, 10~20%), 스클라레올(sclareol, 0.5~2%)

어울리는 향조	베르가못, 그레이프프루트, 레몬, 오렌지 스위트, 만다린, 주니퍼 베리, 블랙 페퍼, 라벤더, 샌들우드, 티트리, 로즈, 제라늄, 재스민, 파인, 네롤리, 일랑일랑
일반 특성	무색에 가까운 연노란색 또는 올리브색을 띠며 풀 향, 과일 향, 꽃 향이 난다.
적용 효과	항경련, 탈취, 항우울제, 통경, 신경 강화, 진정 효과, 강장 효과가 있다.

클로브 버드(clove bud)

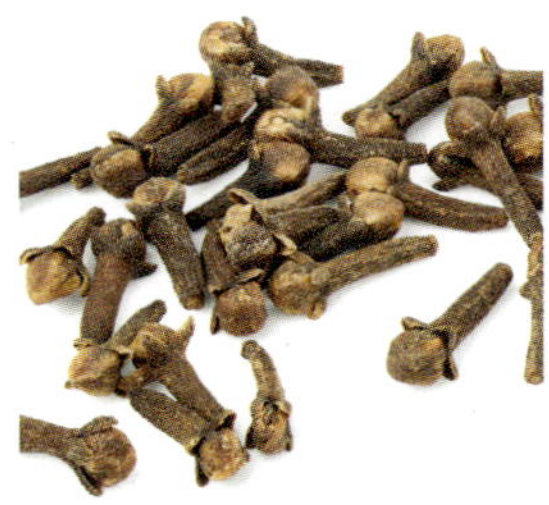

학명	*Eugenia caryophyllus*
원산지	잔지바, 인도네시아, 자바, 마다가스카르
추출 부위/추출 방법	꽃봉오리/수증기 증류법
휘발성/강도	미들 노트/8
향기 특성	강하고 싸하며 자극적인 향
주된 향기 성분	유제놀(eugenol, 80~85%), 유제닐 아세테이트(eugenyl acetate, 8~12%), 카리오필렌(caryophyllene, 6~10%), 아이소카리오필렌(isocaryophyllene, 2%)
어울리는 향조	로즈, 라벤더, 바닐린, 클라리 세이지, 베르가못, 올스파이스, 일랑일랑
일반 특성	연한 노란색 액체로 따뜻하며 매콤한 강한 향이 난다.
적용 효과	진통, 방부, 항경련, 구풍, 건위 효과가 있다.

티트리(tea tree)

학명	*Melaleuca alternifolia*
원산지	오스트레일리아
추출 부위/추출 방법	잎/증류법
휘발성/강도	톱 노트/7
향기 특성	유칼립투스와 유사하지만 더 부드러운 향
주된 향기 성분	테르피넨-4-올(terpinen-4-ol, 40%), 테르피넨(terpinene, 20%), 테르피놀렌(terpinolene, 4%), 1,8-시네올(1,8-cineole, 3%), 카디넨(cadinene, 2%)
어울리는 향조	캐모마일 로만 및 저먼, 클로브, 제라늄, 유칼립투스, 사이프러스, 진저, 주니퍼 베리, 라벤더, 레몬, 만다린, 오렌지 스위트, 파인, 로즈메리, 타임, 레몬그라스, 페퍼민트, 시더우드
일반 특성	노란빛을 띠는 녹색에서 투명한 액체로 따뜻하고 매운 향이 난다.
적용 효과	항진균, 항미생물, 살균, 방부, 거담, 반흔 형성, 면역, 살충, 발한, 신체 기능을 자극하는 효과가 있다.

팔마로사(palmarosa)

학명	*Cymbopogon martinli*
원산지	인도, 코모로 제도
추출 부위/추출 방법	신선한 풀/증류법
휘발성/강도	미들 노트/5
향기 특성	달콤하며 장미 향이 가미된 다소 무미건조한 꽃 향
주된 향기 성분	게라니올(geraniol, 76~83%), 제라닐 아세테이트(geranyl acetate, 5~12%), 리날로올(linalool, 2~4%), 리모넨(limonene, 0.2~2%)
어울리는 향조	제라늄, 로즈우드, 샌들우드, 시더우드, 로즈, 일랑일랑, 라벤더, 네롤리, 페티그레인, 오렌지 스위트, 파촐리, 베르가못
일반 특성	연한 노란색 또는 올리브색을 띠며 달콤한 장미 꽃 향이 난다.
적용 효과	살균, 세포 생육 촉진, 방부, 소화, 해열, 기능 강화 효과가 있다.

파인(pine)

학명	*Pinus sylvestris*
원산지	독일, 러시아, 프랑스
추출 부위/추출 방법	잎(침엽), 어린 가지/수증기 증류법
휘발성/강도	미들 노트/4
향기 특성	날카롭고 상큼한 향
주된 향기 성분	α-피넨(α-pinene, 50~97%)
어울리는 향조	시더우드, 로즈메리, 라벤더, 티트리, 주니퍼 베리, 레몬, 유칼립투스, 마조람
일반 특성	투명하며 특유의 소나무 향이 나서 신선하고 특유의 달콤한 향이 난다.
적용 효과	항신경통, 항미생물, 항류머티즘, 항바이러스, 방부성, 살균, 탈취, 진정 치료, 이뇨 효과가 있다.

파촐리(patchouli)

학명	*Pogostemon cablin*
원산지	인도, 말레이시아, 미얀마, 파라과이
추출 부위/추출 방법	잎/증류법
휘발성/강도/증발률	베이스 노트/5/100
향기 특성	흙 향 또는 나무 향, 바닐라 향과 유사하며 달콤하고 무거운 향
주된 향기 성분	파촐롤(patchoulol, 26%), δ-과이엔(δ-guaiene, 15%), α-과이엔(α-guaiene, 12%), α-구르주넨(α-gurjunene, 11%), 세이셀렌(seychellene, 8%), 비리디플로롤(viridiflorol, 6%)

어울리는 향조	샌들우드, 시더우드, 제라늄, 클로브, 레몬, 레몬그라스, 라벤더, 로즈, 오렌지 스위트, 베르가못, 클라리 세이지, 네롤리
일반 특성	짙은 오렌지색 또는 갈색빛이 난다.
적용 효과	항염증, 방부, 항우울, 소염, 최음, 반흔 형성, 탈취, 이뇨, 세포 생육 촉진, 살균, 진정, 해열 효과가 있다.

페퍼민트(peppermint)

학명	*Mentha piperita*
원산지	유럽, 북아메리카, 남프랑스, 오스트레일리아
추출 부위/추출 방법	잎/수증기 증류법
휘발성/강도/증발률	미들 노트/7/70
향기 특성	가볍고 깨끗하고 신선한 향
주된 향기 성분	멘톨(menthol, 19~54%), 멘톤(menthone, 8~32%), 멘틸 아세테이트(menthyl acetate, 2~11%), 시네올(cineole, 3~10%), 리모넨(limonene, 0.8~5%)
어울리는 향조	라벤더, 레몬, 로즈메리, 유칼립투스, 스피어민트, 샌들우드, 로즈우드, 시더우드, 마조람
일반 특성	연한 노란색(또는 올리브색)을 띠고, 짙은 발삼 향과 달콤한 향이 나며, 건조되면 달콤하고 신선하며 강한 민트 향과 풀 향이 난다.
적용 효과	마취, 소염, 진통, 항경련, 방부성, 구풍, 수염, 담즙 분지 촉진, 해열, 간 기능 촉진, 발한, 신경 강화 효과가 있다.

히솝(hyssop)

학명	*Hyssopus officinalis*
원산지	프랑스, 스페인, 남부 유럽
추출 부위/추출 방법	꽃핀 식물 전체/수증기 증류법
휘발성/강도/증발률	미들 노트/6/65
향기 특성	매우 그윽한 향, 세이지, 마조람, 라벤더 향과 유사
주된 향기 성분	피노캄폰(pinocamphone, 43%), 아이소피노캄펜(isopinocamphene, 31%), 사비넨(sabinene, 2%), 1,8-시네올(1,8-cineole, 0.6%)
어울리는 향조	대부분의 허브, 시트러스 계열, 라벤더, 제라늄
일반 특성	잎이 작고 뾰족하며 줄기에는 보라색, 파란색 또는 흰색 꽃이 달린다. 프랑스에서는 오일용으로 재배한다.
적용 효과	폐·심장 기능 강화, 거담·기침 완화, 호흡기 질환 치료, 항경련, 심장·호흡기 강화, 고혈압 치료, 소화 촉진, 상처 치료에 효과가 있다.

니아울리(niaouli)	
학명	*Melaeuca Viridiflora*
원산지	마다가스카르
추출 부위/추출 방법	잎, 가지/수증기 증류법
휘발성/강도	톱 노트/4
향기 특성	신선하고 달콤한 향기
주된 향기 성분	1,8-시네올(1,8-cinelole, 40~50%), 리모넨(limonene, 15~20%), 네롤리돌(nerolidol, 3~4%), 테르피넨-4-올(terpinen-4-ol, 2~3%)
어울리는 향조	코리앤더, 주니퍼 베리, 백리향, 박하, 라벤더, 로즈메리
일반 특성	무색, 연한 노랑이나 녹색을 띠고, 신선한 캠퍼 향이 난다. 향기가 유칼립투스, 티트리와 유사하지만 조금 더 부드럽고 상쾌하다.
적용 효과	항류머티즘, 방부, 살균, 진통, 해열, 반흔 형성, 울혈 제거, 살충 효과가 있고 무독성, 무광독성, 무자극이므로 피부에 적용할 수 있다.

스피어민트(spearmint)	
학명	*Mentha spicata*
원산지	프랑스
추출 부위/추출 방법	잎, 식물 전체/수증기 증류법
휘발성/강도	미들 노트/6
향기 특성	달콤하고 상쾌하며 강한 향
주된 향기 성분	카르본(carvone, 63%), 리모넨(limonene, 20%), 리날로올(linalool, 1%), 멘톨(menthol, 0.5%)
어울리는 향조	라벤더, 바질, 재스민, 유칼립투스, 로즈메리, 페퍼민트
일반 특성	페퍼민트보다 부드럽고 달콤한 향이 나며, 매운 느낌이 나지만 순하여 어린이에게도 적합하다.
적용 효과	스트레스, 긴장 완화, 호흡기 질환에 효과가 있고 항염증, 점액 제거 작용을 한다.

야로(yarrow)	
학명	*Achillea milefolium*
원산지	프랑스
추출 부위/추출 방법	잎과 꽃/수증기 증류법
휘발성/강도/증발률	미들 노트
향기 특성	다소 쓰고 신 약초 향
주된 향기 성분	캠퍼(camphor, 18%), 1,8-시네올(1,8-cineole, 10%), 피넨(pinene, 9%), 아이소아르테미시아 케톤(iso-artemisia ketone, 9%)

어울리는 향조	캐모마일 로만 및 저먼, 라벤더, 제라늄, 로즈, 사이프러스, 베르가못, 마조람, 그레이프프루트, 레몬, 일랑일랑, 로즈메리
일반 특성	짙은 파란색, 녹색을 띤 파란색 또는 올리브색을 띠는 것이 있으며, 강하면서 캠퍼 향이 약간 나고 마르면 달콤하고 기분 좋은 향이 난다.
적용 효과	항류머티즘, 방부성, 항염증, 항경련, 구풍, 반흔 치료, 수렴, 발한, 통경, 거담, 지혈, 소화, 건위, 기능을 강화하는 데 효과가 있다.

코리앤더(coriander)

학명	*Coriandrum sativum*
원산지	남유럽, 지중해 연안
추출 부위/추출 방법	줄기와 어린잎/수증기 증류법
휘발성	미들 노트
향기 특성	달콤하고 풍부한 귤향
주된 향기 성분	리날로올(linalool, 57~58%), 데카날(decanal, 20%), 리모넨(limonene, 4%), 게라니올(geraniol, 2%), 미르센(myrcene, 2%)
어울리는 향조	오렌지 스위트, 사이프러스, 샌들우드, 시트로넬라, 주니퍼 베리, 진저, 멜리사, 레몬, 로즈우드
일반 특성	무색에서 연한 노란색의 액체로 후추 향, 나무 향을 베이스 노트로 하고 달콤하며 매운 향이 다소 난다.
적용 효과	건위, 기침, 구취, 구토 방지, 류머티즘성 관절염 통증 완화에 효과가 있다.

타임(thyme)

학명	*Thymus vugaris*
원산지	유럽, 지중해 연안
추출 부위/추출 방법	잎/증류법
휘발성/강도	미들 노트/7
향기 특성	상쾌한 민트 향
주된 향기 성분	티몰(thymol, 34%), α-테르피넨(α-terpinene, 24%), 카바크롤(carvacrol, 4.7%), β-카리오필렌(β-caryophyllene, 3.55%)
어울리는 향조	베르가못, 레몬, 로즈메리, 멜리사, 라벤더, 마조람, 파인
일반 특성	갈색을 띠는 붉은색 액체로 맵고 뚜렷한 향과 따뜻하고 짙은 풀 향이 난다.
적용 효과	항경련, 항류머티즘, 살균, 방부, 구풍, 심장 자극, 통경, 이뇨, 거담, 살충, 기능 강화에 효과가 있다.

유칼립투스(eucalyptus)

학명	*Eucalyptus globulus*
원산지	호주
추출 부위/추출 방법	잎/수증기 증류법
휘발성/강도/증발률	톱 노트/8
향기 특성	캠퍼 향, 약간의 날카로운 향
주된 향기 성분	1,8-시네올(1,8-cineole, 65~84%), 피넨(pinene, 4~15%), 리모넨(limonene, 2~9%), 피노카론(pinocarrone, 2~4%)
어울리는 향조	파인, 타임, 라벤더, 로즈메리, 마조람, 시더우드, 레몬, 진저, 주니퍼 베리, 페퍼민트, 캐모마일 저먼, 티트리, 타임, 스피어민트
일반 특성	전형적인 유칼립투스 향이 나며 활기를 주는 시네올 함량이 풍부한 오일이다.
적용 효과	진통, 살균, 항염증, 항경련, 방부, 항류머티즘, 진정, 반흔 형성, 이뇨 효과, 울혈 제거, 항바이러스 효과가 있다.

캐모마일 로먼(chamomile roman)

학명	*Chamaemelum Nobile*
원산지	모로코, 프랑스, 이집트, 스페인
추출 부위/추출 방법	꽃봉오리/증류법
휘발성/강도	미들 노트/6
향기 특성	가볍고 날카로우며 사과 향과 유사
주된 향기 성분	1,8-시네올(1,8-cineole, 1~25%), 피넨(pinene, 0.5~10%), 사비넨(sabinene, 0~10%), 캄펜(camphene, 0~0.5%)
어울리는 향조	베르가못, 클라리 세이지, 제라늄, 그레이프프루트, 재스민, 레몬, 네롤리, 페티그레인, 샌들우드, 일랑일랑, 로즈, 티트리, 캐모마일 저먼, 만다린
일반 특성	캐모마일 가운데 많이 쓰이는 향이며, 독성은 강하지 않고 다양한 치료 효과가 있어 가장 오래된 의료용 식물로 알려져 있다.
적용 효과	항경련, 방부, 소염, 살균, 진통, 담즙 배출 촉진, 해열, 소화, 진정 효과가 있다.

캐모마일 저먼(chamomile german)

학명	*Matricaria recutita*
원산지	프랑스, 모로코, 스페인, 이집트
추출 부위/추출 방법	꽃봉오리/수증기 증류법
휘발성/강도	미들 노트/6
향기 특성	산뜻함
주된 향기 성분	비사보롤(bisabolol, 2~67%), 카마줄렌(chamazulene, 2~36%)

어울리는 향조	캐모마일 로먼, 베르가못, 레몬, 사이프러스, 로즈, 파인, 일랑일랑, 마조람, 제라늄, 로즈메리, 클라리 세이지, 그레이프프루트, 프랑킨센스
일반 특성	약초 향이 강하며 청녹색 또는 녹색을 띠고 있어 '캐모마일 저먼 블루'라고도 한다.
적용 효과	항염증, 진통, 항통증, 항빈혈, 항우울증, 해열, 방부, 간 기능 강화, 발한 효과, 백혈구 생성 촉진, 상처 치료에 효과가 있다.

레몬그라스(lemongrass)

학명	*Cymbopogon citratus*
원산지	인도, 중앙아메리카, 브라질
추출 부위/추출 방법	잎/수증기 증류법
휘발성/강도	미들 노트/6
향기 특성	신선한 레몬 향, 강하고 상쾌한 허브 향, 풀 향, 감귤류 향
주된 향기 성분	게라니알(geranial, 45~56%), 네랄(neral, 25~28%), 미르센(myrcene, 8~19%)
어울리는 향조	바질, 클로브 버드, 시나몬, 프랑킨센스, 히솝, 제라늄, 라벤더, 오렌지, 만다린, 페티그레인, 로즈메리, 베티베리, 타임, 야로, 시더우드, 베르가못, 그레이프프루트, 멜리사
일반 특성	적갈색 또는 노란색 점성이 있는 용액
적용 효과	항우울, 진통, 항미생물, 수렴, 방부, 살균, 탈취, 해열, 구풍, 항진균, 살충, 신경 강화, 강장, 신경계 진정 효과가 있다.

시트로넬라(citronella)

학명	*Cymbopogon nardus*
원산지	인도네시아
추출 부위/추출 방법	줄기, 식물 전체/수증기 증류법
휘발성/강도	톱 노트/6
향기 특성	가볍고 달콤한 레몬 향
주된 향기 성분	게라니올(geraniol, 18%), 시트로넬랄(citronellal, 5%), 리모넨(limonene, 10%), 캄펜(camphene, 8%)
어울리는 향조	베르가못, 오렌지 스위트, 시더우드, 제라늄, 레몬, 라벤더, 파인, 사이프러스, 레몬그라스, 로즈메리, 그레이프프루트, 파출리, 주니퍼 베리, 티트리
일반 특성	특유의 따뜻한 나무 향과 신선한 풀 향을 띠어 활력 증진, 정신적인 피로감의 경감 효과 목적의 방향제에 많이 이용되며, 최근 벌레 퇴치제로도 이용한다.
적용 효과	살균, 방부, 탈취, 해열, 발한, 살충, 강장 효과가 있다.

2. 열매(과일) 소재

그레이프프루트(grapefruit)	
학명	*Citrus paradisi*
원산지	대부분 미국
추출 부위/추출 방법	껍질/저온 압착법
휘발성/강도	톱 노트/5
향기 특성	달콤하고 날카롭고 산뜻한 향
주된 향기 성분	리모넨(limonene, 84%), 미르센(myrcene, 1%), 데카놀(decanol, 0.4%) 시트로넬랄(citronellal, 0.1%)
어울리는 향조	레몬, 팔마로사, 오렌지, 베르가못, 로즈메리, 사이프러스, 라벤더, 제라늄
일반 특성	표면이 매끄럽고 노란색이며 속껍질은 비타민 C 함량이 높아 영양학적으로 우수하다.
적용 효과	담즙 분비 촉진, 지방 분해 효과, 비만 환자 치료, 이뇨, 방부, 항우울, 살균, 강장 작용, 소화 촉진, 용해제로 효과가 있다.

레몬(lemon)	
학명	*Citrus limon*
원산지	미국 캘리포니아, 브라질, 아르헨티나, 지중해 연안
추출 부위/추출 방법	과일의 껍질/저온 압착법
휘발성/강도	톱 노트/5
향기 특성	시원한 느낌, 신선한 과일 향
주된 향기 성분	리모넨(limonene, 57~76%), 피넨(pinene, 6~17%), 리날로올(linalool, 0~1%), 사비넨(sabinene, 2~5%)
어울리는 향조	바질, 베르가못, 시더우드, 클로브 버드, 유칼립투스, 프랑킨센스, 진저, 주니퍼 베리, 라벤더, 레몬그라스, 일랑일랑, 페퍼민트, 네롤리
일반 특성	연한 녹색을 띤 노란 액체로 밝고 시원한 감귤 향이 난다.
적용 효과	살충, 살균, 소독, 지혈, 수렴, 혈압 강하, 해열, 강장, 구충, 구풍, 반흔 치료, 이뇨, 정혈, 제산, 피부 연하, 항경화, 항산화, 항괴혈병, 항신경통, 항류머티즘, 혈당치 저하, 세정 효과 우수, 미네랄 흡수 촉진, 회복·진정 효과가 있다.

만다린(mandarin)	
학명	*Citrus reticulata*
원산지	인도 동북부
추출 부위/추출 방법	열매의 껍질/냉압착법
휘발성/강도	톱 노트/5
향기 특성	자극적이지 않고 부드럽고 풍부한 향
주된 향기 성분	리모넨(limonene, 68~74%), 리날로올(linalool, 0.05~0.2%), 시트로넬랄(citronellal, 0.02~0.04%)

어울리는 향조	라벤더, 레몬, 라임, 그레이프프루트, 마조람, 캐모마일, 베르가못
일반 특성	오렌지 갈색에서 짙은 노란색을 띠며 달콤한 향이 강하다.
적용 효과	흥분 진정, 심신 안정, 수면 유도, 혈액 순환 촉진, 살균 작용, 강장 작용에 효과가 있다.

베르가못(bergamot)

학명	*Citrus bergamia*
원산지	이탈리아, 기니아, 아이보리코스트
추출 부위/추출 방법	과일의 껍질/저온 압착법
휘발성/강도/증발률	톱 노트/4/55
향기 특성	가볍고 우아하며 산뜻한 향
주된 향기 성분	리모넨(limonene, 27~52%), 리날릴 아세테이트(linalyl acetate, 17~40%), 리날로올(linalool, 2~21%), 피넨(pinene, 4~11%)
어울리는 향조	거의 모든 에센셜 오일, 블랙 페퍼, 클라리 세이지, 사이프러스, 프랑킨센스, 제라늄, 오렌지, 로즈메리, 베티베리, 일랑일랑, 재스민, 라벤더, 만다린, 샌들우드
일반 특성	초록 잎은 타원형이며 열매는 초록색 또는 노란색의 작은 오렌지와 비슷하다. 식용보다는 주로 과육에서 에센셜 오일을 추출할 목적으로 재배한다.
적용 효과	진정, 불안 완화, 긴장 완화, 소독, 습진·여드름·옴·포진, 식욕 부진 해소, 호흡 곤란과 기관지염·편도선염·폐결핵 등의 호흡기 계통 치료에 효과가 있다.

스위트 오렌지(sweet orange)

학명	*Citrus sinensis*
원산지	이스라엘, 미국, 스페인, 시칠리아
추출 부위/추출 방법	과일의 껍질/저온 압착법
휘발성/강도	톱 노트/5
향기 특성	달콤하고 따뜻하며 생기 넘치는 향
주된 향기 성분	리모넨(limonene, 94~96%), 미르센(myrcene, 2~3%)
어울리는 향조	시나몬, 진저, 베티베르, 마조람, 파촐리, 베르가못, 사이프러스, 프랑킨센스, 페티그레인, 로즈, 로즈우드, 샌들우드, 일랑일랑
일반 특성	과일의 겉껍질을 저온 압착하여 생산된 오일은 노란색이며 신선하고 달콤한 감귤류 향이 난다.
적용 효과	우울증, 신경 긴장, 히스테리를 해소하고 식욕 증진, 기미 완화, 장 기능 강화에 효과가 있다.

주니퍼 베리(juniper berry)		
학명	*Juniperus communis*	
원산지	유고슬라비아, 프랑스, 이탈리아	
추출 부위/추출 방법	열매/저온 압착법	
휘발성/강도/증발률	미들 노트/5/30	
향기 특성	테레빈 나무 향, 발삼 향, 강렬한 향	
주된 향기 성분	피넨(pinene, 41%), 사비넨(sabinene, 10%), 리모넨(limonene, 3%), 테르피네올(terpineol, 2%)	
어울리는 향조	시더우드, 클라리 세이지, 사이프러스, 제라늄, 일랑일랑	
일반 특성	투명하거나 연한 노란색을 띠며 신선하지만 따뜻하며 풍부한 발삼 향, 달콤한 나무 향, 소나무 침엽 향이 난다	
적용 효과	진정, 불안감 해소, 정신적 피로 해소, 피부염·습진·상처 치유, 기억력 강화, 당뇨와 동맥 경화증 치료, 관절·통풍·류머티즘에 효과가 있다.	

페넬(fennel)		
학명	*Foeniculum vulgare*	
원산지	스페인, 일본, 인도, 북아프리카	
추출 부위/추출 방법	으깬 씨앗/증류법	
휘발성/강도/증발률	미들 노트/6/85	
향기 특성	달콤하며 풀 향과 유사한 향	
주된 향기 성분	아네톨(*trans*-anethole, 64~69%), 펜촌(fenchone, 19~22%), 메틸차비콜(methyl chavicol, 4~7%), 피넨(pinene, 2~3%), 미르센(myrcene, 0.5~0.8%)	
어울리는 향조	사이프러스, 주니퍼 베리, 라벤더, 제라늄, 로즈, 클라리 세이지, 베르가못, 그레이프프루트	
일반 특성	무색에서 연노란색을 띠며 약한 흙냄새 또는 매운 향이 있는 달콤한 향이 난다. 건조한 후에는 깨끗하고 달콤한 향이 난다.	
적용 효과	방부성, 구풍, 항경련, 정화, 통경, 거담, 이뇨, 최유, 건위에 효과가 있다.	

블랙 페퍼(black pepper)		
학명	*Piper nigrum*	
원산지	마다가스카르	
추출 부위/추출 방법	열매/수증기 증류법	
휘발성/강도/증발률	미들 노트/7/60	
향기 특성	전형적인 페퍼 향	
주된 향기 성분	리모넨(limonene, 17%), 피넨(pinene, 10%), 캄펜(camphene, 0.1%)	

어울리는 향조	자몽, 사이프러스, 샌들우드, 유향, 레몬그라스
일반 특성	투명한 색에서 연녹색을 띠며, 신선하고 마른 나무 향과 건조한 후추 향과 유사한 매운 향이 난다.
적용 효과	진통 작용, 근육통, 만성 기관지염에 효과, 치통, 소화 촉진, 순환 촉진, 식욕 촉진, 최음, 방부, 이뇨, 거담, 해열 작용에 효과가 있다. 자극이 강해서 피부에 바를 때에는 농도에 주의해야 한다.

3. 나무, 뿌리 소재

로즈우드(rosewood)

학명	*Aniba rosaeodora*	
원산지	브라질	
추출 부위/추출 방법	나무토막/수증기 증류법	
휘발성/강도	미들 노트/5	
향기 특성	달콤한 향, 나무와 로즈 향	
주된 향기 성분	리날로올(linalool, 80~90%), 시네올(cineole, 0.2%), 시트로넬랄(citronellal, 0.1%), 리모넨(limonene, 0.02%)	
어울리는 향조	모든 시트러스 계열, 플로럴 계열	
일반 특성	자색에서 붉은빛을 띤 갈색의 단단한 목질로, 에센셜 오일은 무색에서 연한 노란색을 띤다.	
적용 효과	두통·열·감염증·감기·질염·구토 등의 완화, 세포 재생, 주름 완화에 효과가 있다.	

샌들우드(sandalwood)

학명	*Santalum album*	
원산지	인도네시아, 중국, 인도	
추출 부위/추출 방법	나무/수증기 증류법	
휘발성/강도/증발률	베이스 노트/5/100	
향기 특성	기분을 상쾌하게 하는 향	
주된 향기 성분	산탈롤(santalol, 15~17%), 파르네센(farnesene, 8%), 산탈렌(santalene, 5%), 란솔(*cis*-lanceol, 3%)	
어울리는 향조	캐모마일 저먼, 클라리 세이지, 클로브 버드, 페넬, 프랑킨센스, 그레이프프루트, 재스민, 라벤더, 만다린	
일반 특성	수피는 어두운 갈색, 붉은빛을 띤 어두운 회색이거나 거의 검은색	
적용 효과	진정, 이완·불안·긴장 해소, 구토·딸꾹질·복통 해소, 설사·오심·속쓰림 치료, 피부 균형 유지, 항염 작용, 습진·알레르기성 염증 치료, 질 세척 효과, 생식기 청결, 폐경기 증후군을 완화하는 데 효과가 있다.	

시나몬(cinnamon)		
학명	*Cinnamomum zeylanicum*	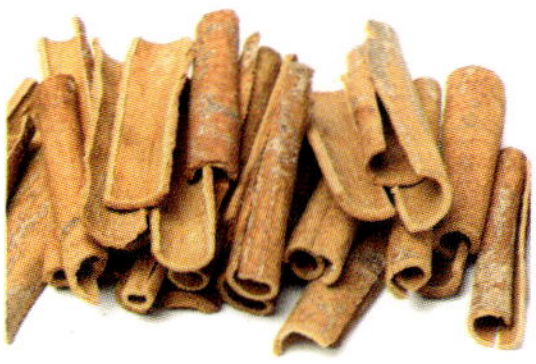
원산지	실론, 중국, 인도	
추출 부위/추출 방법	나무껍질/스팀 증류법	
휘발성/강도	베이스 노트/7	
향기 특성	스파이시 향, 강렬한 향	
주된 향기 성분	유제놀(eugenol, 80~96%), 시남알데하이드(cinnam-aldehyde, 3%), 리날로올(linalool, 2%), 유제놀 아세테이트(eugenol acetate, 1%)	
어울리는 향조	오렌지, 클러브 향, 오리엔탈, 플로럴	
일반 특성	15m 높이에 가지가 무성한 관목성 상록수로, 이 나무의 껍질을 계피라고 한다.	
적용 효과	장내 감염, 위통 완화, 강장 작용, 항균 효과, 이뇨 작용, 자연적인 벌레 퇴치, 경련, 발작, 성욕 부진, 항부패 작용, 쇠약증에 효과가 있다.	

베티베르(vetiver)		
학명	*Vetiveria zizanoides*	
원산지	지중해 연안 국가	
추출 부위/추출 방법	줄기, 뿌리/수증기 증류법	
휘발성/강도	베이스 노트/5	
향기 특성	따뜻하고 깊은 향, 곰팡내, 담배 냄새와 유사한 나무 향	
주된 향기 성분	베티베롤(vetiverol, 50~75%), 베티베론(vetiverone), 베티벤(vetivene)	
어울리는 향조	로즈, 샌들우드, 라벤더, 파촐리, 일랑일랑, 바질, 시나몬, 네롤리, 제라늄, 클라리 세이지	
일반 특성	짙은 오렌지색(또는 갈색)으로 점도가 약하고, 흙 향이 다른 향과 섞였을 때 향을 안정적으로 잡아 주는 역할을 하여 고급 향수, 목욕 용품, 화장품 등에 많이 사용한다.	
적용 효과	기분 상승, 진정 작용, 공포, 스트레스, 긴장 완화, 심리적 문제, 해열 작용, 불면증 해소에 효과가 있다.	

시더우드(cedarwood)		
학명	*Cedrus Atlantica(White)*	
원산지	모로코	
추출 부위/추출 방법	삼나무/수증기 증류법	
휘발성/강도/증발률	베이스 노트/4/97	
향기 특성	상쾌하고 그윽한 향, 발삼 향, 깊은 나무 향	
주된 향기 성분	투욥센(thujopsene, 47%), α-세드롤(α-cedrol, 11%), 위드롤(widdrol, 9%), 쿠파렌(cuparene, 4%)	

어울리는 향조	로즈우드, 베르가못, 사이프러스, 주니퍼 베리, 클라리 세이지, 프랑킨센스, 베티베르, 네롤리, 로즈메리, 일랑일랑
일반 특성	시체용 방부제로 사용한 기록(이집트)이 있을 정도로 방부·살균 작용이 뛰어나다. 다른 오일과 잘 혼합되어 향수 고착제로 많이 사용한다.
적용 효과	불안·간장 완화, 진정·항염, 방광염·임질·요도관 장애 치료에 효과가 있다.

진저(ginger)

학명	*Zingiber officinale*
원산지	중국, 말레이시아, 인도
추출 부위/추출 방법	뿌리/수증기 증류법
휘발성/강도	미들 노트/7
향기 특성	매콤하고 날카로운 향, 캠퍼 향, 향긋한 감귤 향
주된 향기 성분	진저베렌(zingiberene, 36%), 시트랄(citral, 1.4%), 캄펜(camphene, 1%), 네롤(nerol, 0.2%)
어울리는 향조	샌들우드, 프랑킨센스, 파촐리, 로즈우드, 베티베르, 로즈, 시더우드, 네롤리, 오렌지 스위트, 라벤더
일반 특성	주변에게 쉽게 구할 수 있는 향이다. 강장, 진통, 해열, 흥분 등의 작용을 하여 간을 보호하고 허브나 약물의 흡수력을 증가시키는 역할을 해서 식품, 약품, 음료 등에 사용한다.
적용 효과	진통, 구풍, 방부, 거담, 완화제, 발작, 해열, 촉진, 강장, 건위, 발한에 효과가 있다.

4. 기타 수지상 소재

프랑킨센스(frankincense)

학명	*Boswellla carteri*
원산지	소말리아, 동남아시아, 북동아프리카
추출 부위/추출 방법	수지/수증기 증류법
휘발성/강도	베이스 노트/7
향기 특성	발삼 향, 나무 향, 스파이시 향, 캠퍼 향, 약한 레몬 향
주된 향기 성분	피넨(pinene, 10~51%), 보르네올(borneol), 리모넨(limonene, 6~22%), 사비넨(sabinene, 0~6%), 투옌(thujene, 0~5%)
어울리는 향조	라벤더, 샌들우드, 만다린, 파촐리, 재스민, 일랑일랑, 로즈, 시나몬, 제라늄, 시더우드, 진저, 클라리 세이지
일반 특성	연한 암갈색 또는 연노랑의 녹색빛이 돌며, 향기는 은은한 그린 레몬 노트처럼 상쾌하고 테르펜 향과 유사하다.
적용 효과	방부성, 구풍, 수렴, 반흔 치료, 세포 방어, 거담, 통경, 진정, 이뇨, 상처 치료, 자궁 기능 강화에 효과가 있다.

몰약(myrrh)	
학명	*Commiphora myrrha*
원산지	중동, 북아프리카, 리비아, 이란
추출 부위/추출 방법	나무의 진/수증기 증류법 또는 용매 추출법
휘발성/강도/증발률	베이스 노트/7/100
향기 특성	연기 냄새가 섞인 듯한 향과 사향류의 향
주된 향기 성분	쿠르제렌(curzerene, 12%), 푸라노에우데스마 1,3-디엔(furanoeudesma-1,3-diene, 13%)
어울리는 향조	주니퍼 베리, 샌들우드, 레몬, 제라늄
일반 특성	쓴맛이며 노란색을 띤 적갈색의 함유 수지 고무이다.
적용 효과	항진균, 구강 위생, 피부 미용, 지혈 작용, 진통·두통 완화, 항산화 작용, 구충, 혈당 수치 안정, 심신 안정에 효과가 있다.

제9장

향기 요법 (아로마테라피)

1. 아로마테라피란
2. 아로마 오일
3. 캐리어 오일
4. 아로마테라피의 사용법
5. 아로마테라피 적용 예

1. 아로마테라피란

아로마테라피(aroma therapy)란 글자 그대로 향(aroma)으로 인간의 질병을 치료하는(therapy) 대체 의학의 한 유형이다. 좀 더 구체적으로 표현한다면 자연(대부분이 식물)에서 추출한 휘발성 정유 성분인 에센설 오일을 흡입하거나 목욕, 마사지 등의 방법을 이용해 신체에 유입되어 뇌에 전달되면, 면역계를 활성화해서 몸과 마음을 건강하게 유지하는 전인적 치유 방식이다. 즉, 자연에서 유래한 아로마 에센셜 오일에 존재하는 천연 화학 성분이 인체에 작용하여 스트레스나 심신 불균형 상태를 균형과 조화를 이루도록 자가 면역을 증강시켜 치유해 주는 방법이다.

일상생활에서 아로마테라피는 간편하고 스스로 자신에게 직접 적용할 수 있어서 대중적으로 인기가 높고 다양하게 활용된다. 예를 들어 스트레스와 우울증 등의 심리 치료, 균형 있는 신체 기능, 성 기능 강화, 피부 미용, 아토피 치료, 주변 환경을 일순간에 바꾸는 방향 효과 등에도 사용된다. 이처럼 아로마테라피는 인간의 환경과 생활에 변화를 줄 뿐 아니라 질병 치료에까지 영역을 점차 넓혀 가고 있다.

가시광선이나 눈으로 볼 수 없는 자외선·적외선 등과 같은 시각을 비롯해 주파수를 이용한 청각과 함께 후각을 통하여 맡을 수 있는 냄새 등 오감 자극을 이용한 치료법은 최근 전 세계적으로 다양하게 개발되고 있다. 이와 같은 치료 효과는 의학적 실험으로도 계속 검증되고 있어 아로마는 단순한 대체 요법의 차원을 넘어 오늘날에는 현대인의 생활 깊숙이 자리 잡고 있다.

1) 아로마테라피의 역사

에센설 오일(향유 또는 정유)을 보관한 향유 병이 고대 문명 지역인 이집트, 중동 지역과 중국에서 발견되는 것을 보면 그 역사는 기원전 5세기까지 거슬러 올라간다. 또한 이집트에서는 향유를 시신의 방부 처리, 미용, 의료의 목적이나 중요한 의식 등에서 매우 다양하게 사용했다는 기록이 있다.

>>> 향료의 역사는 제3장에서 자세히 설명하였다.

의학의 아버지로 불렸던 그리스의 히포크라테스(Hippocrates)도 자신의 저서에서 수많은 약용 식물을 소개하였으며, 아우렐리우스의 주치의였던 갈렌(Galen)은 약용 식물 요법의 이론을 만들었다. 그리스 시대를 거쳐 로마 시대에는 향료의 대중화 시대가 도

래하였다. 로마 시대 의학자였던 디오스코리데스(Pedanios Dioscorides)는 서기 50~70년경에 600여 종 이상의 식물, 35종의 동물성 약물, 90종의 광물성 약물 등을 수록한 총 5권의 약물학 전집인 『약물에 대하여(De materia medica)』를 펴냈다. 이 책은 1500년 이상 널리 애용되어 온 서양 약학의 근본이 되었다. 그 당시에 향료로부터 방향성 물질을 유분에 용해하는 방법이 개발되어 귀족층은 향유를 욕실, 침실, 식탁 등에 여러 용도로 사용하였고, 서민층은 훈향(fumigation) 형태로 피워 사용하였다.

19세기로 접어들면서 유기 화학의 발달로 향료 산업이 발전하였다. 알코올이 공업적으로 싼 값에 제조됨으로써 향수가 일반에게 널리 보급되었으며, 또 합성 향료가 출현하게 되었다. 그러나 아로마테라피가 치료의 한 분야로 등장한 것은 프랑스 화학자인 르네 모리스 가트포세(Rene Maurice Gatefosse)와 군의관이었던 장 발네(Jean Valnet), 그리고 생화학자인 마그리트 모리(Marguerite Maury) 등이 노력한 결과였다. 1910년대에 향수 산업에 종사하던 가트포세는 실험실에서 일어난 폭발 사고로 손에 심한 화상을 입었는데, 그 즉시 라벤더 오일(lavender oil) 통에 손을 담근 사건이 계기가 되었다. 신기하게도 화상이 감염되지 않고 상처도 빨리 치유되는 것을 보고, 라벤더 오일이 치료·소독 효과가 있다고 확신한다. 그 후 그는 다른 오일로도 여러 가지 실험을 시도하였고, 그것들 역시 피부 질환에 소독, 살균, 진정, 소염 작용 등의 효능이 있다는 것을 알게 되었다. 그는 1937년에 『아로마테라피(Aromathérapie – les huiles essentielles hormones végétales)』를 발간하였고, 아로마테라피란 용어도 처음 명명하였다.

장 발네는 제1차 세계대전 당시 군의관으로 근무하면서 아로마 에센셜 오일을 이용해 부상병을 치료했을 뿐만 아니라 환자들의 정신 치료에도 사용하였다. 전쟁이 끝나고 1964년에는 아로마테라피 최초의 임상 교과서인 『아로마테라피의 치료(The Practice of Aromatherapy)』를 출간하였다. 한편 마그리트 모리는 생화학자로 아로마테라피를 이용한 피부 재생과 노화 방지에 관심이 많았다. 모리는 에센셜 오일을 치료 및 화장용으로 확대하는 연구를 통하여 피부 미용에 아로마 에센셜 오일을 적용한 아로마 마사지법을 창시하였다.

이처럼 아로마테라피는 새로운 기술이 아니라 수천 년에 걸쳐 검증을 완료한 치료법이라고 볼 수 있다. 그러나 화학 합성 약물이 활발하게 개발된 20세기 후반까지도 현대 의학에서는 아로마테라피와 같은 천연 물질을 이용한 치료법에는 관심이 적었다. 최

훈증 요법　　　흡입법　　　마사지법

그림 9-1 **아로마테라피의 종류**

근에는 대학교와 병원에서 아로마테라피를 연구하고 치료에 사용하기 위해 적극적으로 나서고 있는 추세이다. 또한 아로마테라피의 적용 범위는 의학적, 미용적, 화학적, 산업적 및 일상생활에까지 확산되고 있다.

2) 아로마테라피의 생리적 기능 효과

아로마테라피는 다양한 식물의 정유(essential oil)에서 나온 약물 성분을 이용하는 생약 요법의 한 분야이다. 이들 정유(향유)는 다양한 꽃, 뿌리, 잎, 나무껍질, 과일 껍질에서 증류나 냉각 압축 등의 다양한 과정을 거쳐 추출한 분자량 300 이하의 휘발성이 강한 물질로서 향내와 인화성이 강하다. 대체로 향기 요법이 단순한 냄새 효과로 잘못 인식될 수 있으나, 사실 정유에는 독특한 약리학적 성질이 있고, 또 그 성분의 분자가 아주 작아서 인체 조직 속으로 쉽게 침투할 수 있어서 치유 효과를 높인다.

아로마테라피는 국소의 부작용을 최대한 억제하고 면역력과 생리적 기능성을 강화하는 작용을 함로써 전인 치유(holism) 효과를 나타낸다. 즉, 증상에만 집착하여 치료하지 않고 그 원인과 다른 요인의 관계성을 파악하여 넓은 의미의 치료를 펼쳐 가는 것을 의미한다. 이는 특히 신경·정신과 질병으로 불안증, 우울증, 불면증부터 피부과 질환인 여드름, 습진, 노화성 피부, 여성 질환, 순환기 장애에 이르기까지 다양하게 사용하고 있다. 이러한 전인적 요법이 스트레스와 강박 관념 때문에 수많은 질환을 호소하는 현대인의 욕구와 잘 맞아떨어져서 아로마테라피가 최근에 더욱 각광받는 이유가 된다.

후각은 우리의 오감 중에서 가장 예민하므로 냄새가 향기 분자의 형태로 코점막에 도달하면 이 부위의 말초 신경에서 전기 신호로 바뀌고, 이렇게 생긴 전기 정보는 우리의 감정을 좌우하는 변연계(limbic system)로 들어간다. 번연계는 해마(hippocampus), 해마옆이랑(parahippocampal gyrus), 대상피질(cingulate gyrus), 전전두피질(prefrontal cortex)로 구성된 피질 영역과 편도체(amygdala), 중격핵(septal nucleus), 중격의지핵(nucleus accumbens), 뇌궁(fornix)으로 구성된 피질하 영역과 간뇌 구조물로 구성된다.

>>> 냄새 물질의 흡수 경로는 제2장 냄새 인식 메커니즘과 냄새 분류를 참고하기 바란다.

피질 영역은 기억의 형성과 저장, 감정의 형성과 처리, 인지 기능, 성격, 의사결정을 맡고, 피질하 영역은 감정과 쾌락의 처리, 보상, 중독 행동뿐만 아니라 해매와 시상하부, 중격 등 다른 뇌 부위를 연결하는 기능을 한다. 따라서 변연계는 자신의 과거 경험·감정과 직결되는 부분이지만 심장 박동, 혈압, 호흡, 기억, 스트레스의 수준, 호르몬의 균형 등과도 연결되므로 정유 성분은 생리적 또는 심리적 효과를 가장 빠르게 일으키는 수단이 될 수 있다. 이러한 아로마테라피의 복합 작용으로 특정 질병이나 증상에 긍정적 영향을 끼친다.

재스민과 네롤리 오일은 우울증을 개선하고 마조람은 불안증을 해소하며 페퍼민트는 정신 집중력을 향상한다. 특히 아로마테라피의 선두 주자인 미국의 존 스틸(John Steele)은 영국의 로버트 티세란드(Robert Tisserand)와 함께 향유의 뇌파 분석 연구를 통하여 안정감(또는 진정 효과)이 있는 오렌지·재스민·로즈 등의 향유를 맡으면 진정 효과가 있고, 바질·페퍼·로즈메리·카다몬 등과 같은 자극적인 향유는 흥분 반응을 일으키는 뇌파를 유도한다고 하였다. 또한 약리적으로는 항생제, 항바이러스, 항염·살균 효과가 있으며 이뇨 작용, 혈관의 확장·수축 작용, 방부 작용 등의 치료 효과를 나타낸다.

최근 향유의 뇌파 분석을 통한 기능적 효과는 감성 공학 분야에서 활발히 연구·발표되고 있으며, 그 결과를 심리 치료 또는 마케팅 분야에도 적용하고 있다. 또한 KERIS, KISS, DBpia, 코크란 라이브러리(Cochrane Library), 오비드 메드라인(Ovid-Medline)과 펍메드(Pubmed)를 통해서 2000년부터 2014년까지 연구 발표된 총 20개의 연구에서 대상자 1,029명을 메타 분석한 결과를 보면, 아로마테라피가 통증 완화에도 매우 효과적인 결과를 나타냈다. 첨단 의학 분석 기기로 밝혀진 향유의 생리적 기능 효과는 대체 의학으로서의 아로마테라피가 현대 의학에서 차지하는 역할이 점차 확대될 것으로 기대된다. 향기 요법의 수요는 날이 갈수록 늘어날 것이며 미래에는 스트레스 관리에서 빼놓을 수 없는 매우 중요한 요법으로 각광받을 전망이다.

2. 아로마 오일

1) 아로마 오일이란

아로마 오일(에센셜 오일, 또는 정유)이란 식물에서 추출한 방향성 화합물을 함유한 식물 농축액으로, 식물의 다양한 부위에 존재하며 오일마다 자신만의 독특한 화학적 구성을 지닌다. 또한 식물 자체의 번식·성장에 관여하며 외부로부터 자신을 보호하고 식물의 고유한 자연 치유적인 생화학적 성분을 지닌 유기 화합물로서 식물의 2차 대사 과정에서 생성된다. 이러한 정유 성분은 소독·방부 효과가 뛰어나 인류의 오랜 역사와 함께 공존하였다.

인체에 사용할 수 있는 오일은 300여 종 이상이며 그 가운데 60여 종이 실생활에 많이 활용되고 있다. 에센셜 오일의 종류에 따라 추출 부위가 다르며 식물에서 추출되는 향유의 양은 극히 미량이다. 그리고 정유의 질은 토양, 기후, 화학 비료 사용 등과 같은 생태학적 요소와 수확 시기, 유전 요소, 특정 화합물의 함유량 등에 따라 구분된다. 따라서 유기농 재배 여부나 원산지 등이 품질의 부가가치에 결정적인 요소로 작용한다.

2) 아로마 오일의 추출 부위와 추출 방법

아로마 오일은 각종 식물의 꽃, 잎, 열매, 줄기, 뿌리 등에 따라 추출 방법이 다양하다. 또, 그에 따라 추출 성분이 달라지고 함유량도 매우 다양하므로 추출법은 매우 중요하다. 이 장에서는 아로마 오일의 추출 부위와 추출 방법을 간단하게 설명하고자 한다.

>>> 향료의 분류 및 추출법은 제4장, 향기 성분의 분석은 제6장에서 설명하였다.

(1) 추출 부위

아로마 오일을 추출할 때 채취하는 식물의 부위를 정리하면 다음 [표 9-1]과 같다.

표 9-1 **아로마 오일을 추출할 때 채취하는 식물의 부위**

채취 부위	식물의 종류
꽃	금잔화, 다마스커스 라벤더, 수선화, 오렌지꽃, 은방울꽃, 일랑일랑, 로즈, 재스민, 치자꽃, 캐모마일, 튜베로즈 프리지어 등
열매 껍질	레몬, 라임, 오렌지, 만다린, 베르가못 등의 감귤류
잎	박하, 레몬그라스, 팔마로사, 녹나무, 월계수, 유칼립투스
열매, 씨앗	너트멕, 베리, 블랙커런트, 와일드 카다뭄, 통카 빈, 플럼(서양자두)
뿌리	베티베르, 진저 등
수지, 나무껍질	로즈우드, 발삼, 샌들우드, 시나몬, 시더우드, 앰버 등

장미(로즈)

오렌지

페퍼민트

너트멕

베티베르

샌들우드

그림 9-2 **아로마 오일을 추출할 때 사용하는 식물**

(2) 추출 방법

아로마 오일을 추출하는 방법으로는 증류법, 압착법, 용매 추출법이 있다. 증류법에는 물 증류법, 수증기 증류법, 물과 수증기 증류 혼합법이 있다. 압착법은 에큐엘(ecuelle)이라는 기구를 이용하는 에큐엘법, 스펀지법, 기계적 방법 등이 있다. 용매 추출법에는 비휘발성 용매와 휘발성 용매를 이용하는 2가지 방법이 있는데, 비휘발성 용매를 이용하는 방법은 냉침법과 온침법으로 나뉜다. 휘발성 용매를 이용하는 추출법에서는 석유에테르(petroleum ether)를 많이 사용한다. 그 밖에 이산화탄소(CO_2)를 이용한 초임계 유체 추출법 등이 있다.

»» 초임계 유체 추출법은 제6장 향기 성분의 분석을 참고하기 바란다.

3) 아로마 오일의 흡수 경로

아로마 오일은 2가지 경로로 체내로 흡수된다. 첫 번째는 호흡계와 후각 기관을 통하여 흡입되는 경로이며, 두 번째는 피부에서 체내에 흡수되어 혈류로 들어가 몸 전체로 순환되는 방법이다. 후각 신경은 다른 감각보다 예민해서 오일의 흡수 속도도 가장 빠르다. 피부에서 흡수된 오일 성분은 진피층에까지 이르러 모세 혈관과 임파 순환을 통해 전신에 전달되는데, 이때 친화력이 있는 특정 기관에 머물며 질병을 치유한다.

(1) 호흡계 및 후각 기관

아로마 오일의 휘발성 물질은 코로 흡입되어 후각 수용체에 흡착된 다음, 생성된 전기 신호는 후각부(사구체)를 통해 뇌의 변연계로 전달되어, 기억과 감정 행동에 관여하는 기능을 가진 냄새를 구별하여 느끼고 의식적으로 생각하게 된다. 계속해서 대뇌피질과 시상하부를 통해 내분비 기관과 자율 신경계로 이동된다. 아로마 오일을 코로 들이마시면 일부 방향성 분자가 폐를 통해 흡수되어 혈류로 들어갈 수도 있다. 각각의 에센셜 오일은 적어도 200~300여 개 이상 서로 다른 방향성 분자들의 혼합물이다. 이러한 휘발성 화합물이 서로 결합하여 각각의 개별 오일에 독특한 향기와 특정한 치유 특성을 나타낸다.

① 후각 기관을 통한 흡수

코 → 후각 수용체 → 사구체 → 후각 신경 → 변연계 → 뇌피질 → 시상하부 → 뇌하수체 → 호르몬 → 자율 신경계

② 호흡 기관을 통한 흡수

코 → 비강 → 인두 → 후두 → 기관지 → 폐포 → 혈관 → 몸 전체

(2) 피부계

아로마 오일은 치유 효능이 있는 것으로 알려진 테르펜류와 그 유도체 물질로 구성된다. 이들 정유 성분은 휘발성이 강한 향기 성분으로 분자량이 대체로 300 dalton 이하인 저분자 화합물이므로 피부에서 직접 혈류로 흘러들어 갈 수 있는 능력을 갖추고 있으며 그다음에 몸 전체로 순환할 수 있다. 또한 고도로 농축된 정유 성분이므로 농도

가 매우 높아 신체에 적용하려면 캐리어 오일(식물성 오일)이나 다른 베이스에 반드시 희석하여 사용하여야 한다. 피부를 통한 아로마 오일의 흡수 경로는 표피(0.1~0.8mm, 각질층, 과립층, 유극층, 기저층) → 진피 → 체액 → 림프계 → 혈액 → 온몸이다.

4) 아로마 오일의 분류와 블렌딩

아로마 오일은 종류마다 특성이 있어서 한 종류만 사용할 때보다 블렌딩하면 치료의 상승 효과가 매우 크다. 이때 가장 먼저 고려하여야 할 것은 정신적 또는 신체적으로 미치는 치료 효과를 목적으로 아로마 오일을 분류하는 것이다. 그다음으로 향기의 유형에 따라 향을 분류하는 것이며, 마지막으로 향기의 지속력을 유지하기 위해서 휘발성 효과에 따라 분류한 노트(note)이다. 실제로 향의 분류나 조향은 조향사마다 매우 다양하지만, 보통 아로마 오일을 2~3가지 섞으면 시너지 효과가 크게 나타난다.

(1) 향기의 효능에 따른 분류

아로마 오일의 향기 성분을 GC-MSD로 분석하여 보면 적어도 200~300여 종으로 구성된다. 그리고 동정된 휘발성 화합물의 생리적 기능 효과는 매우 다양하다. 따라서 특정한 아로마 오일만 어떠한 효과가 있다고 단정하기에는 무리가 있다. 네롤리(neroli)를 예로 들면 리날로올(linalool)이 정량적으로 가장 많이 함유되어 있으며(44~54%), 리모넨(limonene), 리날릴 아세테이트(linalyl acetate), 피넨(pinene) 등과 같이 테르펜 화합물도 래디칼(radical)에 따라 분류되고 특성이 달라지는 경우가 많다.

>> 그동안 밝혀진 아로마 오일의 치료 효능은 제8장 아로마 오일의 용도와 특성에서 구체적으로 설명하였으므로 참고하기 바란다.

일반적으로 정신적인 면이나 신체의 순환기계, 신경계, 소화기계, 호흡기계, 근육계, 비뇨 생식기계 등의 치료 효능은 다음과 같이 4가지로 간단히 나눌 수 있다. ① 활력을 부여하는 효과, ② 진정 작용 효과, ③ 해독 작용 효과, ④ 긴장 완화 효과 등이다.

(2) 향기의 종류에 따른 분류

향장품용 향료를 개발하는 조향사(perfumer)가 활용하는 천연 향료의 향조(note)는 12개로 감귤 향(citrus), 나무 향(woody), 스파이스 향(spicy), 오렌지꽃 향(orange flower), 아니스 향(anise), 로즈 향(rose), 러

>> 아로마 오일의 휘발성 및 향기의 강도는 제8장에 구체적으로 정리하였으니 참고하기 바란다.

>>> 외젠 림멜(Eugène Rimmel)은 상업용 화장품을 최초로 제조하고 마케팅을 담당하였다. 조향사가 활용하는 향기 분류를 더 자세히 알고 싶다면 제2장 '림멜의 분류'와 제11장 '천연 향료의 향기와 기억 훈련표'를 참고하기 바란다.

스틱 & 캠퍼 향(rustic & camphor), 발삼 & 앰버 향(balsam & amber), 꽃 향(floral), 레진 향(resin), 시트로넬라 향(citronella), 민트 향(mint)이다. 또한 조향사의 경험으로 18종의 냄새를 분류한 림멜(Rimmel)의 분류법이 있는데, 이는 많은 조향사가 모델로 사용하고 있다.

(3) 향의 휘발성 정도에 따른 분류

아로마 오일을 블렌딩할 때 목적에 맞는 향을 만들고 향의 지속력을 유지하려면 향의 밸런스가 맞아야 한다. 향의 휘발성 정도에 따라 분류한 상향(top note), 중향(middle note), 하향(base note)을 균형 있게 혼합하여야 시너지 효과가 나타난다. 향의 밸런스는 통상 상중하의 배합 비율이 1 : 2 : 1이거나 선택한 아로마 오일이 지닌 향기의 강도에 따라 조절될 수도 있다. [표 9-2]는 아로마 오일을 향의 휘발성 정도에 따라 분류한 것이다.

표 9-2 **향의 휘발성 정도에 따른 아로마 오일의 분류**

구분	설명
상향	• 휘발성이 강하여 첫인상을 결정한다. • 확산성과 침투력이 강하다. • 전체 향의 20~40% 범위를 차지하도록 조정한다. • 향기의 지속 시간은 조성에 따라 다르지만 대략 3시간 이내이다.
중향	• 에센셜 오일의 중심이 되는 향으로, 대부분 여기에 속한다. • 상향과 하향을 연결하여 주며, 플로럴 향조로 부드럽고 따뜻한 느낌을 준다. • 전체 향의 50~80% 범위를 차지하도록 조정한다. • 향기의 지속 시간은 조성에 따라 다르지만 대략 6시간~2일 이내이다.
하향	• 휘발성이 매우 낮아 향기를 오랜 시간 지속시키는 고착제로 이용된다. • 전체 배합을 안정되게 유지하고 피부 깊숙이 침투한다. • 전체 향의 10~20% 범위를 차지하도록 조정한다. • 향기는 대략 3일~1주일 정도 지속되며 우디, 앰버, 머스크 노트로 구성된다.

3. 캐리어 오일

1) 캐리어 오일의 종류

아로마 오일은 농도가 매우 높아서 블렌딩을 하여야 하고, 피부에 마사지나 아로마테라피를 할 적에는 반드시 희석해서 사용하여야 한다. 이때 사용하는 식물성 오일을 캐리어 오일(carrier oil)이라고 하는데, 주로 식물의 씨앗이나 과육에서 추출한다. 캐리어 오일은 압착법으로 추출한 100% 천연 오일이며, 상온에서는 액체 상태인데 분자가 커서 피부에 쉽게 침투하지 못하는 대신에 아로마 오일을 전달하는 매개체 역할을 한다. 다만 이들 성분 중에서 다량의 불포화 지방산과 비타민, 미네랄 등의 영양 성분은 피부에 침투하여 진정 효과와 피부 연화에 영향을 주므로 불휘발성 향유(fixed oil)라고 한다. [표 9-3]은 캐리어 오일의 종류를 정리한 것이다.

표 9-3 **캐리어 오일의 종류**

종류	설명
살구 씨 오일 (apricot kernel oil)	엷은 노란색으로 무향이며 미네랄, 비타민 A, B가 들어 있어 피부 통증을 완화해 준다. 피부 탄력, 소염, 혈액 순환에 좋고 흡수력이 뛰어나다. 얼굴, 어린이, 노화, 건성 피부에 사용한다.
아보카도 오일 (avocado oil)	짙은 녹색의 독특한 향이 나며 비타민 A, B, E와 미네랄, 단백질, 레시틴, 필수 지방산이 들어 있다. 영양이 부족한 탄력 없는 피부, 건조한 피부의 탈수 현상을 완화한다. 끈적임이 있어서 다른 오일과 블렌딩하면 좋다.
칼렌듈라 오일 (calendula oil)	칼렌듈라(금잔화) 꽃에서 추출한 오일로, 비타민 A, B, D, E와 미네랄이 들어 있어서 항감염, 항경련, 외상 치료, 타박상, 만성 궤양, 건성, 습진 부종에 좋으며 모든 피부에 사용한다.
올리브 오일 (olive oil)	진한 그린색 오일로 미네랄, 단백질, 비타민, 필수 지방산이 많이 들어 있어서 수분 부족, 튼 살에 좋고 류머티즘, 모발 관리, 피부 진정 효과가 있다.
포도 씨 오일 (grapeseed oil)	무향의 오일로 단백질, 비타민, 미네랄이 들어 있으며 끈적임 없이 흡수가 매우 좋다. 리놀레산(linoleic acid)과 비타민 E가 들어 있어서 지성, 여드름 피부에 효과가 있다.
카놀라 오일 (canola oil)	평지 씨에서 추출한 무향 오일로 가볍고 잘 스며들어 마사지나 목욕할 때 사용하면 좋다. 리놀레산과 비타민 E가 들어 있어서 지성, 여드름 피부에 좋다. 리놀레산의 방부 효과와 악취를 막는 효과가 있지만 지방이 산화하기 쉬우므로 냉장고에 보관하여야 한다.
스위트 아몬드 오일 (sweet almond oil)	엷은 노란색 오일로 매우 가벼운 무향이다. 산성화된 피부, 탄력 없는 피부와 통증·염증에 사용하면 효과적이다. 아로마 오일의 침투력을 높여 주지만 저장 기간이 짧아 매번 새로 제조해야 한다.

(계속)

종류	설명
보라지 오일 (borage oil)	피부 세포 재생 효과가 뛰어난 감마리놀렌산(γ-linolenic acid)이 들어 있어서 노화를 막아 주고 폐경기 증후군, 심장병 치료에 뛰어나다. 산화하기 쉬워서 반드시 냉장 보관하여야 한다.
윗점 오일 (wheatgerm oil)	밀 배아에서 추출한 비타민 A, B, E가 항산화 역할을 한다. 건성, 노화 피부에 좋으며, 피부 탄력과 혈액 순환을 돕는다. 무거운 오일로 향이 강해서 다른 오일과 블렌딩할 때에는 소량만 사용한다.
헤이즐넛 오일 (hazelnut oil)	토코페롤이 들어 있는 오일로 피부 보습과 영양 보충에 좋다. 여드름 예방, 수렴 작용 효과가 있어서 얼굴 마사지에도 좋다. 모공 수축과 피지 조절이 뛰어나 지성, 복합성 피부에 좋다. 마사지 오일, 베이비오일, 콜드크림, 립스틱에 사용한다.
호호바 오일 (jojoba oil)	차가운 곳에서 잘 응고되고 보습력과 유화성이 뛰어나 모공이 막히지 않게 하므로 지성 피부에 좋다. 자외선 차단제나 모발 영양제로 효과적이다.
달맞이꽃 오일 (evening primrose oil)	씨에서 추출한 리놀레산과 감마리놀렌산이 들어 있어서 심장병, 습진, 관절염, 혈압에 좋다. 세포 재생, 버짐, 피부염, 상처에 도움을 주는 비싼 오일이다.

2) 아로마 오일과 캐리어 오일의 블렌딩 비율

블렌딩은 캐리어 오일에 아로마 오일을 최대 3% 이내로 희석하는 것이 바람직하며, 얼굴과 같은 얇고 연약한 피부에 사용할 때는 1%로 희석한다. 이때 캐리어 오일은 기능성과 효능을 고려하여 선택한다. 오일을 계량할 적에 통상 오일 1 mL는 20방울을 의미한다. 그리고 1티스푼은 5 mL로 100방울이다. 따라서 마사지용 오일 3%의 희석액을 제조하려면 캐리어 오일 5 mL에 아로마 오일 3방울을 떨어뜨리면 된다.

블렌딩한 오일은 즉시 사용하는 것이 바람직하지만 일주일 이내에는 변하지 않는다. 캐리어 오일은 저장하면 산화해서 불쾌한 냄새가 나고 신선도도 떨어지며, 아로마 오일을 저장하면 향기도 나빠지고 치료 효과도 크게 떨어진다. 따라서 갈색 병에 보관하면 빛의 차단 효과로 저장성이 좋다. 장기 보관할 때에는 맥아유를 10% 정도 첨가하면 항산화 효과를 볼 수 있다. 신선한 오일은 보통 5개월까지 사용할 수 있다.

4. 아로마테라피의 사용법

아로마테라피는 크게 마사지법, 흡입법, 목욕법, 습포법 등으로 나뉜다.

1) 마사지법

마사지는 가장 오래된 아로마테라피 처방법으로, 스트레스를 완화하는 데 매우 효과적인 방법이다. 아로마 마사지는 신진대사 활동을 원활하게 하고 혈액 순환을 도우며 근육이나 신경을 자극 혹은 이완하면서 흡수된 아로마 오일을 가장 필요한 부위로 전달해 준다. 또한 진피층에 흡수된 아로마 오일은 혈액과 림프 순환을 통해 전신을 순환하며 면역 메커니즘을 활성화하여 새로운 세포가 생성되고 노폐물이 배출되는 과정이 촉진되어 피부가 생명력을 갖는다. 한편 휘발되는 향은 후각 신경을 통해 심리적 효과까지 영향을 미쳐 목욕법과 같은 효과를 나타낸다.

마사지는 심장에서 먼 곳부터 시작하여 등, 다리, 발, 팔, 배, 목, 얼굴 순서로 한다. 그러나 염증 상태이거나 정맥류, 혈전증, 정맥염, 심한 부상을 당했을 때, 암과 같은 심각한 질환, 심한 천식, 간질 상태, 수술받은 지 얼마 안 된 환자, 심장병 환자나 임산부 등은 마사지해서는 안 되며, 필요하다면 반드시 전문가가 실시해야 한다.

2) 흡입법

흡입법은 아로마 오일의 향을 흡입함으로써 효과를 얻는 가장 간편한 방법이다. 호흡을 통해 폐로 흡수된 향기 성분이 혈액 순환과 함께 인체의 각 부분으로 빠르게 전달되고 모세 혈관을 거쳐 세포에까지 확산된다.

끓인 물에 블랜딩 오일을 떨어뜨려 흡입하는 증기 흡입법과 손수건, 거즈 또는 베개 등에 아로마 오일을 2~3방울 떨어뜨려 코로 흡입하는 건조 흡입법이 있다. 두 방법 모두 단시간에 강력하게 흡입되므로 기관지염, 감기, 후두염, 편도선, 축농증 등과 같은 호흡기 질환에 아주 효과적이다. 또한 아로마테라피용 램프, 초, 따뜻한 물, 오일 등과 같은 확산 기구를 사용하여 향기 성분을 공기 중으로 방출시키는 아로마 램프 확산법도 있다.

3) 목욕법

목욕법은 가정에서 가장 효과적으로 응용할 수 있는 치료법으로, 육체 치유와 심리 효과에 탁월하다. 욕조에 따뜻한 물을 가득 담고 아로마 오일을 10~20방울 떨어뜨리는 목욕 요법은 마사지를 통해서 아로마 오일이 피부로 흡수되는 경로와 증기 흡입으로 정유가 코와 폐로 침투하는 모든 경로를 단번에 할 수 있는 방법이다. 이 방법은 긴장과 스트레스로 굳어 있던 근육을 이완하여 근육 통증 완화, 피부 질환 치유, 호흡기계의 증진, 스트레스 감소, 혈액과 림프 순환 촉진 등의 기능을 한다.

목욕법은 치료하는 부위와 목적에 따라 방법이 다양하므로 자신의 건강 상태에 따라 적절하게 택하여야 한다. 목욕법의 종류는 전신을 담그는 전신욕, 하반신만 담그는 반신욕, 발만 담그는 족욕, 엉덩이 부분만 담그는 좌욕 등이 있다.

4) 습포법

습포법은 국소 부위에 아로마 오일을 이용하여 증상을 완화하는 요법으로, 통증이 있는 부위를 집중해서 찜질한다. 습포법의 종류는 뜨거운 물을 이용하는 온습포법과 차가운 물을 이용하는 냉습포법이 있다. 온습포법은 근육통이나 염증, 생리통, 정맥류, 노인성 관절염에 효과적이며, 냉습포법은 지혈과 진통을 목적으로 하는 방법으로 편두통, 두통, 뼈나 인대에 손상을 입은 급성 질환에 효과적이다.

마사지법

흡입법

목욕법

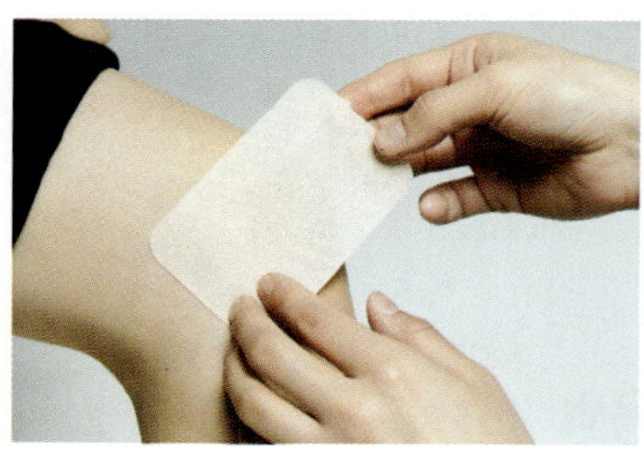

습포법

그림 9-3 **아로마테라피의 사용법**

5. 아로마테라피 적용 예

증상에 따라 아로마테라피를 적용한 예를 [표 9-4]로 정리하였다.

표 9-4 증상에 따른 아로마테라피 적용 방법

증상	아로마테파리 적용 방법	
불면증	흡입법	라벤더 오일 3방울, 캐모마일 로먼 2방울을 섞어 램프에 떨어뜨리고 발산시킨다. 또는 라벤더와 마조람 2~4방울을 섞어서 베개에 뿌린다.
	목욕법	따뜻한 목욕물에 라벤더 6방울을 떨어뜨리고 15분 동안 몸을 담근다.
두통	마사지법	라벤더 2방울을 손에 묻혀 귀와 목 뒤, 관자놀이, 이마, 어깨, 목 등에 문지른다.
	목욕법	따뜻한 목욕물에 마조람 4방울, 케모마일 로먼 4방울, 라벤더 4방울을 떨어뜨리고 몸을 담근다.
정신 피로	흡입법	로즈메리 2방울을 거즈에 떨어뜨린 후 흡입한다. 로즈메리 대신 바질, 로즈우드, 레몬그라스, 레몬, 그레이프프루트를 사용해도 된다.
근육통	마사지법	로즈메리 8방울, 라벤더 7방울, 주니퍼 베리 10방울을 스위트 아몬드(또는 호호바) 50 mL에 넣어 희석한 뒤 아픈 부위에 바르고 마사지한다.
	습포법	따뜻한 물에 캐모마일 로먼, 로즈메리를 각각 2방울씩 넣고 섞은 뒤 거즈를 담갔다가 짜서 통증 부위에 올려놓는다.
감기, 몸살	흡입법	페퍼민트, 로즈메리, 유칼립투스, 네롤리를 각각 1방울씩 섞은 다음, 절반을 아로마 램프에 떨어뜨려 발산시킨다.
	마사지법	라벤더 3방울, 유칼립투스 3방울, 레몬 2방울을 캐리어 오일 15 mL에 섞어서 목 뒤, 가슴, 등, 얼굴 부위에 바르고 마사지한다.

제10장
합성 향료

1. 합성 향료의 분류
2. 환경 안전과 합성 향료

향료는 산업혁명 이후 과학 기술의 발전과 함께 석탄, 석유에서 합성 향료를 만들어 보급하기에 이르렀다. 조향사는 이를 이용하여 다양한 조합 향료를 만들었으며, 또한 다양한 제품에 조합 향료를 적용하면서 더 많은 사람이 즐겨 사용할 수 있게 되었다. 합성 향료는 과학 기술의 발전이 가져다준 혜택이라 할 수 있다. 이 장에서는 합성 향료를 천연 향료와 비교해 보면서 어떤 특징이 있는지 명확히 살펴보고, 또 어떻게 사용하는지 알아보고자 한다.

향료는 [그림 10-1]과 같이 크게 천연 향료와 합성 향료로 구분할 수 있다. 조향사는 제품의 특징을 결정하고 소비자에게 더욱 매력적인 조합 향료를 제공하기 위해 천연 향료와 합성 향료 둘 다 사용한다.

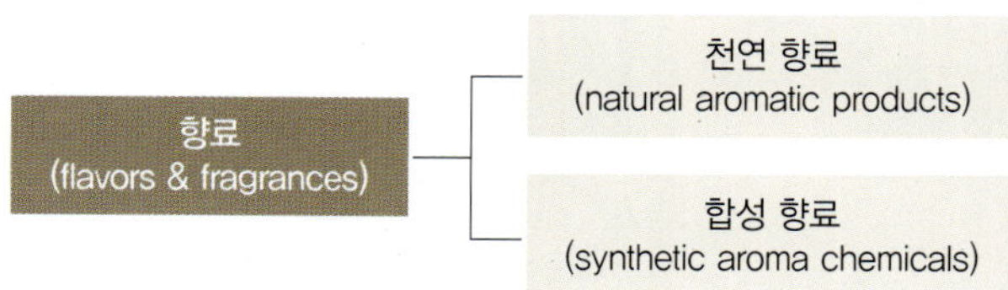

그림 10-1 **향료의 분류**

천연 향료는 상당히 많은 유기 화합물의 집합체이다. 예를 들어 레몬 정유의 향기 성분을 GC-MSD로 분석하면 휘발성 향기 성분이 200여 종 넘게 동정된다. 이에 비해 합성 향료는 단일 순도가 높은 유기 화합물이어서 특유의 향기를 내므로 단품 향료라고도 한다. 이론적으로는 합성 향료를 사용해서 천연물에 포함된 전체 성분을 동일 함량으로 조합하면 완전히 동일한 향기가 나는 향료가 된다. 즉, 천연 향료는 고순도 단품 향료의 조합으로도 표현할 수 있다.

자연의 향기를 완벽하게 재현하는 것은 향료 회사의 중요한 목표이지만 그런 향료를 제품으로 만드는 것도 어려운 게 사실이다. 천연물에서 구할 수 있는 향기 성분은 극히 한정되고 공급량 또한 제한적이고 소량이다. 그러므로 천연 향료로만 표현할 수 있는 향조(note)는 그다지 많지 않다.

예를 들어 식품용 향료 가운데 감귤·사과·포도 등의 과일계 천연 향료는 구하기 쉽지만, 그 외 다수의 식품용 향료 가운데 천연 향료는 매우 부족하므로 단독으로만 사용해서는 목표로 하는 조향을 하기가 어렵다. 천연 향료는 대부분 과일과 식물에서 공급되므로 기후 변화, 천재지변 등의 영향으로 수확량과 품질에서 변동성이 있으며 그 결과 가격 또한 불안정함을 보이는 경우가 많다. 이러한 이유로 향료 회사에서는 천연 향료 단독으로 사용하지 않고 합성 향료와 같이 조합 향료를 만들어 공급하고 있다.

합성 향료는 천연 향료와 달리 대량으로 얻을 수 있는 천연 재료나 석유 제품을 원료로 하여 유기 합성법으로 생산되며 공급량, 품질, 가격 등이 안정적이다. 품질 관리 측면에서 안전성을 엄격히 관리하고 있으며 법적으로 정한 품질 규격을 만족해야 한다. 천연물은 수많은 유기 화합물의 집합체이지만 천연물의 향기를 나타내는 데 휘발성 성분 모두 필요한 것은 아니다.

예를 들어 식품 향료를 개발할 때 대상이 되는 식품의 휘발성 향기 성분을 추출하여 AEDA법과 GC/O법 등의 분석 기술을 사용하여 중요하고 주된 향기 성분(aroma active compounds)을 구명한 뒤 동일한 합성 향료로 조합하면 목적하는 천연물의 향기와 유사한 향료를 제조할 수 있다.

한편 향장품 향료에서는 이미지에 부합하는 합성 향료를 될 수 있는 한 많이 조합하여 새로운 향료를 창조한다. 이것도 합성 향료가 없으면 불가능하다. 즉, 합성 향료의 공급이 가능해지면서 향료에 대한 다양한 수요를 충족시킬 수 있게 되었다.

1. 합성 향료의 분류

일반적으로 합성 향료라고 하면 석유 제품에서 유래한 원료 화합물을 유기 합성법으로 합성한 화합물이라고 생각하기 쉽다. 그러나 합성 향료에는 석유 이외의 천연 원료, 즉 식물이나 동물 유래의 원료에서 증류, 결정화 등의 방법을 사용하여 특정 단독 화합물만을 얻는 단리(isolated) 향료나 그 단리 향료를 사용하여 화학적 방법으로 만든 반합성(semi-synthetic) 향료도 포함된다. 우리나라에서는 단리 향료를 합성 향료로 분류하지만 천연 향료로 분류하는 나라도 있다.

이처럼 합성 향료는 얻어지는 과정에 따라 [그림 10-2]와 같이 세 종류로 구분되며, 이외에 기타 방식의 분류에 따라 설명을 추가하였다. 특히 향료 화합물(향료로 사용하도록 인정받은 화합물)로 사용되는 주요 합성 향료를 예로 들어 각각 어떤 차이가 있는지 살펴보자.

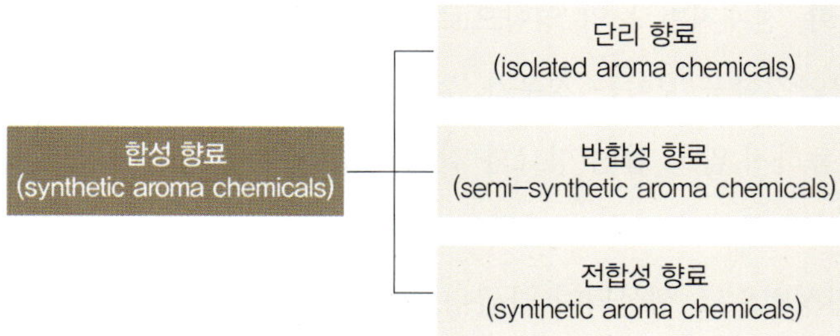

그림 10-2 **합성 향료의 분류**

1) 단리 향료

단리 향료(isolated aroma chemicals)는 천연 원료에 존재하는 향기 성분을 물리적인 조작 또는 화학 처리하여 추출한 것으로, 천연 원료에 인위적인 조작을 많이 하므로 합성 향료로 취급한다. 단리 향료의 예로는 [그림 10-3]과 같이 박하(*Mentha arvensis*) 오일의 *l*-멘톨, 시트로넬라 오일(citronella oil)의 게라니올(geraniol), 정향 오일(clove leaf oil)의 유제놀(eugenol) 등이 있다.

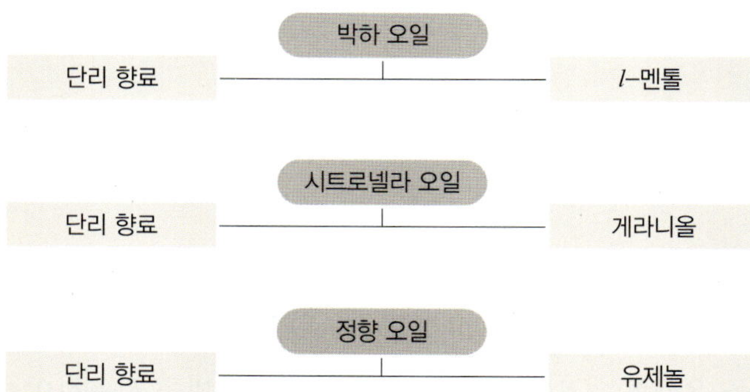

그림 10-3 **단리 향료의 예**

그중에서도 *l*-멘톨($C_{10}H_{20}O$)은 박하를 수증기 증류법으로 얻은 박하 오일을 재결정 처리하여 결정을 얻을 수 있다. *l*-멘톨의 주요 생산지인 인도·중국 등에서 대량 생산되고 있으며, 시원한 청량감 때문에 치약, 구강 청결제, 보디 샴푸 등을 비롯해 추잉 껌, 사탕, 아이스크림 등의 식품 향료 소재로도 폭넓게 사용되고 있다.

멘톨(2-isopropyl-5-methylcyclohexanol)은 8종류의 입체 이성질체가 존재하며 독특

한 시원함이 있는 향미로 본체는 *l*-멘톨이다. 박하 오일에는 65~85%, 미국의 페퍼민트 (*Mentha pipperita*) 오일에는 40% 정도 함유되어 있다.

2) 반합성 향료

반합성 향료(semi-synthetic aroma chemicals)는 천연 원료에서 추출된 단리 향료를 기본 원료로 하고 화학 반응을 이용하여 새로운 물질로 변환한 것이다. 여기에는 [그림 10-4]와 같이 *d*-리모넨(*d*-limonene)을 원료로 하여 제조한 *l*-카르본(*l*-carvone), 시트랄(citral)을 원료로 하여 제조한 아이오논(ionone)과 메틸아이오논(methyl ionone), 피넨(pinene)을 원료로 하여 제조한 테르피네올(terpineol) 등이 잘 알려져 있다.

>> 박하 오일은 식물의 정유 성분을 증류하여 얻은 향료를 대표한다.

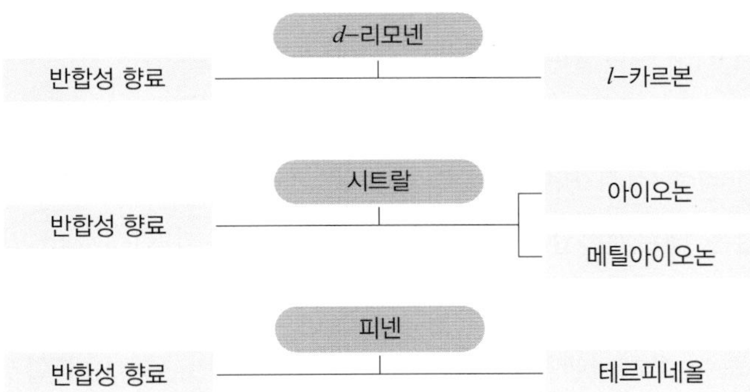

그림 10-4 **반합성 향료의 예**

한편 단리 향료에서 박하 오일을 재결정 처리하여 얻을 수 있는 *l*-멘톨은 그 특유의 청량감 때문에 세계적으로 수요가 증가하였으며, 이에 따라 가격 또한 지속적으로 상승하였다. 자연에서 얻을 수 있는 양으로는 단리 향료의 대표라 할 수 있는 *l*-멘톨의 수요를 감당할 수 없게 되자 일본 다카사고(高砂) 향료공업주식회사에서 β-피넨(β-pinene)을 사용하여 *l*-멘톨을 반합성할 수 있는 기술을 개발하였고, *l*-멘톨을 단리 향료와 더불어 반합성 향료로 공급할 수 있게 되었다. 다카사고 향료공업주식회사는 이를 기반으로 다국적 향료업체가 되었다.

이후 반합성 향료인 *l*-멘톨은 독일 심라이즈(Symrise)사에서도 생산이 이루어졌으며 지금은 바스프(BASF)사에서도 생산되어 전 세계 *l*-멘톨 수요를 충족시키고 있다. 이 반합성 *l*-멘톨은 단리 향료인 β-피넨을 사용한다. 이 β-피넨은 제지 회사가 종이 펄프를 만들 때 부산물로 생성되는 테르펜 오일(terpene oil)을 정제하여 얻을 수 있는 단리 향료이다.

β-피넨은 열분해 반응에 의해 미르센(myrcene)으로 유도된 후 질소를 포함하는 중간체로 변환된다. 이 함질소 중간체에 대하여 노요리 료우지(野依良治, 2001년 노벨화학상 수상) 등이 개발한 '부제 촉매'를 사용한 부제 이성화 반응을 진행하여 *l*-멘톨이 되는 데 필요한 부제 탄소가 도입된다. 여기에서 얻은 광학 활성 중간체는 순차적으로 (R)-시트로넬랄〔(R)-citronellal〕, *l*-아이소풀레골(*l*-isopulegol)로 변환되어 최종으로 *l*-멘톨을 얻는다.

3) 전합성 향료

마지막으로 석유 유래의 원료를 사용한 전합성 향료(synthetic aroma chemicals)를 살펴보자. 로슈 프로세스(Roche process)는 아세톤과 아세틸렌을 출발 물질로 메틸헵테논(methyl heptenone)을 거쳐 비타민 A와 E 등을 전합성하는 방법으로 로슈사에서 개발하였다. 이 방법은 테르펜화합물의 합성과 관계가 없는 카롤(carroll) 반응과 에티닐화 반응 방법을 통하여 싼값으로 생산할 수 있게 된 아세톤이나 다이케텐(diketene)과 같은 원료를 이용하여 아세틸렌을 출발 물질로 하는 비타민 A와 E의 합성법을 산업적으로 더 발전시킨 것이다.

[그림 10-5]에 나타낸 것과 같이 먼저 아세톤과 아세틸렌의 에티닐화 반응으로 3-메틸-1-부틴-3-올(3-methyl-1-buthyne-3-ol)이 만들어지고, 반환원한 후 카롤 반응으로 열쇠 물질인 메틸헵테논이 합성되면 다시 에티닐화 반응을 통해 다이하이드로리날로올(dihydrolinalool)이 생성된다. 이를 반환원하면 리날로올(linalool)이 만들어지는 것은 물론이고, 아이소프로페닐 에테르(isopropenyl ether)로 열분해하는 방법, 알킬 에테르(alkyl ether)로 카롤 반응을 행하는 방법, 초산 에스테르로 유도하여 특수한 촉매로 분해하는 방법으로 시트랄을 얻을 수도 있고, 계속해서 아세톤을 축합시키는 등의 경로를 통하여 수도아이오논(pseudo-ionone)이 합성된다.

이렇게 합성된 수도아이오논을 폐환(閉環)하면 α-아이오논과 β-아이오논을 얻을 수 있다. α-아이오논은 향을 가진 향료로, β-아이오논은 비타민 A와 E뿐만 아니라 카르

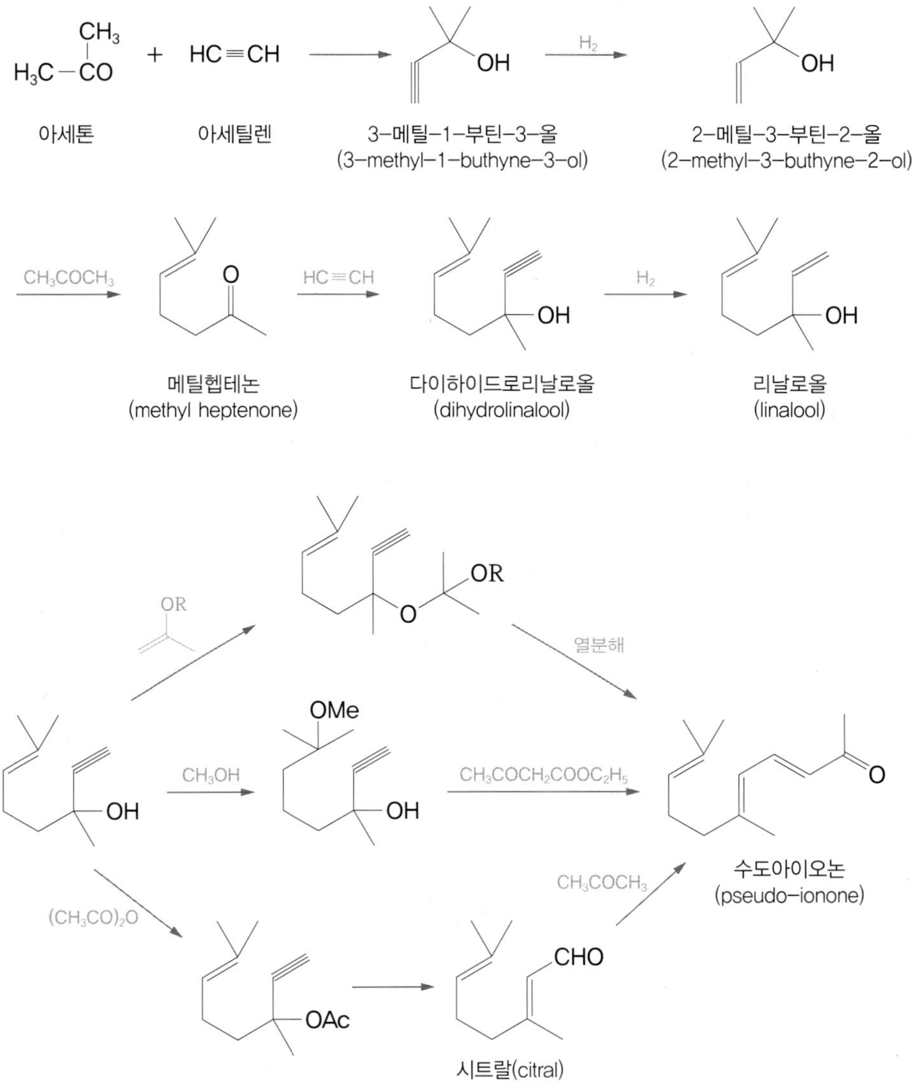

그림 10－5 **로슈 프로세스(Roche process)**

자료: 이유선 등 편역, 향료화학입문, 2015

테노이드의 합성 원료로도 중요하다.

이와 같이 향료 조합에 사용하는 향료 화합물은 제조 방법과 출발 원료에 따라 향료로서 단리 향료, 반합성 향료, 전합성 향료로 분류된다. 같은 향료 화합물이라도 합성 향료에는 다양한 제조 방법이 있으며 제조 방법에 따라 각각 이점이 다르다. 이러한 다양함이 향료 화합물의 안정 공급을 유지한다.

4) 그 외 기타 방식의 분류

(1) 천연 유사 합성 향료와 인공 합성 향료

합성 향료는 또 다른 분류 방법으로 [표 10-1]처럼 천연 유사 합성 향료(natural identical flavoring substance, NI)와 인공 합성 향료(artificial flavoring substance, ART)로 구분할 수 있다. 천연 유사 합성 향료는 방향성 원료에서 화학적 방법으로 분리한 향료 물질 또는 합성된 향료 물질이며, 식품에 있는 천연물의 천연 물질과 화학 구조가 같은 것을 말한다. 반면에 천연물에 존재하지 않는 것을 식품에 유기 합성법으로 만들어 낸 물질을 인공 합성 향료로 분류한다.

표 10-1 합성 향료의 분류와 화학 구조식

구분	화학 구조식	예
천연 유사 합성 향료(NI)	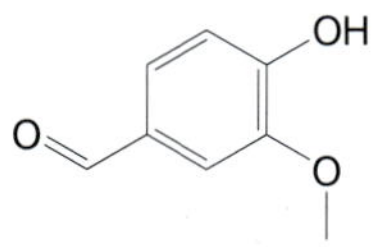	바닐린
인공 합성 향료(ART)	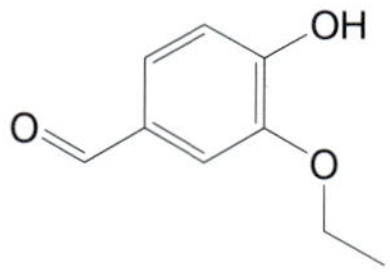	에틸바닐린

향료는 대부분 천연 유사 합성 향료(NI)에 속하며 인공 합성 향료(ART)의 수는 적다. 다음 [표 10-2]는 대표적인 인공 합성 향료 종류를 정리한 것이다.

표 10-2 인공 합성 향료의 종류

구분	화합물 이름(IUPAC)	물질 구조 및 냄새 특성
에틸바닐린 (ethyl vanillin)	3-ethoxy-4-hydroxybenzene-1-carbaldehyde	바닐린의 화학 구조식 가운데 메톡시(methoxy-)기를 에톡시(ethoxy-)기로 치환한 구조이다. 바닐린과 비슷한 냄새가 나며 강도는 바닐린의 2~3배이다.
에틸말톨 (ethyl maltol)	2-ethyl-3-hydroxy-4H-pyran-4-one	말톨(maltol)의 화학 구조식 가운데 메틸(methyl)기를 에틸(ethyl)기로 치환한 구조이다. 말톨과 비슷한 달콤한 냄새가 나며 강도는 말톨의 6배이다.
소콜드 알데하이드 C_{16} (so-called aldehyde C_{16})	ethyl methylphenylglycidate	예전부터 딸기(strawberry like) 향료로 범용으로 사용해 왔으며, 냉과의 시럽 타입 딸기 향 조합 소재로 중요하다.

(2) 화학 구조 방식에 따른 합성 향료의 분류

다음으로 화학 구조에 의한 대부분의 유기 화합물에서 다른 그룹이란 특정 작용기(functional group)가 삽입된 탄화수소라고 생각할 수 있다. 일반적으로 탄화수소에 작용기가 도입되면 화합물의 특성이 크게 달라진다. 예를 들어 메탄올은 수소 원자 중 하나가 −OH기로 치환된 메탄이라고 생각할 수도 있다. 하지만 메탄은 비극성 기체이지만 메탄올은 실온에서 액체인 극성, 수소 결합 화합물이다. 작용기를 공통으로 가진 그룹의 구성 화합물들은 각각 독특하고 다르지만 물리·화학적 성질에서 몇 가지 유사성을 보여 주기도 한다.

≫ 특정 작용기는 특정 원자 분류로 원자단이라고 한다.

[표 10-3]은 공통 작용기를 갖는 몇 종류의 그룹과 그들의 일반식, 각각의 예를 보여 준다. 공통 작용기를 갖는 유기 화합물의 한 집단은 하나의 그룹(family)을 이룬다.

표 10-3 **그룹과 작용기(radical)**

그룹	일반 구조식	일반 요약 구조식	예	이름
알코올	R−OH	ROH	CH_3CH_2-OH	에탄올 (에틸 알코올)
알데하이드	R−C(=O)−H	RCHO	$H_3C-C(=O)-H$	에탄알 (아세트알데하이드)
케톤	R−C(=O)−R	RCOR	$H_3C-C(=O)-CH_3$	프로판온 (아세톤)
에스테르	R−C(=O)−OR	RCOOR	$H_3C-C(=O)-OCH_3$	아세트산 메틸
에테르	R−O−R	ROR	$H_3C-O-CH_3$	다이메틸 에테르
락톤	R−C(=O)−OR	RCOOR	$CH_2-(CH_2)_n-C=O$ (CH₂와 C가 O로 고리 연결)	γ-데카락톤
카복실산	R−C(=O)−OH	RCOOH	$H_3C-C(=O)-OH$	아세트산

① 알코올류: 탄화수소의 수소(H)를 수산기(OH)로 치환한 화합물을 알코올이라고 한다. 향료로 사용하는 알코올(alcohol)류는 [표 10-4]와 같이 지방족 알코올(*cis*-3-

hexen-1-ol 등), 연쇄 테르펜계 알코올(리날로올, 게라니올 등), 순환 테르펜계 알코올(테르피네올, 멘톨 등), 세스퀴테르펜(sesquiterpene)계 알코올(네롤리돌 등), 방향족 알코올(phenylethyl alcohol, benzyl alcohol 등)로 크게 구분된다. 알코올을 대표하는 에틸 알코올(ethyl alcohol)은 에센스 등의 플레이버 용매(flavor solvent)이다. 프로필렌글리콜(propylene glycol)과 같은 2가 알코올, 글리세린과 같은 3가 알코올도 용매(solvent)로 쓰인다.

표 10-4 **알코올류의 예**

작용기	작용기가 있는 화합물	냄새
지방족 알코올류	시스-3-헥센-1-올(*cis*-3-hexen-1-ol)	신선한 생잎 냄새
	1-옥텐-3-올(1-octen-3-ol)	송이버섯 같은 냄새
	시스-6-노네놀(*cis*-6-nonenol)	멜론 같은 냄새
연쇄 테르펜계 알코올류	리날로올	꽃 냄새
	게라니올(geraniol)	장미꽃 냄새
순환 테르펜계 알코올류	테르피네올	라일락 같은 냄새
	멘톨	박하 냄새
세스퀴테르펜계 알코올	네롤리돌	나무껍질 냄새
방향족 알코올류	페닐에틸알코올	기분 좋은 꽃 냄새
	벤질알코올	꽃 냄새

② 알데하이드류: 작용기 중에서 -CHO기를 가진 유기 화합물을 알데하이드라고 한다. 알데하이드(aldehyde)류는 화학적 활성이 강한 공기 중의 산소와 산화제에 의해 산화되며 유기산으로 변화한다. 또, 활성 메틸렌(methylene)을 가진 화합물이나 질소 화합물 따위와 반응하여 여러 가지 물질을 생성한다. 알데하이드류는 [표 10-5]와 같이 자연계에도 널리 존재하는 식물의 잎이나 줄기 등에는 시스-3-헥세날(*cis*-3-hexenal)과 트랜스-2-헥세날(*trans*-2-hexenal)이, 바이올렛의 꽃에는 트랜스, 시스-2,6-노나디에날(*trans*, *cis*-2,6-nonadienal)이, 그리고 시트러스 계열의 식물 정유에는 시트랄, 시트로넬랄 등이 있다.

표 10-5 **알데하이드류의 예**

작용기	작용기가 있는 화합물	냄새
알데하이드류	옥타날(octanal)	강한 시트러스 같은 냄새
	시트랄	레몬 같은 냄새
	시남알데하이드(cinnamaldehyde)	시나몬 같은 냄새
	바닐린(vanillin)	바닐라 같은 냄새
	시스-3-헥세날	풀잎 같은 냄새
	트랜스-2-헥세날	초록잎 같은 냄새
	트랜스, 시스-2,6-노나디에날	오이, 수박 냄새
	시트로넬랄	레몬 같은 냄새

③ 케톤류: 분자 중에 〉C=O을 가진 화합물로서 일반식 R-CO-R′로 나타낸다. 케톤(ketone)류는 [표 10-6]과 같이 R 및 R'에 의해 지방족 케톤(메틸에틸케톤 등), 지방족 고리 케톤(캠퍼, 멘톤 등), 방향족 케톤(벤조페논 등) 등이 있다. 또, 아이오논이나 시스-자스몬(*cis*-jasmone) 등은 중요한 향료 원료이다.

표 10-6 **케톤류의 예**

작용기	작용기가 있는 화합물	냄새
케톤류	다이아세틸(diacetyl)	버터 같은 냄새
	l-카르본(*l*-carvone)	스피어민트 같은 냄새
	메틸사이클로펜테놀론 (methyl cyclopentenolone)	메이플 시럽 같은 냄새
	메틸에틸케톤	달콤한 냄새
	캠퍼(camphor)	장뇌 냄새
	멘톤(menthone)	민트 냄새
	벤조페논	달콤한 나무, 제라늄 냄새
	β-아이오논	제비꽃 냄새
	시스-자스몬	재스민꽃 냄새

④ 에스테르류: 에스테르(ester)는 카복실산(carboxylic acid)과 알코올이 탈수, 축합하여 생성된다. 카복실산 부분은 아세트산(acetic acid)이 대표적이다. 기타 탄소수

1~8의 지방산과 벤조산(benzoic acid), 시남산(cinnamic acid), 페닐아세트산(phenyl acetic acid), 살리실산(salicylic acid) 등의 방향족 산이 대부분이다. 알코올 부분은 메틸, 에틸, 아이소아밀(isoamyl)과 더불어 테르펜계 알코올, 그리고 벤질, 시나밀(cinnamyl) 등의 방향족 알코올 등이 기본으로 있다.

표 10-7 **에스테르류의 예**

작용기	작용기가 있는 화합물	냄새
에스테르류	에틸 아세테이트(ethyl acetate)	과실 같은 냄새
	아이소아밀 아세테이트(isoamyl acetate)	바나나 같은 냄새
	알릴 헥사노에이트(allyl hexanoate)	파인애플 같은 냄새
	메틸 안트라닐레이트(methyl anthranilate)	그레이프 같은 냄새
	에틸 프로피오네이트(ethyl propionate)	파인애플 같은 냄새
	에틸 헥사노에이트(ethyl hexanoate)	파인애플 같은 냄새
	프로필 아세테이트(propyl acetate)	배 냄새
	뷰틸 뷰티레이트(butyl butyrate)	파인애플 같은 냄새

⑤ 에테르류: 에테르(ether)는 일반적으로 알코올, 페놀 수산기의 탈수 축합 혹은 알킬화 반응(alkylation)으로 생성된다. 산소 원자의 양쪽에 탄소 원자를 가진 치환기를 배치한 −C−O−C−의 구조를 가진 화합물을 에테르(ether) 또는 옥사이드(oxide)라고 하며 통상 화학적으로는 불안정한 결합이다. [표 10-8]과 같이 향료 소재는 페놀류의 에테르로서 아니솔(anisole), 아네톨(anethole), 유제놀(eugenol), 바닐린(vanillin), *p*-크레실 메틸 에테르(*p*-cresyl methyl ether) 등이 있고, 테르펜 알코올의 에테르로는 리날로올 옥사이드(linalool oxide), 로즈 옥사이드(rose oxide), 시네올(cineole) 등이 있다. 이 밖에 피란(pyran) 고리나 푸란(furan) 고리를 가진 환상 에테르가 있다.

표 10-8 **에테르류의 예**

작용기	작용기가 있는 화합물	냄새
에테르류	아니솔	아니스 씨 냄새
	바닐린	바닐라 콩 냄새
	1,8-시네올	유칼립투스와 같은 냄새
	리날로올 옥사이드	꽃 냄새
	로즈 옥사이드	장미 냄새

⑥ 락톤류: 일반적으로 락톤(lactone)은 에스테르의 작용기(−CO−O−)를 내부 사슬에 포함한 화합물을 말한다. 고리를 구성하는 원자의 수에 따라 β-락톤, γ-락톤, δ-락톤, ε-락톤, 대환 락톤 등이 있다. [표 10-9]와 같이 향료에 주로 사용되는 락톤류는 γ-락톤과 δ-락톤이고, γ-노나락톤(γ-nonalactone)과 γ-운데카락톤(γ-undecalactone)은 옛날부터 사용해 왔다. 요즘에는 많은 γ-락톤, δ-락톤 등을 합성해서 사용하고 있다. 또, 천연계에서 검출된 것으로 재스민 락톤, 민트 락톤, 위스키 락톤 등도 있다.

표 10-9 **락톤류의 예**

작용기	작용기가 있는 화합물	냄새
락톤류	γ-운데카락톤	백도 같은 냄새
	γ-노나락톤	스위트 코코넛 같은 냄새
	δ-데카락톤(δ-decalactone)	밀크 같은 냄새
	재스민 락톤	복숭아, 살구 같은 냄새
	민트 락톤	코코넛 같은 냄새
	위스키 락톤	코코넛, 나무 같은 냄새

2. 환경 안전과 합성 향료

천연 향료 가운데 향이 매력적이고 수요가 높은 종류가 많다. 이러한 천연 향료는 유용한 향기 성분을 미량 함유하고 있어서 천연 자원을 대량 사용해야 한다. 또한 동물 애호와 희소 동물 보호 차원에서 '워싱턴 조약'에 따라 상업 거래가 금지되었으므로 이제는 동물을 이용하는 천연 향료는 제조할 수 없다.

동물 유래의 천연 향료와 합성 향료의 관계를 해결하는 가장 중요한 화합물로 무스콘(muscone, $C_{16}H_{30}O$)을 들 수 있다. 무스콘은 사향(머스크)으로서 오래전부터 알려진 천연 향료의 주성분이지만 사향 중에는 (R)-체로서 2.5% 정도밖에 존재하지 않는다. 향수에 사용하면 향기에 무게감을 실어 지속성을 향상하는 중요한 향기 성분이다.

사향은 사향노루 수컷의 복부에서 향낭(생식선낭)이라는 장기를 채취해 건조한 것으로 한 마리에서 30 g 정도밖에 얻을 수 없으며, 또한 특별한 향조에서 수요가 매우 높다. 이런 이유로 사향노루는 귀중한 천연 향료의 공급원으로서 포획되어 멸종 위기를 맞이하였고 동식물의 상업적 거래를 제한하는 '워싱턴 조약'에 따라 보호되기에 이르렀다.

그러나 화장품 향료 시장에서 매력적인 사향의 수요는 감소하지 않았으며 그 대체 화합물로서 합성 향료의 수요 또한 높아지고 있다. 사향의 주성분인 (R)-무스콘의 구조를 밝혀낸 향료 화학자들은 그 합성법을 정열적으로 연구하였다. 천연형 (R)-체와 비천연형 (S)-체의 1 : 1 혼합물인 라세미체의 무스콘은 과거의 기술로도 합성할 수 있었지만 천연형 (R)-체를 대량 생산하기에는 쉽지 않았다.

생산 가능한 라세미체는 향기가 우수한 천연 향을 절반밖에 함유하지 않아 천연에서 얻어지는 무스콘의 매력에 비해 부족한 상태였다. 이러한 상황에서 무스콘의 구조를 참조하여 사향과 유사한 향기를 가진 화합물을 탐색하는 연구가 진행되었다. 상당히 중요한 향료 화합물이 될 것으로 기대하며 계속 탐색한 결과 현재까지 다수의 유용한 화합물이 발견되었다. 이러한 화합물을 합성 무스크라고 하는데 천연에서 발견되지 않은 구조를 보이는 화합물도 포함되어 있다. 이 화합물은 두 종류인데 이미 천연에서 볼 수 있는 화합물군을 천연 유사 합성 향료(NI)라 하고, 그 반대로 인간이 합성하여 만든 화합물을 인공 합성 향료(ART)라고 한다.

[그림 10-6]의 첫 번째 그림은 천연 무스콘이고 나머지 3개의 화합물은 무스콘과 같이 큰 환상 구조이다. 이와 같이 향료에서 대환상 구조인 화합물은 무스콘과 같은 계열의 중후한 향조를 가진 경우가 많다. 이 화합물 세 종류는 각각 특유의 사향과 같은 향기를 내지만, 무스콘과 같이 부제 탄소가 존재하지 않으므로 간단하게 제조할 수 있다.

천연 무스콘 | 합성 무스콘

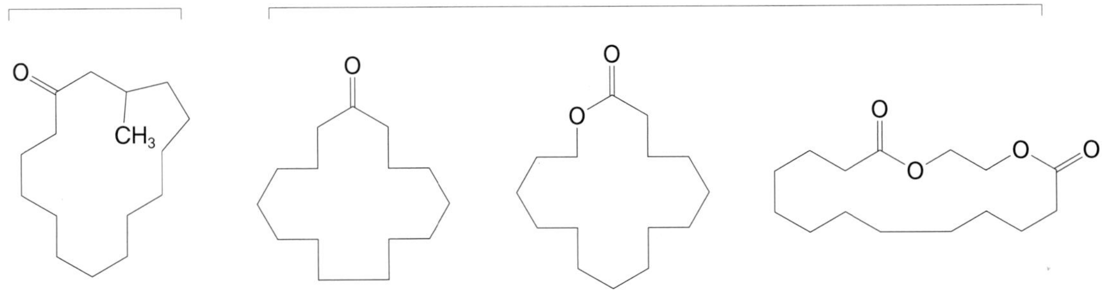

(R)-무스콘 | 사이클로펜타데카논 (cyclopentadecanone) | 펜타데카놀라이드 | 에틸렌 브라실레이트

그림 10-6 무스콘의 예

자료: 長谷川香料(株), 香料の科學, 講談社, 2013

펜타데카놀라이드(pentadecanolide)는 천연 향료인 안젤리카 루트 오일(angelica root oil/CAS : 8015-64-3/FEMA No. 2088)에서 발견되며 천연 유사 합성 향료인 데 비해 에틸렌 브라실레이트(ethylene brassylate)는 아직 천연에서는 발견되지 않아 인공 합성 향료로 분류된다. 천연에 존재하지 않는 합성 향료이지만 법으로 정해진 다양한 시험 결과에서 안정성을 확인받았으며 사용도 법 제도에 따라 엄격히 관리되고 있다.

이와 같이 합성 향료는 중요한 분야이므로 앞으로 더욱 친환경적인 제조 방법을 개발하는 것이 과제로 남아 있다. 이러한 신기술을 적극 도입함으로써 합성 향료는 새로운 성장을 이룰 것이다.

제11장
조합 향료

1. 조합 향료와 향장품
2. 향장품용 조합 향료
3. 향장품용 향료의 보존성

조향사는 소비자가 최고로 만족할 만한 향을 위하여 천연 향료, 합성 향료, 단리 향료를 모두 사용하여 조합 향료를 만든다. 최근에는 천연 향료의 생산량 감소와 그에 따른 가격 불안정 등으로 조합 향료의 중요성이 더욱 더 강조되고 있다. 많은 조합 향료가 기존의 천연 향료의 자원과 공급 부족 등의 이유로 합성 향료를 이용하여 재현하고 있는데, 이러한 조합 향료는 천연 향료와 비교하면 조금 부족한 점은 있지만, 천연에는 없는 새로운 향을 창조하는 등 한층 더 발전해 가고 있다.

최근에는 향에 대하여 더욱 현대적이고 우아하면서도 고급스러운 경향을 보이며 예술적으로도 눈에 띄는 조합과 처방을 지향하고 있다. 조합 향료는 향장품용 향료와 식품용 향료로 나누어 볼 수 있는데, 이 장에서는 향장품용 조합 향료(fragrance)를 다루고 식품용 조합 향료(flavor)는 제13장에서 살펴볼 것이다.

1. 조합 향료와 향장품

향료를 사용하는 목표 지향점은 대부분 소비자의 기호도를 높이는 데 있다. 그러므로 천연 향료, 단리 향료, 합성 향료를 단독으로 사용하기도 하지만 대부분 조합 향료를 사용하며, 부향 대상물의 성상과 형태에 따라 간편하게 적용할 수 있는 형태로 가공하는 과정이 필요하다.

조합 향료는 향장품용 향료와 식품용 향료로 크게 나뉘는데, 향장품용 향료는 일반적으로 프래그런스(fragrance)라 하고 식품용 향료인 플레이버(flavor)와 구별한다. 조합 향료는 수 종에서 수십 종의 천연 향료와 합성 향료가 일정한 배합비에 따라 조합된 것이다. 조합 향료의 향료를 배합한다는 것은 화가가 물감을 섞어서 자연의 색을 묘사하는 것과 유사하다. 천연 향료와 합성 향료를 소재로 목적하는 꽃냄새, 또는 상상·환상적인 냄새를 만들어 내는 것은 마치 예술에서 창조 작업하는 과정과 같다. 최근에는 향기의 조향 풍조가 더욱 우아해지는 방향으로 처방하도록 요구되고 있다.

조합 향료는 대체로 [표 11-1]과 같이 베이스, 조화제, 변조제, 보류제 등 4가지 향료를 준비하여 제조한다. 이 4가지 향료를 [그림 11-1]의 공정으로 적당히 조합한 후 숙성시켜 용도에 맞게 수용성 향료, 유용성 향료, 유화 향료, 분말 향료와 기타 향료로 구분하여 제품으로 만든다. 조합 향료는 사회·문화가 발전함에 따라 화장품, 비누, 세제, 실

표 11-1 **조합 향료의 4가지 향료와 기능**

종류	설명
베이스	냄새의 형태를 특징 짓는다.
조화제	각종 향기 성분이 조화를 이루도록 한다.
변조제	향기의 상태에 변화를 준다.
보류제	시간이 지나도 향조가 변하지 않고 장기간 방향을 유지하며, 조합 성분의 휘발성을 조절할 목적으로 첨가한다.

내 방향제, 입욕제 등에서 의약품, 용제, 살충제, 방취제, 사료, 인쇄용 잉크 등에 이르기까지 사용 범위가 더욱 광범위해지고 있다.

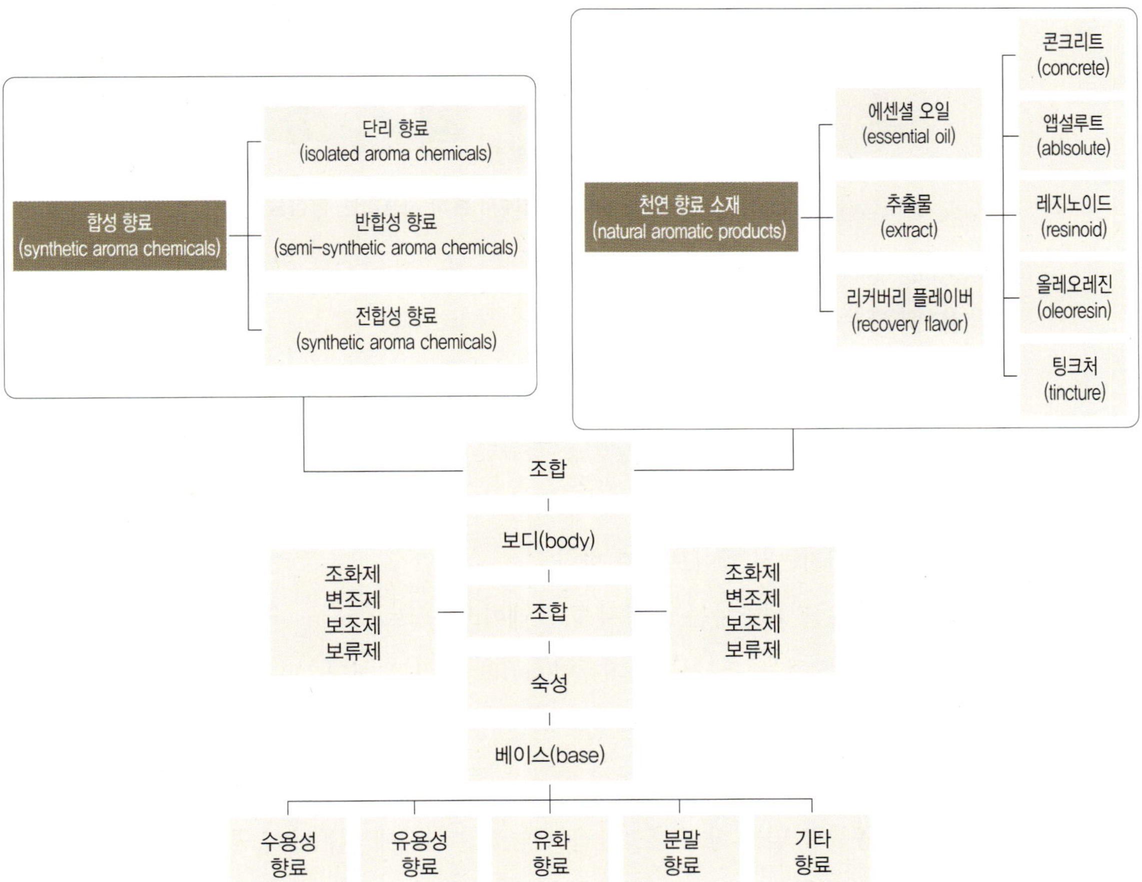

그림 11-1 **조합 향료의 제조 방법**

2. 향장품용 조합 향료

향장품은 아침에 일어나서 잠들 때까지 우리의 일상생활에 아주 깊이 관계되어 있다. 향장품용 향료는 향수뿐 아니라 화장품, 헤어 케어 제품, 비누, 세제, 유연제, 방향제 등에 폭넓게 사용된다. 여기에서는 우리 몸에 직접 사용하거나 주위 환경의 일상 용품을 만들 때 쓰이는 향장품용 향료를 알아보고자 한다. 이러한 향장품용 향료는 소비자에게 쾌적한 향기를 전달함으로써 조향의 목표인 소비자의 제품 기호도를 높인다.

그림 11-2 **일상생활에서 흔히 사용하는 향장품**

1) 향장품용 향료의 제조

식품용 향료는 특정 음식의 휘발성 향기 성분을 용도에 맞게 사실적으로 표현하는 것을 목적으로 개발하지만, 향장품용 향료는 추상적인 향기 이미지를 기초로 제품의 특성에 알맞은 향기를 창작한다는 점에서 차이가 있다. 여기에서는 향장품용 향료가 어떻게 만들어지는지 알아보고자 한다.

식품용 향료를 개발하는 조향사를 플레이버리스트(flavorist)라고 하는 반면, 향장품용 향료를 개발하는 조향사는 퍼퓨머(perfumer)라고 한다. 퍼퓨머가 되려면 먼저 [표 11-2]와 같은 2,000종이 넘는 원료로 천연 향료와 합성 향료의 향기 특징을 기억하는 훈련부터 받는다. 또한 원료인 천연 향료와 합성 향료의 향기 특징을 기억한 후, 수 종류에서 10종류가 넘는 향료 혼합물을 관능적인 감각에 의존하여 똑같이 만드는 훈련을 반복해서 수행한다. 그리고 판매되는 향수 제품 등의 향기를 동일하게 복제하는 단계를 지나면 자신만의 향료를 제조할 수 있다.

표 11-2 **천연 향료의 향기와 기억 훈련표**

노트(note)	천연 향료					
시트러스	레몬 오일	베르가못 오일	만다린 오일	스위트 오렌지 오일	라임 오일	그레이프 프루트 오일
우디	샌들우드 오일	시더우드 오일	베티베르 오일	파촐리 오일	오크모스 (앱설루트)	
스파이시	클로브 오일	시나몬 바크 오일	칼라머스 오일	페퍼 오일	주니퍼 베리 오일	코리앤더 오일
	카시아 오일	베이 오일	너트멕 오일	클라리 오일		
오렌지 플라워	네롤리 오일	페티그레인 오일	오렌지 플라워 (앱설루트)			
아니스	스타 아니스 오일	캐러웨이 오일	에스트라곤 오일	바질 오일	커민 오일	
로즈	로즈 (앱설루트)	에센셜 오일	제라늄 오일			
러스틱 & 캠퍼	라벤더 오일	라반딘 오일	로즈메리 오일	유칼립투스 오일	화이트 타임 오일	로렐 노블 오일
발삼 & 앰버	페루 발삼	통카 빈 (앱설루트)	바닐라 (앱설루트)	랍다늄 (앱설루트)	스티락스 오일	클라리 세이지 오일
플로럴	재스민 (앱설루트)	바이올렛 잎 (앱설루트)	미모사 (앱설루트)	일랑일랑 오일		
레진	올리바넘 (레진)	벤조인 (레진)	미르 (레진)	엘레미 (레진)	엘레미 오일	갈바눔 (레진)
시트로넬라	시트로넬라 오일	레몬그라스 오일				
민트	페퍼민트 오일	스피어민트 오일				

*앱설루트(absolute): 알코올로 추출한 향유

*레진(resinoids): 식물성 수지성 물질(resinous plant exudate)의 추출물

자료: 長谷川香料(株), 香料の科學, 講談社, 2013

국내에서는 향료를 만드는 사람을 대부분 퍼퓨머로 알고 있는데 그 특수성과 관심도로 인기 있는 직업이다. 특히 프랑스에서는 조향사를 코를 뜻하는 네(nez)라고 하고 동경하는 직업인이 되었다. 이러한 훈련을 계속 반복하는 향장품 조향사가 향료 제조의 기초인 향장품용 향료를 어떻게 구성하는지 알아보자.

2) 향장품용 향료의 구성

>>> 노트(note)는 파트(part)를 나타낸다. 과일 노트(fruity note), 허브 노트(herbal note)처럼 구체적인 향기를 나타낼 때 note는 '~풍', '~ 같은 향기'와 같은 관능적인 향기 특성을 표현한다.

향장품용 향료의 구성을 설명할 때 [그림 11-3]에 나타낸 피라미드 모양을 이용하는 경우가 많다. 이는 휘발성이 높은 순으로 톱 노트(top note), 중간 정도의 미들 노트(middle note), 낮은 베이스 노트(base note)로 구성된다.

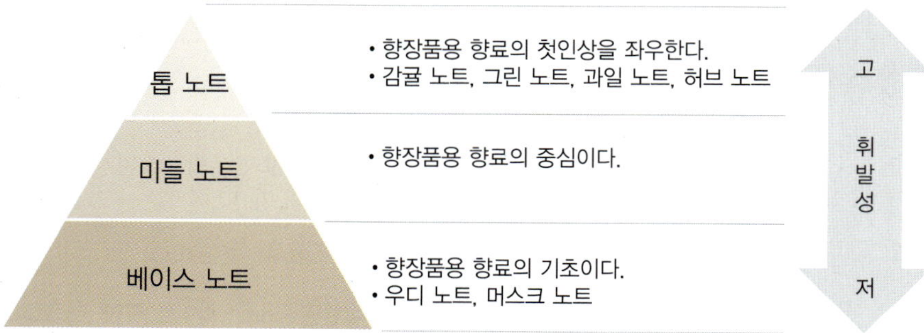

그림 11-3 화장품용 향료의 구성

[그림 11-3]에서 파트별로 살펴보면 톱 노트는 향장품용 향료의 첫인상을 결정하는 향기이다. 오렌지, 레몬 등의 상쾌한 시트러스 노트나 녹색의 그린 노트, 사과나 서양배 등의 과일 노트, 민트 등의 허브 노트 등이 있다.

미들 노트는 화장품용 향료의 중심이 되는 부분이며 주로 로즈, 재스민, 은방울꽃 등의 플로럴 노트로 구성된다. 베이스 노트는 화장품용 향료의 기초가 되는 부분으로 주로 우디 노트, 앰버 노트, 머스크 노트, 발삼 노트 등의 지속성 효과가 높은 소재가 많이 포함된다. 각각의 향기를 다음에서 살펴보자.

3) 향장품용 향료의 분류와 원료

향장품용 향료는 식품용 향료처럼 자연계 소재인 천연 향료뿐만 아니라 다양한 합성 향료도 사용된다. 여기에서는 각 파트에 분류한 향조와 그것을 구성하는 향료 원료를 소개한다.

(1) 톱 노트

① 시트러스 노트(citrus note)

청량감, 상쾌함이 있어서 향수나 세정제에 필수 요소이다. 향장품용 향료에 사용하는 천연 향료는 레몬, 베르가못, 라임, 만다린, 오렌지 등이 있으며 합성 향료로는 레몬 향이 나는 시트랄과 시트로넬랄, 오렌지 향이 나는 옥타날(octnal), 그레이프프루트 향이 나는 누트카톤(nootkatone) 등을 들 수 있다.

② 그린 노트(green note)

특징에 따라 [표 11-3]처럼 다양한 카테고리로 세분된다.

표 11-3 그린 노트의 카테고리

카테고리	설명
그린 잎 노트 (green leafy note)	• 나무의 잎이나 풀을 연상시킨다. • 상쾌하며 청량감이 있는 특징을 부여한다. • *cis*-3-hexenal, 리구스트랄[ligustral(CAS Number: 68039-49-6, FEMA Number: 4505, 2,4-dimethylcyclohex-3-ene-1-carbaldehyde)] 등이 대표적이다.
바이올렛 그린 노트 (violet green note)	• 제비꽃의 잎에서 추출한 바이올렛 잎 앱설루트가 대표적이다. • 화사함과 고급스러운 이미지를 나타낸다. • 합성 향료인 2-메틸 노나노에이트(2-methyl nonanoate), 운데카베르톨(undecavertol, violet decanol) 등을 많이 사용한다.
갈바눔 그린 노트 (galbanum green note)	• 갈바눔 오일이 대표적이다. • 특히 남성용 향수 제품에 주로 사용하고 강한 상쾌함을 연출하는 소재이다. • 아릴 아밀 글리코레이트(allyl amyl glycolate), 다이나스콘(dynascone) 등을 사용한다.
과일계 노트 (fruity note)	• 최근에는 다양한 카테고리에서 과일 노트의 특징이 있는 제품이 인기가 있다. • 우리가 즐겨 먹고 자연에 존재하는 수많은 과일의 향기 성분이 분석을 통하여 동정, 구명되었다. • 에스테르류로는 에틸 부티레이트(ethyl butyrate), 알릴 헵타노에이트(allyl heptanoate) 등을, 락톤류로는 γ-데카락톤(γ-decalactone)과 δ-데카락톤(δ-decalactone) 등을 사용하여 자연스러운 과일 향기를 재현한다. • 향장품용 향료의 향기에는 상쾌한 청사과나 파인애플, 망고 등의 열대 과일, 라즈베리 등의 베리류가 인기가 높다.

자료: 長谷川香料(株), 香料の科學, 講談社, 2013

(2) 미들 노트

4대 플로럴 노트로 불리는 로즈(장미), 재스민, 은방울꽃, 라일락에 추가로 오렌지꽃, 카네이션 등을 첨가하여 향장품용 향료의 창작이 이루어지는데, 이런 플로럴 노트는 중요한 요소로 사용된다. 앞에서 설명한 조향사의 반복된 훈련에서도 이런 4종 플로럴 노트를 반드시 재현해야 하며 매우 중요한 과정으로 인식된다. 플로럴 노트는 향수를 시작으로 다양한 제품에 사용되는 향장품용 향료에서 필수이다. 플로럴 노트에는 로즈나 재스민 등의 천연 향료뿐만 아니라 다수의 합성 향료도 사용하는데, 그중에서도 투명감이 있는 재스민과 같은 향기를 가진 메틸 다이하이드로자스모네이트(methyl dihydrojasmonate)는 여러 가지 용도에서 가장 많이 사용하는 합성 향료이다. [표 11-4]는 플로럴 노트로 사용하는 대표적인 꽃과 주요 향기 성분을 정리한 것이다.

표 11-4 플로럴 노트로 사용하는 대표적인 꽃과 주요 향기 성분

종류	주요 향기 성분
장미꽃	페닐에틸알코올(phenylethyl alcohol), 게라니올(geraniol), 시트로넬롤(citronellol)
재스민꽃	메틸-3-옥소-2-펜틸사이클로펜테인 아세테이트(methyl 3-oxo-2-pentylcyclopentane acetate), 벤질 아세테이트(benzyl acetate), 인돌(indole)
은방울꽃	하이드록시시트로넬랄(hydroxycitronellal), 릴리알(lilial), 시클라멘알데하이드(cyclamen aldehyde)
라일락꽃	시나밀알코올(cinnamyl alcohol), α-테르피네올(α-terpineol), 시나밀 아세테이트(cinnamyl acetate)
오렌지꽃	리모넨(limonene), 리날로올(linalool), 피넨(pinene)
카네이션꽃	아이소유제놀(isoeugenol), 유제놀(eugenol)

자료: 長谷川香料(株), 香料の科學, 講談社, 2013

(3) 베이스 노트

① 우디 노트(woody note)

나무 향기가 나는 것을 가리키며, 천연 향료로는 시더우드(cedarwood)나 샌들우드(sandalwood) 등이 있다. 그 외에 천연 향료로 고급 향수에 많이 사용하는 베티베르(vetiver, 벼과 식물인 베티베르의 뿌리에서 추출), 파촐리 등이 매우 중요한 역할을 한다.

② 앰버 노트(amber note)

천연 향료인 앰버그리스(용연향)가 어원이다. 앰버그리스는 현재 사용하지 않는다. 범용성이 가장 높고 천연 앰버와 같은 향기를 재연할 수 있는 암브로사이드(ambroxide)가 넓게 사용되고 있다. 또한 앰버 노트에는 효과적인 소재가 많으며 카라날(karanal), 팀베롤(timberol) 등 다양한 합성 향료가 사용된다,

③ 머스크 노트(musk note)

머스크는 사향노루에서 유래한 향기이며, 조합 향료에 아름다움과 부드러움을 표현하는 중요한 소재이다. 머스크에는 향기를 유지하는 지속성이 우수한 소재가 많으며 베이스 노트의 중심 역할을 담당한다. 머스크 노트에는 수많은 합성 향료가 존재하며 그 물질 구조에 따라 다음 [표 11-5]의 3가지 카테고리로 나뉜다.

표 11-5 **머스크 노트의 종류**

종류	향기 특징	주요 화합물
니트로 머스크 (nitro musk)	구조 중에 니트로기를 가진 머스크로서 향기 전체를 상승시키는 효과가 높다.	머스크 케톤(musk ketone)
다환식 머스크 (polycyclic musk)	안정성과 가격 면에서 현재 가장 범용성이 높은 머스크 노트 소재이다.	갈락소라이드(galaxolide), 토날라이드(tonalide)
대환상 머스크 (macrocyclic musk)	사향에 포함된 대표 무스콘이다. 확산성이 좋으며 천연 느낌이 나는 머스크 노트 소재이다.	무스콘(muscone)

자료: 長谷川香料(株), 香料の科學, 講談社, 2013

지금까지 각 파트에서 사용하는 향기 성분의 분류를 알아보고 이 파트를 조합하여 화장품 향료를 만든다는 것을 알았다. 퍼퓨머는 기억하는 향기 성분의 조합과 조화를 그려 가면서 자신만의 이미지를 향기로 표현한다. 조합하는 성분의 수는 수백 종에 이르며 다음으로 구체적인 예를 살펴보자.

4) 향수의 향기와 분류

샤넬 No.5(Chanel, 1921년)는 지금도 유럽과 미국의 향수 판매 시장에서 1위를 차지하며 시대를 초월한 명향(名香)으로 알려져 있다. 이 향수는 어네스트 보(Ernest Beaux)가

백야에 북극을 여행할 때의 이미지를 떠올려 제작했다고 한다. 이처럼 퍼퓨머는 머릿속에 떠오르는 아이디어와 이미지를 천연 향료와 합성 향료의 단품 향료를 사용하여 표현한다.

소재 간의 새로운 조합을 찾는다든지, 지금까지 연구된 처방을 기초로 새로운 향기 조합을 만든다든지, 방법은 여러 가지 있지만 정해진 방법이나 규칙은 없다. 선택한 소재나 비율은 전부 향장품 조향사의 이미지화에 맡겨진다. 그리고 향기의 처방을 작성하고 테스트를 수백, 수천 회 반복하여 새로운 향기를 창조한다. 먼저 다양한 화장품 향기의 기초가 되는 향수에서 여성용과 남성용 순서로 향기의 특징을 살펴보자.

(1) 여성용 향수의 향기

여성용 향수의 향기는 시트러스, 플로럴, 오리엔탈, 시프레의 4종 타입으로 구별한다.

① 시트러스

톱 노트의 레몬, 베르가못, 오렌지 등의 감귤류를 중심으로 한 상쾌함이 특징이다. 대표적인 시트러스 타입의 향수로는 4711 오리지널(Original, 뮐헨스, 1792년)을 들 수 있다. 4711 오리지널은 특히 천연 향료인 네롤리 오일(neroli oil)의 향기를 특징으로 사용하였으며 네롤리 콜로뉴(neroli cologne)라고 한다.

② 플로럴

로즈, 재스민, 은방울꽃 등 꽃향기의 플로럴 노트를 중심으로 사용한 타입이다. 부드러운 머스크의 잔향으로 인기가 높은 플라워 바이 겐조(Flower by kenzo, 겐조, 2000년)나 화사한 오렌지플라워 노트가 특징인 비욘드 파라다이스(Beyond paradise, 에스티로더, 2003년), 최근에는 로즈 노트를 대담하게 사용한 끌로에(Chloé, 끌로에, 2008년)가 대표작이다. 또한 플로럴 타입의 향수에는 다양한 강조점을 사용하는데, 다음과 같이 특징 있는 강조점을 사용한 대표적인 향수가 있다.

- 플로럴 그린: 미들 노트에 재스민과 같은 향기의 메틸 다이하이드로자스모네이트(methyl dihydrojasmonate)를 사용하고 톱(top)의 바이올렛 그린 노트의 강조점과 함께 산뜻함의 독특한 투명감을 표현한 플레저(Pleasure, 에스티로더, 1995년)나 미라클(Miracle, 랑콤, 2000년) 등이 있다. [표 11-6]은 플로럴 그린 타입의 처방 예를 나타낸 것이다.

• 플로럴 알데하이드: 톱 노트에 10-운데세날(10-undecenal) 등의 지방족 알데하이드를 사용하고 화사한 플로럴 노트를 표현한 샤넬 No.5가 대표적이다. 샤넬 No.5는 판매 당시 그때까지 없었던 플로럴 타입으로서 인기를 누렸으며 새로운 향수의 대명사로 모던 플로럴이라 불렸다.

표 11-6 **플로럴 그린 타입의 배합비(무게)**

번호	베합 향료 성분	배합비
1	에틸리날로올(ethyl linalool)	50
2	에틸 아세테이트(ethyl acetate)	25
3	리구스트랄(ligustral)	1.5
4	앱설루트 바이올렛 리프(violet leaf absolute)	2.5
5	재스민(*cis*-jasmone)	2.5
6	벤질 아세테이트(benzyl acetate)	15
7	에틸 다이하이드로자스모네이트(ethyl dihydrojasmonate)	340
8	헥실 시남알데하이드(hexyl cinnamaldehyde)	25
9	시트로넬롤(citronellol)	40
10	릴리알(lilial)	100
11	γ-메틸 아이오논(γ-methyl ionone)	25
12	아이소 이 수퍼(iso E super)	25
13	암브로사이드(ambroxide)	25
14	에틸렌 브라실레이트(ethylene brassylate)	130
15	갈락소라이드(galaxolide)	193.5
	합계	1,000

자료: 長谷川香料(株), 香料の科學, 講談社, 2013

• 과일 플로럴(fruity floral): 최근 많은 향수는 톱 노트에 과일 노트(fruity note)를 사용하여 강조점으로 필수 요소가 되었다. 카시스(cassis)와 라즈베리(raspberry)의 윤이 나고 싱싱한 과일 노트로 인기를 모았던 베이비 돌(Baby dol, 입생로랑, 1999년) 등이 유명하다.

③ 오리엔탈

오리엔탈(oriental)은 '동양적인'을 의미하지만 향수에서는 중동이나 인도를 나타낸다. 바닐라와 발삼 등의 베이스 노트의 감미가 특징이며, 더욱이 베이스 노트에 앰버 계열 또는 톱 노트에는 스파이스 계열을 강조점으로 사용하는 경우가 많다. 오리엔탈 타입의 향수는 샤리마(Shalimar, 겔랑, 1925년)가 대표적이다. 최근에는 설탕과 같은 감미를 가진 말톨(maltol)이나 에틸말톨(ethyl maltol) 등을 사용한 향수도 선을 보였는데, 엔젤(Angel, 티에리 뮈글러, 1992년)이 대표적인 제품이다. 같은 흐름을 가진 향수도 많이 판매되었는데 구운 과자를 연상시켜서 미식가 향수라고도 한다.

④ 시프레(chypre)

시프레는 지중해에 있는 키프로스섬을 방문한 코티의 창업자 프랑수아 코티(François Coty)가 감귤류의 베르가못과 떡갈나무에서 자란 이끼인 오크모스(oakmoss)를 사용하여 이 섬을 이미지화한 시프레 드 코티(Chypre de coty, 코티, 1917년)를 만든 것에서 유래한다. 그 후 톱 노트에 지방족 알데하이드 등을 사용하여 만든 알데하이드 시프레(aldehyde chypre)나 γ-운데카락톤(γ-undecalactone)을 사용하여 복숭아, 자두와 같은 과일 노트를 나타낸 과일 시프레 등 다양한 제품군이 만들어졌다. 전자를 대표하는 향수로는 미스 디올(Miss dior, 크리스찬 디올, 1947년), 후자에는 미츠코(Mitsouko, 겔랑, 1919년), 러시(Rush, 구찌, 1999년) 등을 들 수 있다.

(2) 남성용 향수의 향기

남성용 향수의 향기는 시트러스, 플로럴, 푸제아, 우디, 오리엔탈, 시프레의 6가지로 나눈다.

① 시트러스

여성용 향수와 동일하게 톱 노트에 레몬, 베르가못 등의 감귤류를 중심으로 한 쾌적한 향기이다. 강조점으로 향신료나 라벤더의 향기 등을 사용하는 경우가 많다. 대표적인 시트러스 향수로 오 소바쥬(Eau sauvage, 크리스찬 디올, 1966년)가 있으며 시트러스 외에 클로브 등의 스파이스 노트나 라벤더, 베티베르 등을 사용한다. 최근에는 계절 한정품이 증가하여 다양한 업체에서 시트러스 타입의 상쾌한 여름용 화장품을 판매하고 있다.

② 플로럴

여성용 향수와 동일하게 미들 노트의 플로럴 소재를 특징 있게 사용한 향기이다. 대표적인 플로럴 타입의 남성용 향수는 톱 노트의 바이올렛 그린이 특징인 파렌하이트(Fahrenheit, 크리스찬 디올, 1988년)를 들 수 있다.

③ 푸제아

푸제아(fougère)는 본래 '양치식물'을 뜻하지만 향수에서는 푸제아 로얄(Fougere Royale, 호비난트, 1882년)의 향기에서 유래한다. 라벤더, 제라늄, 쿠마린을 중심으로 한 조화가 남자다움을 느끼게 하는 향조이며, 대표 제품으로 파코라반 뿌르 옴므(Paco rabanne pour homme, 파코라반, 1973년)를 들 수 있다. 최근 제품에서는 쿨 워터(Cool water, 다비도프, 1988년) 등 톱 노트에 상쾌한 다이하이드로미르세놀(dihydromyrcenol)을 사용한 제품이 많이 출시되고 있으며 특징 있는 상쾌함을 연출한다. [표 11-7]은 푸제아 타입의 처방 예를 나타낸 것이다.

표 11-7 **푸제아 타입의 배합비(무게)**

번호	배합 향료 성분	배합비
1	베르가못 오일(bergamot oil)	150
2	레몬 오일(lemon oil)	100
3	리나릴 아세테이트(linalyl acetate)	70
4	라벤더 오일(lavender oil)	50
5	로즈메리 오일(rosemary oil)	30
6	제라늄 오일(geranium oil)	30
7	게라니올(geraniol)	50
8	아이소보르닐 아세테이트(isobornyl acetate)	70
9	유제놀(eugenol)	30
10	릴리알(lilial)	50
11	γ-메틸아이오논(γ-methyl ionone)	50
12	파촐리 오일(patchouli oil)	20
13	앱설루트 오크모스(oakmoss absolute)	5
14	아이소뷰틸퀴놀린(isobutyl quinoline)	0.4
15	토날라이드(tonalide)	80
16	쿠마린(coumarin)	80
	합계	865.4

자료: 長谷川香料(株), 香料の科學, 講談社, 2013

④ 우디

시더우드(cedarwood), 파촐리 등 나무의 향기를 특징으로 하며 강하고 따듯한 느낌이 난다. 대표적인 우디 타입의 향수로 에고이스트(Egoist, 샤넬, 1990년)가 있으며 베이스 노트의 바닐라, 미들 노트의 로즈와 함께 샌들우드(sandalwood)의 향기가 특징적이다. 최근 제품에는 천연 향료보다 아이소 이 수퍼(iso E super) 등의 합성 향료를 사용한 제품이 많다. 톱 노트의 그레이프프루트, 베이스 노트의 베티베르가 특징인 테르 데르메스(Terre D'Hermes, 에르메스, 2006년)는 파격적으로 아이소 이 수퍼를 사용한 우디 타입 향수의 대표적인 제품이다.

⑤ 오리엔탈

여성용 향수와 동일하게 베이스 노트의 바닐라, 발삼 등의 감미가 특징이며 중후한 느낌이 나는 향조이다. 아비루즈(Abiruz, 겔랑, 1965년)나 오브세포맨(Obsession, 캘빈클라인, 1986년) 등이 대표 제품이다. 여성용과 같이 에이 맨(A man, 티에리 뮈글러, 1996년) 등 설탕과 같은 감미를 가진 에틸말톨을 사용한 제품 또한 출시되고 있다.

⑥ 시프레

여성용과 동일하게 베르가못과 오크모스를 특징으로 하는 향조이지만, 남성용에서는 가죽과 같은 향기가 나는 가죽 노트나 파촐리 등의 우디 노트를 함께 사용하는 경우가 많다. 아라미스(Aramis, 에스티로더, 1964년)가 대표 제품이다.

이처럼 향수에는 기본 향기 타입이 있고 추가로 특징 있는 강조점으로 다양한 제품군을 제작해 왔다. 그리고 이러한 향수의 향기는 샴푸나 유연제 등 다양한 일상 용품에도 응용된다.

3. 향장품용 향료의 보존성

이처럼 향장품용 향료는 다양한 용도에 사용되므로 요구되는 안정성 또한 각각 다르다. 향료의 안정성을 평가할 때에는 각각의 기기에 향료를 첨가하여 항온 조건에서 다양한 온도 조건 실험을 하거나 퇴색 시험기(fadeometer)를 사용한 자외선 노출 실험을 진행하여 그 조건에서 장기간 보존한 뒤 향기, 점도 변화나 침전물의 유무, 변색의 정도 등을 측정·평가한다.

향장품용 향료는 향수를 원료로 하여 화장품, 비누, 샴푸, 방향제 등 다양한 카테고리에 이용되어 그 용도를 넓혀 왔다. 예전부터 동식물에서 얻은 천연 향료를 중심으로 한 향료가 많았지만, 합성 향료의 발전과 함께 지금까지 없었던 새로운 특징 있는 향조를 표현할 수 있게 되었다. 앞으로도 많은 합성 향료의 개발이 기대된다. 또한 소비자의 향기에 대한 인식은 매년 높아지고 있으며 앞으로도 화장품용 향료의 중요성은 더욱 더 커질 것이다.

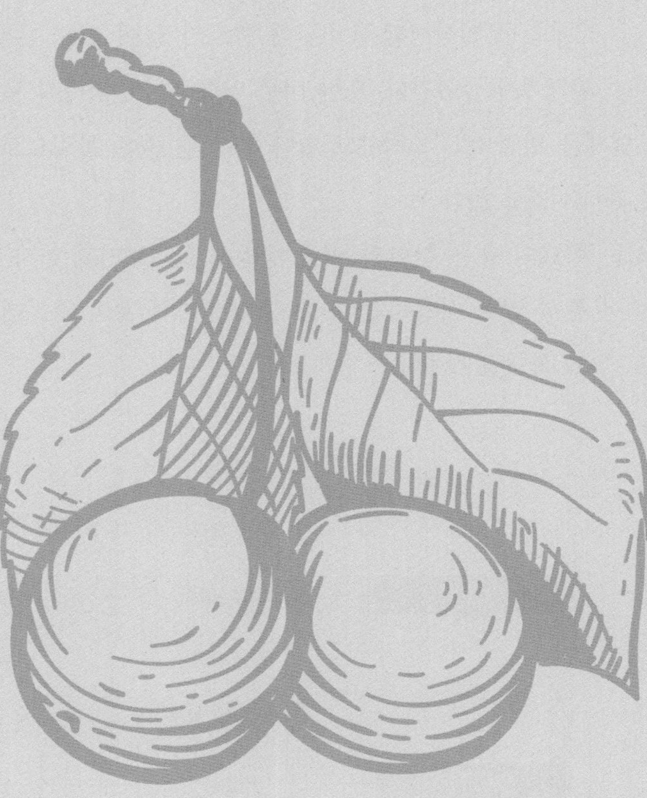

제12장
향료의 응용 분야

1. 화장품 향료
2. 약용 및 연초 향료
3. 산업용 향료
4. 향료의 안전성

>>> 식품 향료는 제13장에서 자세히 다루니 참고하기 바란다.

우리는 일상생활을 비롯해 향료가 들어 있는 온갖 제품을 사용하는 환경에서 살아간다. 또한 너무 익숙하여 인지하지 못하는 냄새도 있지만 더욱 좋은 냄새를 만들려고 노력하고 있다. 이러한 좋은 목적으로 사용하는 것을 향(fragrance, scent)이라고 한다.

이 장에서는 향료의 응용 분야와 이용 방법을 살펴보려고 한다. [그림 12-1]은 현재 산업 사회에서 통상 많이 사용하는 조합 향료 분야를 보여 주는데, 향료의 응용 분야는 앞으로도 점차 확대될 것이다.

그림 12-1 **조합 향료의 분류**

[그림 12-1]과 같이 조합 향료는 화장품 향료, 연초 향료, 약용 향료, 산업용 향료, 식품 향료 등 다양한 제품에 사용된다. 향료는 용도에 따라 요구되는 향기나 적용되는 법규, 규제가 다르므로 그에 적합하게 주문자 생산으로 설계되는 경우가 많다. 여기서는 용도별 제품의 향기 종류와 향료에 요구되는 기준 등을 살펴본다.

그림 12-2 **시판되는 화장품 향료**

1. 화장품 향료

1) 향수 제품

향수 제품은 향수(perfume, 15~30%), 오드퍼퓸(eau de perfume, 8~15%), 오드투왈렛(eau de toilette, 4~8%), 오드콜로뉴(eau de cologne, 3~5%) 등 향료의 첨가량에 따라 명칭이 다르다. 에탄올에 용해한 형태인데, 우리나라는 화장품에 사용하는 알코올은 변성제(bitrex, diethyl phthalate, isopropyl alcohol, 2-butanone, denatonium benzoate)를 첨가한 변성 알코올을 사용하도록 규정하고 있다. 향수는 피부에 직접 접촉하며 향료의 첨가량이 많아서 안전성이나 착색, 변색에 주의해야 한다.

>> 향수에서 사용하는 에탄올은 95% 이상의 순도를 사용하며 경우에 따라 물을 포함하기도 한다.

향수 제품을 구성하는 향료의 휘발성 차이에 따라 톱 노트(top note)에서부터 베이스 노트(base note)에 이르기까지 제품을 개발할 때 향기의 구성을 나누어 생각하는 경우가 많다. 또한 사용 직후부터 수 시간 뒤, 그리고 다음날 피부에 남아 있는 향기를 평가하면서 향료의 조합을 설계한다.

>> 조합 향료는 제11장에서 자세히 다루었으니 참고하기 바란다.

2) 페이스 케어 제품

페이스 케어(face care) 제품은 화장수, 로션, 파운데이션, 크림, 세안제 등 다양한 카테고리가 있지만, 얼굴에 바로 사용하는 제품이어서 고도의 안전성이 요구되므로 향료를 설계할 때 더욱 엄격한 기준을 적용하여 진행한다. 예전에는 화사하면서 강한 플로럴 알데하이드(floral aldehyde) 타입이 인기가 있었지만, 최근에는 그린 노트(green note)를 강조한 싱싱한 플로럴 그린(floral green) 등의 향조가 인기를 끌고 있다.

3) 헤어 케어 제품

헤어 케어(hair care) 제품은 샴푸·린스·트리트먼트, 헤어 스타일링, 염색, 퍼머 제품 등이 있다.

(1) 샴푸, 린스, 트리트먼트

제품의 향기와 함께 세정 중, 세정 후, 다음날의 잔류 향기 등 각 단계에 따라 향기를 고려하여 설계한다. 청량감이 나는 신선한 플로럴 그린의 조향이 많으나 머리카락의 보습이나 손상 복구 등도 중요한 포인트이다. 이런 제품에는 싱싱한 과일 노트(fruity note)를 사용한 제품과 오리엔탈 타입의 고급스러운 느낌을 주는 향조의 상품도 있다.

(2) 헤어 스타일링 제품

폼, 젤, 왁스, 스프레이 등 상품 형태가 다양하다. 일반적으로 제품 기재(제품 제조의 기본 재료)의 이취를 마스킹하고 샴푸 등 다른 헤어 케어 제품과 향조가 어울리는 상품이 많다. 최근에는 사과나 배 등 톱 노트에 과일 향을 사용한 제품이 많이 출시되고 있다.

(3) 염색 제품

기재에 알칼리성 소재로 암모니아를 함유하고 있어서 마스킹 효과가 큰 향료가 필요하다. 이와 동시에 알칼리성 기재에서 향료의 조성 또한 알칼리 조건에서 안정해야 한다.

(4) 퍼머 제품

염색 제품과 동일하게 암모니아를 함유하는 강알칼리성 액체이다. 더욱이 모발을 유연하게 하기 위하여 환원제로 강한 유황취가 나는 티오글리콜산(thioglycolic acid)을 사용하는 경우가 많으며 향료에는 유황취에 대한 마스킹 효과도 필요하다. 또한 퍼머할 때의 향기뿐만 아니라 머리를 감은 후와 그다음 날, 그리고 1주 후 등 장기간 관찰하면서 향기 평가를 진행하는 것이 일반적이다.

4) 보디 케어 제품

보디 케어(body care) 제품은 비누, 보디 로션, 핸드크림 등 얼굴 이외에 바르는 제품군이다.

(1) 비누

비누의 기재는 일반적으로 알칼리성이며 개봉하면 공기와 접촉하여 산화되기 쉽다. 그러므로 비누용 향료에는 알칼리성 조건과 산화에 안정해야 한다. 비누의 향은 부향에 사용한 조합 향료 자체에서 나는 냄새와 다른 경우가 많다. 이것은 비누 성분 가운데 친유성기에 향료가 용해되고 사용할 때에 향료의 가용화나 에멀션(emulsion)이 생성되기 때문이다.

비누 향료의 조향에는 라벤더, 파촐리, 제라늄, 로즈메리, 베티베르, 샌들우드 등의 천연 향료를 많이 사용하였으나, 요즈음에는 가격이 저렴한 합성 향료를 많이 이용하고 있다. 스티락스(styrax, 발삼), 올리바넘(olibanum, 유향) 등의 천연 수지는 비누 향료에 반드시 필요한 보류제로서의 효용이 있다. 비누 향료도 화장품과 같이 새로운 유행을 만드는 것이 중요하므로 플로럴, 우디, 과일 향이 나는 것 등의 합성 향료를 많이 이용한다.

그림 12-3 마르세유의 비누 특산품(왼쪽)과 다양한 향료로 제조한 비누(오른쪽)

자료: 그랜드바자르 상점, 이스탄불, 튀르키예(오른쪽)

(2) 보디 샴푸

제품의 산도는 약산성에서 약알칼리성이 많으며 비누에 비하여 향료의 조성에 엄격하지 않다. 레몬·라임·자몽 등의 화사한 감귤 향, 로즈 등의 플로럴 타입, 복숭아·망고 등의 과일을 모티브로 한 향조 등이 인기가 있다.

(3) 제한 제품

땀이 많이 나는 것을 억제하거나 방지하는 기능을 하는 것으로 스프레이, 롤온, 시트, 워터 등 형태가 다양하다. 향조는 청량감이 나는 시트러스, 플로럴, 과일 등 여러 가지가 있으며 비누 타입의 향기도 인기가 있다. 시원함을 부여하기 위하여 *l*-멘톨을 사용하는 경우도 많다.

5) 입욕제

제품 형태는 분말, 고형, 액상, 입상(알갱이) 등으로 나뉘며 최근에는 사용할 때 탄산가스가 발생하여 온욕 효과를 높이는 제품이 인기가 높다. 입욕제의 향기는 입욕 습관을 고려하여 제품을 개봉할 때, 욕조에 투입할 때, 수 시간 후 등과 같이 장시간에 걸쳐 향기를 평가하여 설계한다.

입욕제의 향기는 유자, 산림, 재스민, 라벤더 등이 대표적이다. 스킨케어 기능을 하는 액상 입욕제 등에서는 화사한 플로럴 타입의 향조를 많이 사용한다. 최근에는 계절 한정 제품도 많이 출시되며 꽃이나 과일을 테마로 매일 다른 향기를 즐기는 멀티팩 제품도 인기가 있다.

(1) 배스 솔트

배스 솔트(bath salt)는 염화나트륨, 황산나트륨 등의 중성염에 향료나 색소를 첨가한 간단한 입욕제에서부터 인산나트륨, 탄산나트륨, 붕사, 염화나트륨 등의 분말 염류에 향료, 색소, 라우릴 황산나트륨, 전분 등을 첨가해 가압 성형하여 정제화한 것까지 다양하다. 후자는 경수의 연화 작용과 세정 작용을 하며 알칼리성이므로 향료를 선택할 때 주의해야 한다. 또 탄산염에 유기산(구연산, 주석산 등)과 착색, 향료를 넣고 과립상(굵은 알갱이)으로 한 것도 있으며 이때 향료는 1% 내외로 한다.

(2) 버블 배스

버블 배스(bubble bath)는 발포성을 풍부하게 한 입욕제로 계면 활성제나 비누가 주원료이다. 제품은 분말, 정제, 젤리 형태이며 세정 작용도 충분하고 특수한 형태의 비누이다. 젤라틴, 라우릴 황산나트륨(sodium lauryl sulfate), 글리세린, 물, 향료를 넣어 제조하는데 이때 향료는 3% 이내로 한다. 기포의 상태에 따라 향료의 휘발 속도가 영향받을 수 있다.

(3) 배스 오일

배스 오일(bath oil)은 물에 용해되지 않는 향유를 광유, 올레일알코올(oleyl alcohol), 피마자유, 식물유, 지방산 에스테르에 용해하여 제조하며, 욕조에 몇 방울 떨어뜨려 사용한다. 향조는 주로 파인계, 우디(woody)한 것을 사용한다.

6) 섬유 케어 제품

섬유 케어 제품에는 의류용 세제, 유연제 등이 있으며, 최근에는 향기에 대한 인식이 높아져 성장이 지속되는 카테고리이다.

(1) 의류용 세제

의류용 세제는 분말과 액상으로 나뉘며, 액상 세제가 세탁할 때 분말 세제보다 잘 녹으며 간편하게 사용할 수 있어서 인기가 있다. 분말 세제는 알칼리성이며 액상 세제에 비하여 표면적이 커서 향료는 비누와 동일하게 산화에 대한 높은 안정성이 필요하다. 한편 액상 세제는 분말 세제에 비하여 향료 설계에 자유로우며 향기 잔류성이 높은 제품이 많다.

세제의 향기는 제품 형태, 세탁 방식, 건조 후 등의 단계마다 향기를 평가하여 설계한다. 세제의 향조는 청량감이 나는 플로럴 타입이나 시트러스 타입 등이 많다. 최근에는 밝은 과일 노트(fruity note)에 대응한 제품도 출시되고 있다.

(2) 유연제

유연제는 세탁할 때 부드러움을 주기 위하여 개발되었지만 최근에는 세탁물에 향기

그림 12-4 **섬유 케어 제품과 방향제**

부여를 목적으로 한 제품이 많이 출시되고 있다. 제품 향조가 다양하며 기업에서 시리즈 제품 형태로 생산하여 판매하고 있다. 플로럴 타입이나 과일 타입 등 다양하다.

7) 방향제

방향제는 실내용, 화장실용, 자동차용 등으로 나뉜다. 현관용이나 싱크대용 등처럼 타깃을 더 명확하게 한 제품도 있다. 제품의 형태 또한 액상, 젤, 비즈(beads), 스프레이, 투과막 등 다양하며 그중에서 액상(방향제액)이 가장 일반적이다. 주요 조성은 향료와 물, 그리고 계면 활성제이며 여과지를 휘발 매체로 사용하여 실내 등에 휘발시키는 구조이다. 최근에는 플러그식이나 스틱형 등 새로운 형태의 제품이 등장하고 있다.

고체 방향제에는 승화성 방향제, 젤 타입 방향제, 포맨더(pomander) 타입 방향제가 있다. 최근에는 도자기형 방향제도 많이 나오고 있다. 이 가운데 p-다이클로로벤젠(p-dichlorobenzene)에 향료를 첨가해서 만든 승화성 방향제가 인기가 있다. 그러나 p-다이클로로벤젠에는 특유의 자극취(moth ball)가 있어서 거실 방향제로는 적당하지 않으며 주로 토일렛용으로 이용한다.

무취의 승화성 기체로 아이소프로필트리옥산(isopropyl trioxane)이나 아다만테인(adamantane) 등이 개발되어 있다. 거실이나 침실 등에 주로 사용하는 승화제는 건강면에서 주의해야 한다. 최근 시중에 수용성 젤 타입 방향제가 많이 나와 있는데, 젤에 향료를 함침한 것을 용기에 넣어 용기의 개폐 정도에 따라 향료의 발산을 조절한다.

젤화제에는 카라기난, 한천, 폴리비닐알코올(polyvinyl alcohol), 하이드록시프로필셀룰로스(hydroxypropyl cellulose), 아라비아검 등을 조합해서 이용하며, 향료는 젤 베이스

(gel base)에 포함되어 있어 물과 함께 휘발한다. 휘발의 원리는 수증기 증류와 유사하지만 증기압이 높은 향료가 휘발하기 쉬우므로 사용하면서 향조가 변하는 경향이 있다.

방향제는 로즈, 복숭아, 라벤더, 금계목 등 단일 소재의 향기를 구현한 향조가 많고 심플한 점이 인기가 좋다. 최근에는 야경이나 석양, 햇살 등의 풍경을 연상시키는 이름이 달린 제품이나 비누, 유연제, 샴푸 등을 많이 볼 수 있다. 방향제용 향료를 개발할 때에는 그 제품 형태의 특징에 맞게 설계해야 하는데, 그 이유는 향료 조성이 방향제의 휘발성에 크게 영향을 미치기 때문이다.

8) 세정제

식기용 세제부터 싱크대용, 화장실용, 욕실용, 창문용 등의 주거용 세제로 나뉘며 다양한 제품이 있다.

(1) 식기용 세제

식기용 세제에 사용하는 향료는 레몬, 라임, 오렌지 등의 감귤계 노트(citrus note)가 가장 일반적이지만 최근에는 과일계나 플로럴을 테마로 한 제품이 증가하고 있다. 그리고 스펀지의 제균이나 손 미끄럼 방지, 보습 타입 등 부가 기능을 추가한 제품도 판매되고 있다. 또한 감귤계 향료의 주요 성분인 *d*-리모넨은 국제향료소재연구소인 RIFM(The Research Institute for Fragrance Materials)에서 수중 생태계를 교란하는 물질로 지목하면서 요즘은 GC 분석으로 *d*-리모넨을 제거한 감귤계 향료를 조합하여 사용하고 있다.

(2) 주거용 세제

주거용 세제에는 화장실에서 주방 냉장고까지 적용 범위가 매우 넓지만 탈취에 가장 중점을 두고 있다. 화장실은 에어로졸형, 고체형, 젤형이 있으며, 앞으로 이들을 응용한 상품이 개발될 것으로 기대한다. 냉장고에서도 기본은 활성탄이 주류를 이루는데 그 밖에 제올라이트류, 이산화염소, 젤형 등의 제품이 나와 있다. 반응성 방향제로서 알데하이드 또는 에스테르에 의한 부가·치환 및 방향에 의한 불쾌취의 중화와 마스킹 방법이 적용되고 있다. 향료에서 시트랄, 헬리오트로핀(heliotropine), 피페로날(piperonal), 바닐린, 쿠마린(coumarin) 등은 소취 효과가 나는 것으로 알려져 있다.

>>> 소취 방법은 뒤에 나오는 산업용 향료의 소취제 부분을 참고하기 바란다.

2. 약용 및 연초 향료

약용 향료는 치약·살충제 등의 의약 외품용, 시럽·당의정 등과 같은 경구 투여용, 사료·유인제·기피제 등에 적용되는 생물용이 있다. 일상생활에서 가장 쉽게 접하는 것으로 치약 향료를 들 수 있다.

그림 12-5 **약용 · 연초에 사용하는 향료**

1) 치약 향료

치약에서는 페퍼민트 오일(peppermint oil), 스피어민트 오일(spearmint oil), 아니스 오일(anise oil), 페늘 오일(fennel oil), 윈터그린 오일(wintergreen oil) 등의 천연 향료와 *l*-멘톨, *l*-카르본(*l*-carvone), 아네톨(anethole), 메틸 살리실레이트(methyl salicylate) 등의 합성 향료를 사용한다. *l*-멘톨은 민트류의 오일에서 추출하거나 합성해서 얻는 유기 화합물이며, *l*-카르본은 스피어민트 오일의 주성분이다. 아네톨은 아니스 오일에 존재하는 화합물이며, 메틸 살리실레이트는 윈터그린 오일의 주성분이다. 현재 유통되는 치약에는 다음 [표 12-1]과 같이 페퍼민트 타입, 스피어민트 타입, 더블민트 타입 향료를 사용한다.

표 12-1 **치약 향료의 종류**

구분	설명
페퍼민트 타입	페퍼민트 오일, 멘톨, 아네톨을 조합하고 여기에 체리, 살구, 파인애플, 딸기 등의 과일계 향료와 레몬, 오렌지 등의 시트러스계 향료를 이용하여 좋은 향을 부여한다.
스피어민트 타입	페퍼민트 오일 대신에 스피어민트 오일을 사용하지만 청량감이 떨어져서 *l*-멘톨을 많이 사용한다.
더블민트 타입	페퍼민트의 청량감과 스피어민트의 자극을 함께한 새로운 맛의 플레이버로서 시트러스계의 향료나 스파이시계의 향료로 이용된다. 치약의 부향률은 1% 내외이다.

2) 기피제 향료

곤충이나 동물에게 냄새에 대한 감각은 생명이나 종족 보존을 위해 매우 중요하다. 그러므로 특정한 물질의 냄새에 유인되거나 기피하는 등의 반응을 나타낸다. 이때 유인·기피에 관여하는 것이 체내의 미량 향기 물질인 페로몬(pheromone)이다. 페로몬 중에는 테르펜과 그 유도체가 많은 것으로 알려져 있다. 이를 응용하여 목재나 섬유의 방충 가공, 모기 방지 등의 약제와 식품 창고의 방수 약제 등에 향을 이용하고 있다. 파리·모기 기피제에는 로즈 제라늄과 인돌렌(indolene) 등을, 벌 기피제에는 벤즈알데하이드를 사용한다.

3) 담배

담배에서 향료는 맛과 향에 변화를 줄 목적으로 사용하며 다양하게 표현할 수 있다. 향료는 소비자가 선호하는 담배를 선택하는 기준으로 작용한다.

3. 산업용 향료

산업용 향료는 공장, 축사 등에서 발생하는 불쾌취를 억제하거나 마스킹할 목적의 환경 개선용, 도시가스나 LPG의 유출을 방지할 목적의 보안용 등으로 많이 응용되고 있다.

고무 플라스틱

그림 12-6 **산업용 향료**

1) 소취제

일상생활에서 발생하는 악취를 억제 또는 마스킹할 목적으로 향을 사용한 것은 고대 이집트 기록에도 있다. 악취의 제거·소취·방취는 다음 [표 12-2]와 같이 물리적 방법, 화학적 방법, 생물학적 방법으로 이루어진다.

표 12-2 **악취의 제거·소취·방취 방법**

구분	설명
물리적 방법	흡수, 흡착, 피복
화학적 방법	산화, 환원, 분해, 중화, 부가 반응
생물학적 방법	살균 작용, 미생물, 효소에 의한 처리

(1) 소취제와 안전성

소취제로는 로릴 메타크릴레이트(lauryl methacrylate), 젤라닐 크로토네이트(geranyl crotonate)를 대표적으로 사용한다. 소취를 나타내는 반응기는 −C=C−C=O이다. 즉, 이중 결합에 의한 반응을 이용해서 소취의 목적을 달성하므로 CH_2=C(COOR′)R 구조식의 효과를 연구하고 있다. 이는 악취 물질 가운데 질소 화합물, 유황 화합물을 잘 잡아서 화학 반응에 의한 무취 물질로 변화한다.

메타크릴산 에스테르(methacrylic acid ester)의 구조에서 R′는 C_8−C_{14}의 범위의 것이 소취제로 적당하며 로릴 메타크릴레이트가 대표적이다. 소취제로 요구되는 조건은 사람과 동물에 무해하여야 하며, 인화 온도가 높고 공기와 혼합해도 폭발성이 없으며, 부식성과 오염성이 없고 안정성이 있어야 한다.

(2) 향료를 이용한 악취의 억제 및 마스킹

향료를 이용하여 악취를 억제하거나 마스킹하려면 ① 악취 성분보다 역취가 낮은 방향 성분을 이용해서 취각의 생리 자극을 변화시키는 방법, ② 악취 성분보다 생리 자극이 강한 향료를 이용해서 악취에 대한 감각을 감소시키는 방법, ③ 악취 성분보다 높은 증기압을 지닌 향료를 사용하여 향기의 성질을 변화시키는 방법이 있다. 과일 향조나 파인, 바닐라, 라벤더 등을 조합하여 ②, ③의 방법으로 악취를 억제한다.

2) 보안용 향료

도시가스나 LPG가 누출될 때 보안 장치로 향료를 사용한다. 정제된 도시가스는 냄새가 거의 나지 않으므로 일반인이 쉽게 감지할 수 있는 향료를 첨가하여 보안에 대처한다.

(1) 보안 향료의 조건

인체나 가축에 무해하여야 하며 일반적인 냄새와 식별하기 쉽고 불쾌취가 나야 한다. 극미량으로도 감지할 수 있고 연소한 후에 무취·무해하여야 한다. 화학적으로 안정하고, 가스 도관의 기구를 부식시키지 않고, 관내에서 응축하지 않아야 한다. 도시가스와 비중이 비슷하고 가격이 저렴하면 좋다.

(2) 적용 향료

현재 황화합물을 주로 이용하는데, 이는 다른 화합물에 비해 역치가 매우 낮아서 후각 장애인도 냄새를 맡을 수 있기 때문이다. 에틸메르캅탄(ethyl mercaptan), 아이소프로필메르캅탄(isopropyl mercaptan), 아이소뷰틸메르캅탄(isobutyl mercaptan), 다이메틸설파이드(dimethyl sulfide), 다이에틸설파이드(diethyl sulfide), 알릴메틸설파이드(allyl methyl sulfide) 등을 이용한다.

4. 향료의 안전성

향료의 안전성은 국제향료소재연구소(RIFM)에서 항목을 광범위하게 평가하고 있다. 그리고 향료 업계의 국제기구인 국제향료협회(The International Fragrance Association, IFRA)에서는 1978년 이후 향료의 안전 사용 가이드라인을 설정하였다. 한편 한국향료공업협회(Korea Flavor & Fragrance Association, KFFA)에서는 IFRA의 활동에 준하여 안전성 확보를 위한 독자적인 화장품 향료의 제조 및 취급에 관한 시설 요강을 정하고 있다.

이와 같이 향장품용 향료는 향수를 원료로 하여 화장품, 비누, 샴푸, 방향제 등 다양한 카테고리에 이용되어 그 용도를 넓혀 왔다. 예전부터 동식물에서 얻은 천연 향료를 중심으로 한 향료가 많았지만, 합성 향료의 발전과 함께 지금까지 없었던 특징 있는 새로운 향조를 표현할 수 있게 되었으며 앞으로도 합성 향료의 개발이 기대된다. 또한 향기에 대한 소비자의 인식은 매년 높아지고 있어서 향장품용 향료의 중요성은 더욱 커질 것이다.

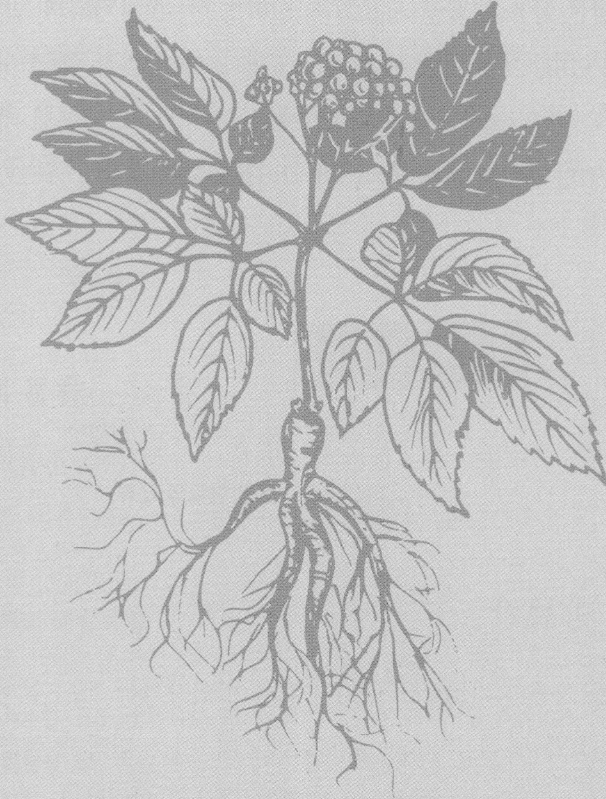

제13장 식품 향료

1. 식품 향료란
2. 향료의 조합
3. 식품 향료의 분류
4. 향료와 제품

향료에는 천연 향료와 합성 향료가 있으며 또한 천연 향료와 합성 향료를 소재로 한 조합 향료가 있다. 조합 향료는 [그림 13-1]과 같이 식품 향료(flavor)와 향장품 향료(fragrance)로 크게 나눌 수 있는데, 이 장에서는 향료 산업에서 과반을 차지하는 식품 향료가 어떻게 만들어지고 사용되는지 알아보려고 한다.

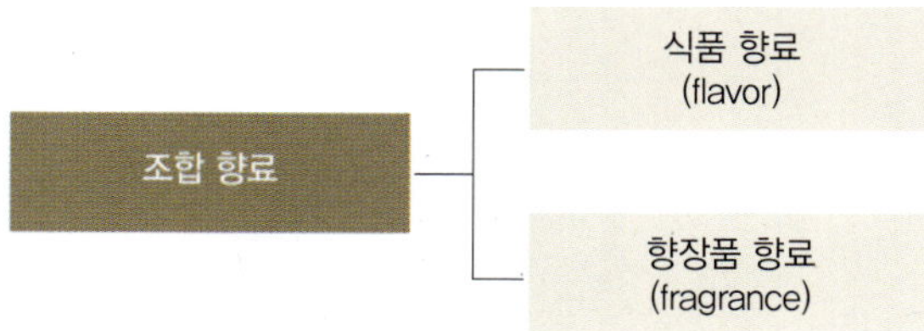

그림 13-1 **조합 향료의 분류**

1. 식품 향료란

식품 향료는 식품의 기호성을 올리기 위하여 첨가하는 향미 물질로 조합 향료에 포함된다. 식품 향료를 플레이버(flavor)라고 하는데, 이는 원래 음식을 섭취할 때 냄새, 맛, 자극, 감촉, 온·냉감 등을 종합하여 느끼는 감각을 의미한다. 플레이버는 이러한 효과를 갖는 물질이라는 점에서 식품 향료 자체를 뜻하게 되었다.

향장품 향료는 코로만 감지하는 데 반하여 식품 향료는 코는 물론이고 입속에 넣었을 때 입에서 코로 빠져나오는 냄새를 포함하여 식품 고유의 맛과 혀로 느끼는 감촉 등의 상관 관계로 인식한다는 점에서 본질적으로 차이가 있다. 식품 이외에 구강 청량제, 먹는 약, 치약, 담배 등에 사용하는 향료도 식품 향료에 포함하여 플레이버라고 한다. 또, 동물 사료용 향료도 플레이버의 영역에서 관리한다. [그림 13-2]는 일상생활에서 사용하는 다양한 식품 향료 관련 제품을 보여 준다.

가공 식품은 맛과 편리성을 목적으로 다양하게 연구하는데 소비자의 기호도를 높이기 위하여 식품 향료를 사용한다. 식품 향료는 식품 특유의 향기를 재현하는 것이 중요하므로 향기 분석 기술을 이용하여 식품이 지닌 휘발성 향기 성분을 추출하여 분석하고 동정·구명한다.

이 장에서는 과일 등의 신선 식품이나 발효 식품, 가열 조리된 식품의 향기와 특징을

그림 13-2 일상생활에서 사용하는 다양한 식품 향료 관련 제품

설명한다. 그러나 향기 성분은 식품의 농도나 다른 성분과의 밸런스, 상호 작용에 따라 표현되는 특징이 조금씩 달라진다. 또한 식품의 향기 성분은 다양한 향기 물질로 구성되어 있으며 [그림 13-3]처럼 톱 노트, 미들 노트, 베이스 노트로 분류하여 표현하는 경우가 많다. 톱 노트는 향의 초기 느낌을 결정하고, 미들 노트는 향의 골격으로 중반에 느껴지며, 마지막까지 잔존하면서 무게감이 나는 향기를 베이스 노트라고 한다.

>> 향장품에서 베이스 노트는 라스트 노트라고도 한다.

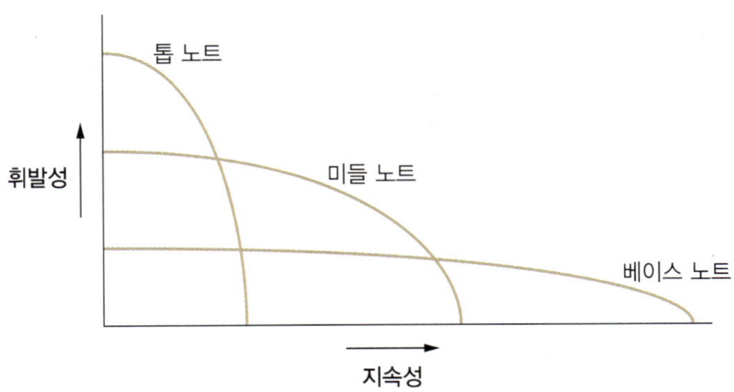

그림 13-3 휘발성과 지속성에 따른 향기의 분류

자료: ㈜보락 제공

[그림 13-4]는 바나나 향을 예로 들어 3가지 파트로 분류한 노트의 특징을 보여 준다.

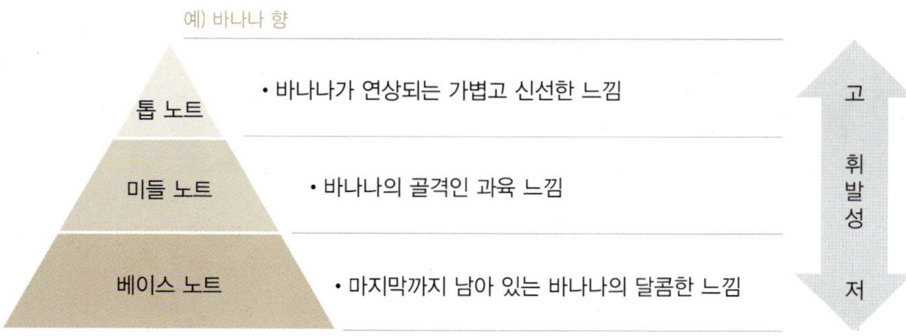

그림 13-4 3가지 노트의 특징

자료: 長谷川香料(株), 香料の科學, 講談社, 2013

2. 향료의 조합

각종 향료 소재를 배합하여 향기를 만드는 과정을 조합이라 하며, 과학적인 기초 위에 예술 감각을 더하여 제조한다. [그림 13-5]는 향료 조합의 전형적인 방법을 보여 준다. 먼저 향기 소재를 선택하고 이를 배합하여 향기의 골격을 만드는데 이를 보디(body)라고 하며, 여기에 조화제(blender), 변조제(modifier), 미묘한 뉘앙스를 표현하는 보조제(adjuvant), 휘발성과 보류성을 조정하는 보류제(fixative) 등을 더하여 수용성 향료, 유용성 향료, 유화 향료, 분말 향료 등으로 가공하여 제품을 만든다(제11장 [그림 11-1] 참조).

1) 식품 향료의 조합 예

식품 향료 제조에서 식품 플레이버 베이스(flavor base)를 만드는 공정을 구체적으로 살펴보면 [그림 13-5]와 같다. 압착법, 용매 추출법, 증류법 등으로 천연 소재에 알맞은 분리법을 선정하여 천연 향료를 얻고, 여기에 화학 제품을 원료로 하여 물리적 방법, 화학적 방법, 유기화학적 합성법으로 합성 향료를 얻은 후 천연 향료와 조합함으로써 플레이버 베이스를 만든다. 이때 천연 향료의 부산물 등에서 유용한 단리 향료를 얻을 수 있다.

이렇게 얻은 식품 플레이버 베이스는 [그림 13-6]과 같은 제조 공정을 거쳐 용도에 맞게 4가지 타입의 향료 제재를 만든다. 수용성 향료는 용해성을 고려하여 에틸알코올, 프로필렌글리콜, 글리세롤(글리세린) 등에 용해해서 추출·분리하여 만든다. 유용성 향

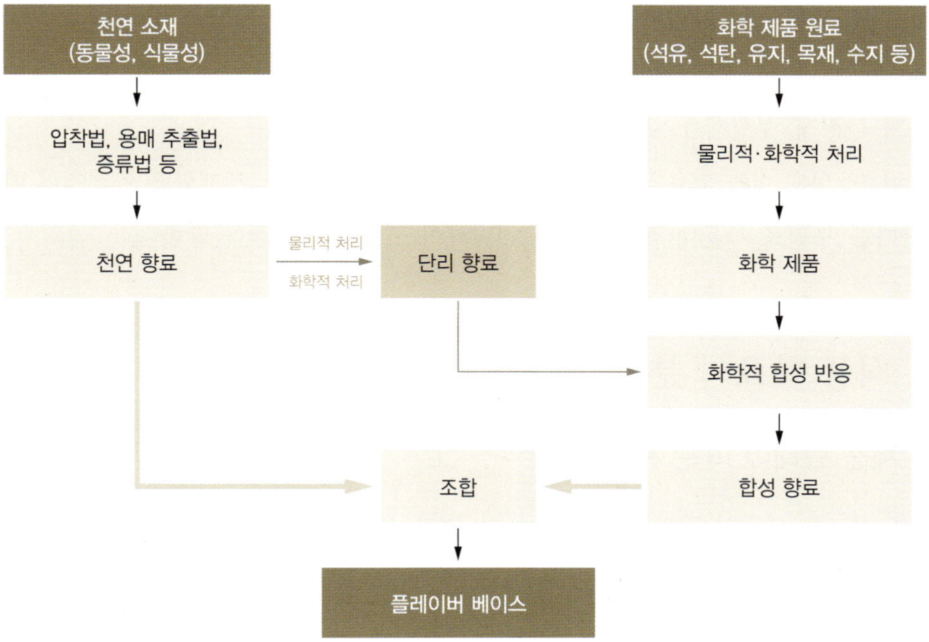

그림 13-5 **식품 향료 베이스의 제조 방법**

>> 향료의 제조 방법은 제11장 조합 향료의 제조 방법을 참고하기 바란다.

그림 13-6 **식품 향료의 용도별 제재화 과정**

료는 식품 첨가물인 글리세린 지방산에스테르와 중간 사슬 중성 지방(medium chain triglyceride, MCT)을 유화제로, 유화 향료는 유화제와 안정제(아라비아검)로, 분말 향료는 유화제·안정제·부형제를 넣어 분무함으로써 제품을 얻는다.

[그림 13-6]은 식품 향료의 용도별 제재화 과정을 보여 준다. 제제화란 플레이버 베이스에 다음 부원료 가운데 적당한 것을 선택하여 조합하는 가공을 말한다.

3. 식품 향료의 분류

1) 제품 형태에 따른 분류

식품 향료는 제품의 형태에 따라 수용성 향료, 유용성 향료, 유화 향료, 분말 향료의 4가지 유형으로 분류할 수 있다.

표 13-1 **식품 향료의 형태에 따른 분류**

형태	특징	주요 용도
수용성 향료	• 가볍고 신선한 향취가 나며 물에 투명하게 녹는다. • 가열 가공에서 휘발하기 쉽다.	청량음료(탄산, 과즙), 요구르트 음료, 드링크제, 아이스크림, 젤리 등
유용성 향료	• 보류성이 높은 강력한 향취를 부여한다. • 가열 가공에서 휘발하기 어렵다.	쿠키, 비스킷, 캔디, 추잉 껌, 베이커리 제품, 초콜릿 등
유화 향료	• 마일드하게 강한 향취를 부여한다. • 물에 분산하여 탁함을 부여한다.	청량음료(과즙), 냉과 조리 식품 등
분말 향료	• 안정성이 우수하며 취급하기 쉽다.	분말수프, 분말주스, 인스턴트식품, 축육·수산 가공품, 스낵류, 조미류, 추잉 껌 등

(1) 수용성 향료

수용성 향료란 천연 향료와 합성 향료를 여러 종 조합해서 만든 베이스를 40~60%의 알코올에 용해하여 제품화(essence)한 것이다. 물에 투명하게 용해되거나 잘 분산되고 가벼운 톱 노트를 갖지만, 내열성이 약해서 주로 청량음료, 빙과에 사용한다. [표 13-2]는 수용성 향료를 처방한 실제 예이다. 여기에서 냉장 처리란 -7~10°C에서 24~72시간 보관한 후 여과하는 것이다.

표 13-2 수용성 향료를 처방한 예

구분	원료	비율(%)	합계(%)	냉장 처리 여부 (O, X)
일반 향료	플레이버 베이스	5.00	100.00	X
	곡물 발효 주정(95% 에탄올)	60.00		
	정제수	35.00		
스파이스류와 허브류 향료	에센셜 오일(스파이스, 허브)	5.00	105.00	○
	곡물 발효 주정(95% 에탄올)	60.00		
	정제수	40.00		
감귤류 향료	에센셜 오일(시트러스)	10.00	110.00	○
	곡물 발효 주정(95% 에탄올)	60.00		
	정제수	40.00		

[표 13-2]에서 냉장 처리를 할 수 있는 두 가지 처방은 배합을 완료하여 냉장 상태에서 24~72시간 보관한 뒤 [그림 13-7]처럼 여과지로 여과한 맑은 액체를 취하여 제품화한다.

그림 13-7 천연 정유의 수용성 향료 제조 방법

자료 : ㈜보락 제공

(2) 유용성 향료

유용성 향료란 천연 향료, 합성 향료, 조합 향료를 유용성 용매에 용해시킨 제품으로, 식품 향료로서 향기 성분의 농도가 높고 물에 분산되기 어렵지만 내열성·보류성이 좋아서 비스킷 등의 구운 과자, 캔디, 추잉 껌 등에 사용한다. [표 13-3]은 유용성 향료를 처방한 실제 예이다.

표 13-3 **유용성 향료를 처방한 예**

구분	원료	비율(%)	합계(%)
일반 향료	플레이버 베이스	20.00	100.00
	베지터블 오일 또는 글리세린 지방산에스테르	80.00	
시즈닝 오일의 일반 향료	시즈닝 오일	50.00	100.00
	베지터블 오일 또는 글리세린 지방산에스테르	50.00	

자료: ㈜보락 제공

(3) 유화 향료

향료는 대부분 소수성이므로 물에 잘 녹지 않는다. 따라서 알코올 또는 다가 알코올에 용해시켜 제품화한다. 유화 향료(emulsified flavor)는 적당한 유화제·안정제를 써서 미립자로 수중에 분산시킨 것으로, 청량음료에 향기와 적당한 혼탁을 부여할 때 주로 사용한다. [표 13-4]는 유화 향료 중에서 화이트클라우디(white cloudy)를 처방한 실제 예이다.

표 13-4 **유화 향료를 처방한 예**

구분	원료	비율(%)	합계(%)
화이트 클라우디	아라비아검(crude)	16.47	100.00
	역삼투(reverse osmosis, RO) 워터	34.26	
	SAIB(sucrose acetoisobutyrate)	7.12	
	중간 사슬 중성 지방(medium chain triglyceride, MCT)	9.09	
	d-리모넨	0.07	
	솔비톨	6.59	
	글리세린	26.36	
	시트르산	0.04	

자료: ㈜보락 제공

(4) 분말 향료

분말 향료(powered flavor)는 향료를 유당·포도당·소금을 비롯한 담체에 간단히 혼합·부착한 타입의 것, 향료를 먼저 아라비아검·덱스트린 등의 유화제·부형제와 함께 수용액에 유화·분산시켜 분무 건조기로 분말화한 것, 그리고 향료를 당·젤라틴 등에 캡슐화한 록인(lock-in)형의 세 종류가 있다. [표 13-5]는 분말 향료를 처방한 실제 예이다.

표 13-5 분말 향료를 처방한 예

원료	비율(%)	합계(%)
플레이버 베이스	10.00	100.00
아라비아검	30.00	
덱스트린	60.00	
특징	• 액체 상태인 향료를 껍질이나 부형제로 유화한 것을 분말 상태로 만든 것으로, 향료 본체가 코팅되어 있어서 휘발하기 어렵다. • 전분이나 녹말 등 먹을 수 있는 분체에 흡착시킨 제품도 있다.	
주 용도	• 반죽 가공을 한 식품: 추잉 껌, 수산 가공품 • 분말 식품: 조미료, 분말수프, 분말 디저트 • 분말 식품 재료: 홈 쿠킹 프리믹스 분말 등, 스낵과 구운 과자용 생지의 반죽, 구운 후 뿌리기	

자료: ㈜보락 제공

2) 플레이버 유형에 따른 분류

식품 향료를 향료 타입에 따라 분류하면 대체로 시트러스(citrus)계, 과일(fruits)계, 우유(milk)계, 바닐라(vanilla)계, 민트(mint)계, 스파이스(spice)계, 너트(nut)계, 축육·수산(meat, fish)계, 조미(seasoning)계, 주류(alcolol beverages)계, 그리고 두류(bean)를 포함하는 기호음료(favorite beverages)계로 나눌 수 있다.

표 13-6 식품 향료의 플레이버 유형에 따른 분류

구분	유형	용도
시트러스계	오렌지, 레몬, 라임, 자몽 등 감귤류의 향료	청량음료, 드링크제, 냉과, 스포츠 음료, 캔디 등
과일계	사과, 바나나, 포도, 복숭아 등의 시트러스계 이외 과일류의 향료	청량음료, 드링크제, 비스킷, 냉과, 캔디, 잼 등
우유계	우유, 크림, 버터 등의 유제품 향료	냉과, 비스킷, 마가린 등
바닐라계	바닐라 향료	냉과, 비스킷, 초콜릿, 캔디 등
민트계	페퍼민트, 스피어민트 등의 민트 향료	추잉 껌, 캔디, 양주, 치약, 기타 구강 청결제 등
스파이스계	후추, 시나몬, 생강, 육두구, 정향 등의 스파이스 향료	햄, 소시지, 콜라, 진저에일, 캔디 등
너트계	아몬드, 땅콩, 코코넛, 헤이즐넛 등의 너트 향료	비스킷, 초콜릿, 캔디 등

(계속)

구분	유형	용도
축육·수산계	소고기·돼지고기·닭고기 등의 육류, 게·새우 등 수산물류의 향료	햄버거 패티, 인스턴트식품, 레토르트 식품, 펫 푸드 등
조미계	수프, 소스, 간장, 버섯 등의 향료	인스턴트식품, 레토르트 식품 등
주(酒)류계	주류, 칵테일 등의 향료	과자류, 청량음료, 냉과 등
기호음료계 (두류 포함)	커피, 코코아, 홍차, 우롱차 등 기호음료용 향료	캔 커피, 우유, 커피, 홍차 등

자료: ㈜보락 제공

3) 구성 요소에 따른 분류

우리나라 식품의약품안전처의 『식품첨가물공전』에 따르면 향료는 천연 향료, 합성 향료로 구분하여 규정하고 있었으나, 개정된 「식품첨가물의 기준 및 규격」(식약처 고시 제2021-57호, 2021. 7. 1.)에 따라 천연 향료와 합성 향료를 삭제하고 통합하여 향료로 신설하였다.

이는 식품의 안전성 확보는 물론 국제 기준과 조화를 이루도록 하며, 향료 분류 체계에서 천연 향료와 합성 향료를 혼합해도 향료로 분류할 수 있게 하고, 향료의 희석·용해 등에 사용하는 물질도 추가로 허용하는 등 제조 범위를 확대해 착향을 목적으로 한 다양한 제품을 제조할 수 있도록 한 것이다. 종전의 천연 향료, 합성 향료의 정의는 다음과 같다.

(1) 천연 향료(natural flavoring substances)

① 정의: 『식품첨가물공전』 천연 향료 목록 272종에서 추출·증류·발효·효소 처리 등의 제법으로 얻어지는 정유, 추출물, 올레오레진 등을 말하며, 향미를 부여 또는 증강하려고 사용한다.

>>> 올레오레진에서 따로 규격이 정하여진 향신료 올레오레진류는 제외한다.

다만, 발효에 이용되는 미생물은 「식품의 기준 및 규격」 [별표1] 및 [별표2] 목록에 등재된 것이어야 하며, 효소 처리에 사용하는 효소는 이 고시에서 정하는 품목이어야 한다. 또한 다음 향료에 화학적 변화를 주지 않는 방법으로 2종 이상 단순 혼합한 것이 포함되며 품질 보존, 희석, 용해, 분산 등을 위하여 물, 주정, 식물성 기름, 덱스트린, 전분, 변성 전분, 아라비아검, 이산화규소를 첨가할 수 있다.

② 천연 향료를 제조 또는 가공하는 경우에는 적합한 용매(에탄올, 아이소프로필알코올, 헥산)를 단독 또는 병용하여 각 원료로부터 추출 등으로 얻어지며, 사용된 용매들은 잔류 용매의 규격에 적합하도록 제거하여야 한다.(아이소프로필알코올 50 ppm 이하, 헥산 25 ppm 이하이어야 한다.)

(2) 합성 향료(synthetic flavoring substances)

① 정의: 식품에 착향할 목적으로 사용할 수 있는 합성 향료는 다음과 같다(『식품첨가물공전』의 합성 향료 목록). 다만, 이 품목에는 다음 향료를 화학적 변화를 주지 않는 방법으로 2종 이상 단순 혼합한 것이 포함되며 품질 보존, 희석, 용해, 분산 등을 위하여 물, 주정, 프로필렌글리콜, 트리아세틴, 글리세린, 덱스트린, 전분, 변성전분, 아라비아검, 이산화규소를 첨가할 수 있다.

4. 향료와 제품

향료의 사용 범위는 앞서 플레이버 유형에 따라 식음료 부분 이외에 육가공, 수산 가공, 주류 음료에 이르기까지 다양하게 적용되고 있다. 식품의 종류에 따른 적용 사례 등을 우리나라 식품의약품안전처의 『식품공전』 및 『식품첨가물공전』을 통하여 살펴보자.

1) 음료류

음료류란 다류, 커피, 과일·채소류 음료, 탄산음료류, 두유류, 발효 음료류, 인삼·홍삼 음료 등 음용을 목적으로 하는 것을 말한다. 음료에 투명하게 녹는 특성이 있어서 수용성 향료를 사용한다. 즉, 시트러스계의 오렌지 향, 레몬 향, 라임 향, 자몽 향 등뿐 아니라 과일계, 허브계, 견과류계 향료 등도 많이 사용한다. [표 13-7]은 『식품공전』 및 『식품첨가물공전』에 따른 음료류를 구분해 정리한 것이다.

표 13-7 『식품공전』 및 『식품첨가물공전』에 따른 음료류

구분	정의	식품 유형
다류	식물성 원료를 주원료로 하여 제조·가공한 기호성 식품으로 침출 차, 액상 차, 고형 차를 말한다.	① 침출 차: 식물의 어린 싹이나 잎, 꽃, 줄기, 뿌리, 열매 또는 곡류 등을 주원료로 하여 가공한 것으로 물에 침출하여 그 여액을 음용하는 기호성 식품을 말한다. ② 액상 차: 식물성 원료를 주원료로 하여 추출 등의 방법으로 가공한 것(추출액, 농축액 또는 분말)이거나 이에 식품 또는 식품 첨가물을 가한 시럽상 또는 액상의 기호성 식품을 말한다. ③ 고형 차: 식물성 원료를 주원료로 하여 가공한 것으로 분말 등 고형의 기호성 식품을 말한다.
커피	커피 원두를 가공한 것이거나 또는 이에 식품 또는 식품 첨가물을 가한 것으로 볶은 커피, 인스턴트커피, 조제 커피, 액상 커피를 말한다.	① 볶은 커피: 커피 원두를 볶은 것 또는 이를 분쇄한 것이다. ② 인스턴트커피: 볶은 커피의 가용성 추출액을 건조한 것이다. ③ 조제 커피: 볶은 커피 또는 인스턴트커피에 식품 또는 식품 첨가물을 혼합한 것이다. ④ 액상 커피: 유가공품에 커피를 혼합하여 음용하도록 만든 것으로 커피 고형분 0.5% 이상인 제품을 포함한다.
과일·채소류 음료	과일 또는 채소를 주원료로 하여 가공한 것으로서 직접 또는 희석하여 음용하는 농축 과채즙, 과채 주스, 과채 음료를 말한다.	① 농축 과채즙(또는 과채분): 과일즙, 채소즙 또는 이들을 혼합하여 50% 이하로 농축하거나 분말로 만든 것이다(다만, 원료로 사용하는 제품은 제외한다). ② 과채 주스: 과일 또는 채소를 압착, 분쇄, 착즙 등 물리적으로 가공하여 얻은 과채즙(농축 과채즙, 과채즙 또는 과일분, 채소분, 과채분을 환원한 과채즙, 과채 퓨레·페이스트 포함) 또는 여기에 식품 또는 식품 첨가물을 가한 것(과채즙 95% 이상)이다. ③ 과채 음료: 농축 과채즙(또는 과채분) 또는 과채 주스 등을 원료로 하여 가공한 것(과일즙, 채소즙 또는 과채즙 10% 이상)이다.
탄산음료류	탄산가스를 함유한 탄산음료, 탄산수를 말한다.	① 탄산음료: 먹는 물에 식품 또는 식품 첨가물과 탄산가스를 혼합한 것이거나 탄산수에 식품 또는 식품 첨가물을 가한 것으로 콜라와 사이다가 대표적인 제품이다. • 콜라 음료: 각종 시트러스계 천연 향료와 스파이스계 천연 향료를 사용한다. • 사이다 음료: 음료에 투명하게 녹을 수 있는 수용성 향료를 사용하는데 레몬 향, 라임 향, 오렌지 향을 많이 사용한다. • 자몽 소다 음료: 자몽 특유의 쓴맛과 향기가 조화를 이룬다. • 과일 소다 음료: 오렌지 향, 포도 향, 사과 향 등을 많이 사용한다. • 에너지 드링크 음료: 카페인을 함유한 천연 추출물을 사용한 탄산음료로 허브나 스파이스계 음료에는 진저에일, 루트 비어 등이 있다. • 우유류를 첨가한 크림소다, 밀크 소다 탄산음료 등도 있다. ② 탄산수: 천연으로 탄산가스를 함유한 물이거나 먹는 물에 탄산가스를 가한 것이다. 레몬 향, 오렌지 향, 라임 향 등의 향료를 사용한다. 시중에는 자몽 향이 들어 있는 제품이 다수 출시되어 음용되고 있다.

(계속)

구분	정의	식품 유형
두유류	두류 및 두류 가공품의 추출물이거나 이에 다른 식품이나 식품 첨가물을 가하여 제조·가공한 것으로 원액 두유, 가공 두유를 말한다.	①원액 두유: 두류에서 추출한 유액(두류 고형분 7% 이상)을 말하며 향료 사용은 제한적이다. ② 가공 두유: 원액 두유나 두류 가공품의 추출액에 과일·채소즙(과실 퓨레 포함) 또는 원유, 유가공품, 곡류 분말 등의 식품 또는 식품 첨가물을 가한 것(두류 고형분 1.4% 이상) 또는 이를 분말화한 것(두류 고형분 50% 이상)이다. 땅콩 향, 검은깨 향 등의 곡류 향료를 사용하여 기호도를 올리고 있으며 나아가 천연 향료를 선호한다.
발효 음료류	유가공품 또는 식물성 원료를 유산균, 효모 등 미생물로 발효시켜 가공한 것을 말한다. 다만, 발효유 타입에 해당되지 않는 것을 말한다.	① 유산균 음료: 유가공품 또는 식물성 원료를 유산균으로 발효시켜 가공(살균 포함)한 것이다. ② 효모 음료: 유가공품 또는 식물성 원료를 효모로 발효시켜 가공(살균 포함)한 것이다. ③ 기타 발효 음료: 유가공품 또는 식물성 원료를 미생물 등으로 발효시켜 가공(살균 포함)한 것이다.
인삼·홍삼 음료	인삼, 홍삼 또는 가용성 인삼·홍삼 성분에 식품 또는 식품 첨가물 등을 가하여 제조한 것으로서 직접 음용하는 것을 말한다.	
기타 음료	먹는 물에 식품 또는 식품 첨가물을 가하여 제조하거나 또는 동식물성 원료를 이용하여 음용할 수 있도록 가공한 것으로, 식품 유형이 정하여지지 않은 음료를 말한다.	① 혼합 음료: 먹는 물 또는 동·식물성 원료에 식품 또는 식품 첨가물을 가하여 음용할 수 있도록 가공한 것이다. ② 음료 베이스: 동·식물성 원료를 이용하여 가공한 것이거나 이에 식품 또는 식품 첨가물을 가한 것으로, 먹는 물 등과 혼합하여 음용하도록 만든다. 대형 커피 체인점 등이 등장하면서 커피와 함께 희석하여 음료로 즐길 수 있도록 개발되었다. 다양한 향료를 사용하는데 시트러스계로 자몽, 오렌지, 레몬 등과 베리류 등이 인기가 있다.

2) 과자류, 빵류 또는 떡류

[표 13-8]은 『식품공전』 및 『식품첨가물공전』에 따른 과자류, 빵류 또는 떡류를 구분해 정리한 것이다.

표 13-8 『식품공전』 및 『식품첨가물공전』에 따른 과자류, 빵류 또는 떡류

정의	식품 유형
곡분, 설탕, 달걀, 유제품 등을 주원료로 하여 가공한 과자, 캔디류, 추잉껌, 빵류, 떡류를 말한다.	① 과자: 곡분 등을 주원료로 하여 굽기, 팽화, 유탕 등의 공정을 거친 것이거나 이에 식품 또는 식품 첨가물을 가한 것으로 비스킷, 웨이퍼, 쿠키, 크래커, 한과류, 스낵 과자 등이 있다. 사용하는 향료로는 우유 향, 버터 향, 바닐라 향, 계란 향 등이며, 또 스낵 과자에는 세이버리(savory)계 향료인 치즈 향, 새우 향, 바비큐 향 등을 사용한다. ② 캔디류: 당류, 당알코올, 앙금, 과즙 등 당분 또는 당분을 다량 함유한 원료를 주원료로 하여 이에 식품 또는 식품 첨가물을 가하여 성형 등 가공한 감미의 기호성 식품으로 사탕, 캐러멜, 양갱, 젤리 등이 있다. 사용하는 향료의 특징으로는 내열성이 요구된다. 바닐라 향, 우유 향, 초콜릿 향, 오렌지 향, 레몬 향 등의 향료를 많이 사용한다. ③ 추잉껌: 천연 또는 합성수지 등을 주원료로 한 껌 베이스에 다른 식품 또는 식품첨가물을 가하여 가공한 것이다. 껌을 씹는 동안 입속에서 향료를 오래 느낄 수 있도록 페퍼민트 오일, 스피어민트 오일 등을 사용하며 부향률은 1% 내외로, 향료를 적용하는 다른 식품에 비하여 사용량이 많은 편이다. ④ 빵류: 밀가루 또는 기타 곡분, 설탕, 유지, 달걀 등을 주원료로 하여 이를 발효시키거나 발효하지 않고 반죽한 것 또는 크림, 설탕, 달걀 등을 주원료로 하여 반죽하여 냉동한 것과 이를 익힌 것으로 식빵, 케이크, 카스텔라, 도넛, 피자, 파이, 핫도그, 티라미스, 무스 케익 등이 있다. 사용하는 향료는 반죽 특유의 맛을 마스킹하기 위하여 우유 향, 바닐라 향 등을 많이 사용하며 그 밖에 버터 향, 커스터드 향, 계란 향 등을 사용하고 피자에는 스파이스계 향료를 쓴다. ⑤ 떡류: 쌀가루, 찹쌀가루, 감자가루 또는 전분이나 기타 곡분 등을 주원료로 하여 이에 식염, 당류, 곡류, 두류, 채소류, 과일류 또는 주류 등을 가하여 반죽한 것 또는 익힌 것이다. 향료로는 쑥 향, 팥 향 등을 사용한다.

3) 빙과류

빙과(冷菓)류란 원유, 유가공품, 먹는 물에 다른 식품 또는 식품 첨가물 등을 가한 후 냉동하여 섭취하는 아이스크림류, 빙과, 아이스크림 믹스류, 식용 얼음을 말한다. [표 13-9]는 『식품공전』 및 『식품첨가물공전』에 따른 빙과류를 구분해 정리한 것이며, 아이스크림 믹스류와 식용 얼음은 생략한다.

표 13-9 **『식품공전』 및 『식품첨가물공전』에 따른 빙과류**

구분	정의	식품 유형
아이스크림류	원유, 유가공품을 원료로 하여 이에 다른 식품 또는 식품 첨가물 등을 가한 후 냉동, 경화한 것을 말한다. 유산균(유산간균, 유산구균, 비피더스균 포함) 함유 제품은 유산균 함유 제품 또는 발효유를 함유한 제품으로 표시한 아이스크림류를 말한다.	① 아이스크림: 아이스크림류이면서 유지방분 6% 이상, 유고형분 16% 이상인 것을 말한다. 향료로는 바닐라 향이 주류를 이루고 그 외에 딸기 향, 포도 향 등을 사용한다. ② 저지방 아이스크림: 아이스크림류이면서 조지방 2% 이하, 무지유 고형분 10% 이상인 것을 말한다. 향료로는 바닐라 향이 주류를 이루고 그 외에 딸기 향, 포도 향 등을 사용한다. ③ 아이스밀크: 아이스크림류이면서 유지방분 2% 이상, 유고형분 7% 이상인 것을 말한다. 향료로는 딸기 향과 초콜릿 향이 주류를 이루고 그 외에 레몬 향, 오렌지 향, 커스터드 향 등을 사용한다. ④ 셔벗(샤베트): 아이스크림류이면서 무지유 고형분 2% 이상인 것을 말한다. 향료로는 바닐라 향과 초콜릿 향이 주류를 이루고 그 외에 딸기 향, 포도향 등을 사용한다. ⑤ 비유지방 아이스크림: 아이스크림류이면서 조지방 5% 이상, 무지유 고형분 5% 이상인 것을 말한다.
빙과	먹는 물에 식품 또는 식품 첨가물을 혼합하여 냉동한 것을 말한다.	아이스크림류와 아이스크림 믹스류에 해당하지 않는 것으로, 사용하는 향료로는 밀크 향, 요구르트 향, 사이다 향, 팥 향 등이 대표적이다.

제14장

향수와 조향사의 세계

1. 향수의 히스토리텔링
2. 훌륭한 조향사가 되는 조건
3. 조향사의 직업관
4. 자신에게 알맞은 향수란
5. 외국의 조향사 양성 기관
6. 향료 회사의 국내외 동향

향수는 인류 최초로 사용한 화장품으로 5000여 년 전부터 종교 의식 등에서 시작되었다. 기독교, 이슬람교, 불교, 힌두교와 같은 대부분의 종교에서 향은 매우 중요한 요소로 여겼다.

조향사를 이야기할 때 대표적으로 파트리크 쥐스킨트(Patrick Süskind)의 소설 『향수–어느 살인자의 이야기』를 인용하는데, 이 책은 전 세계에서 48개 언어로 번역되어 2,000만 권 이상 팔렸으며 영화 「향수」로도 소개된 바 있다. 천재적 후각을 지닌 주인공 장밥티스트 그르누이(Jean-Baptiste Grenouille)가 혐오스러운 삶을 파고드는, 냄새의 치명적 특징을 표현한 작품이다. 천재적인 후각을 지니고 태어나 조향사란 직업인으로서 최고의 향수를 만들기 위해 살인도 주저하지 않는 주인공의 짧은 삶을 보여 준다.

우리는 일상생활에서 다양한 향과 마주한다. 아침에 잠에서 깨어 일어나 느끼는 방안의 냄새에서 시작하여 카페에 가득한 커피 향과 화장품, 식음료에 이르기까지 의식적 또는 무의식적으로 냄새 속에서 살아간다. 이러한 냄새를 다루는 직업인이 있다. 천연 향료 물질을 비롯해 향수 등에 사용하는 향기를 연구하고 만드는 직업을 조향사(perfumer)라고 하는데 크게 퍼퓨머(perfumer)와 플레이버리스트(flavorist)로 나뉜다. 향장품의 향과 같이 후각(odor)만을 이용하여 향을 만드는 사람을 퍼퓨머라 하고, 식품에서 나는 향과 같이 후각과 미각(taste)을 연구하고 제조, 가공하는 사람을 플래버리스트라고 한다.

프랑스의 향수·화장품 브랜드로 유명한 겔랑(Guerlain)에서는 최고 조향사를 최고 경영자(CEO)보다 높게 대우한다. 왜냐하면 조향사는 향을 창조하는 개척자로 여기기 때문이다.

>>> 겔랑은 1828년 피에르 프랑수아 파스칼 겔랑(Pierre François Pascal Guerlain)이 창업하여 5대를 이어온 향수 명문 회사이다.

조향사가 되려면 무엇보다도 기본적으로 뛰어난 후각과 전문 화학 지식을 갖추어야 한다. 또한 적어도 수백 종이 넘는 향료의 냄새를 맡자마자 어떤 향인지를 인지할 수 있어야 하므로 후각과 관련한 신체의 건강이 무엇보다도 중요하다.

1. 향수의 히스토리텔링

1995년부터 조말론(Jo Malone), 에르메스(Hermès), 록시땅(L'Occitane) 등에서 100여 점의 향수를 선보여 세계 최고 조향사로 알려진 파브리스 펠레그린(Fabrice Pellegrin)은 최근에 오드 민떼(Eau de Minthé)를 딥티크(Diptyque)의 신작으로 내놓았다. 출시 배경은 신상품의 스토리 마케팅으로 연결될 수 있기에 조향사를 꿈꾸는 사람들에게는 많은 도움을 준다. 오드민떼는 그리스 신화에 나오는 지하의 신 하데스가 사랑한 님프 민테의 이야기에서 영감을 받아 신비롭고 강렬한 박하 향인 민트(mint)로 탄생시켰다고 한다.

1) 향수는 영감을 얻어 탄생한다

일반적으로 민트 향은 애프터 세이브 스킨 형태로 우리에게 친숙하게 알려져 있다. 톱 노트로 너트멕과 조화를 이루고, 미들 노트로 장미와 제라늄, 베이스 노트로 파촐리를 응용함으로써 시원함, 상쾌함, 청량함을 지니면서 지속력을 높였다. 봄과 여름에 초점을 맞추었으며 20대에서 50대뿐 아니라 그 이상의 연령층을 대상으로 한다.

펠레그린은 2019년 5월 28일 우리나라를 방문하여 「조선일보」 인터뷰에서 "민트는 명확한 느낌이기에 상당히 세련된 조향 과정이 필요하다. 왜냐하면 민트 그 자체가 상쾌한 향이 나서 청결제나 치약 종류를 연상시킬 수 있기 때문이다. 따라서 민트 향에 라벤더, 베르가못, 파촐리, 제라늄 등의 푸제르(fougère) 계열을 잘 배합하면 한결 고급스러운 향을 연출할 수 있다."라고 하였다.

2) 조향의 원칙은 대조적인 느낌을 찾는 것이다

조향사로서 수천 가지의 향을 구분한다는 펠레그린은 그동안 딥티크의 '도손', 조 말론의 '블랙베리&베이', 에르메스의 '칼레시 오 델리카', 록시땅의 '그린 티' 등과 같은 히트작을 냈는데, 조향의 원칙에서 가장 중시하는 건 서로 대조적인 느낌을 찾는 것이라고 하였다. 일반적으로 향료를 추출할 때에는 꽃잎을 많이 쓰지만, 초여름 햇볕같이 따스한 느낌이 나는 민트 향을 내려면 캐스케이드 민트(cascade mint)와 파촐리, 제라늄 등의 잎만 사용하여 중후하고도 부드러운 잔향을 자아내야 한다고 하였다. 또, 톱 노트와 베이스 노트 향의 느낌과 서로 다른 향을 선택하면 마치 옷을 바꿔 입은 듯한 느낌이 든다고 하였다. 향수는 일반적으로 귀 뒤, 손목, 가슴골, 무릎 뒤 등 맥박이 뛰는 곳에 뿌리지만, 이 향수만큼은 머리카락, 옷깃 등 피부에 스치는 곳이라면 어디나 뿌려도 좋으며, 부향률(농도)이 높아도 매혹적이라고 하였다.

2. 훌륭한 조향사가 되는 조건

겔랑에서 최고 조향사(grand perfumer)로 인정받는 티에리 바세(Thierry Wasser)가 2009년 12월 26일「중앙일보」와 함께한 대담에서 밝힌 조향사가 갖춰야 할 조건 등을 살펴보자.

1) 허브리스트가 되고 싶은 어린 시절 꿈과 조향사 수업

스위스 로잔에서 태어난 바세는 어릴 때 어머니 친구에게서 맡은 남성적인 기운이 느껴지는 진한 향(겔랑의 '아비 루즈')이 아직도 기억난다고 하였다. 어린 시절 학교에 가는 것보다 산과 들에서 허브를 채취하고 여러 식물의 뿌리에서 나는 냄새와 풀에서 향기를 맡는 것을 매우 좋아하였다. 어렸을 적에 프랑스 동부 스트라스부르의 오래된 허브 가게에서 각기 다른 여러 가지 냄새를 맡고 큰 충격을 받아 장차 식물학을 공부해 허브리스트가 되기로 결심했다고 한다. 그리고 경험을 쌓고자 일주일에 하루는 허브리스트 가게에서 일도 하였다.

세계 최고 조향 기업인 지보단(Givaudan)이 스위스에서 운영하는 향수 학교의 입학 면접에서 교장 선생님은 바세에게 향이나 후각 능력 테스트 대신에 음악·미술 분야와 관련해서 질문하였는데, 자신의 상상력과 감수성을 살펴보고서 입학을 권했다고 하였다.

2) 훌륭한 조향사는 감성과 체력이 우선이다

조향사에게 후각이 가장 중요하다는 것은 누구나 알고 있다. 하지만 티에리 바세는 후각은 훈련하면 후천적으로도 얼마든지 단련할 수 있으므로, 오히려 감수성과 상상력이 향을 창조하는 데 도움이 된다고 하였다. 자신은 담배도 피우고 마늘도 잘 먹는데, 담배나 마늘이 조향사의 후각에 별 영향을 주진 않는다고 생각하며, 조향사의 후각은 오직 후천적으로 훈련받으면 발달한다고 하였다.

그러므로 훌륭한 조향사가 되려면 뛰어난 머리와 체력이 필요하다고 하였다. 왜냐하면 조향의 기본 향은 대략 3,000여 종이나 되는데 이 향을 구별하고 기억해 낼 수 있어야 하기 때문이다. 그래야 톱 노트에서 베이스 노트에 이르기까지 제조 과정에 사용할 향을 결정한 다음, 어떤 순서로 섞고 통제하여야 머릿속에서 상상하는 향수가 탄생할지 해답을 얻을 수 있으므로 창의력이 필요하다고 하였다.

또한 조향사에게 체력은 필수이다. 바세는 스승인 장 폴 겔랑(Jean Paul Guerlain)이 전 세계 어디든 새로운 향의 소재를 찾아다니는 모습을 보면서 조향사는 탐험가와 같은 강한 체력이 필요하다고 생각하였다. 그래서 예전에 조향사는 대부분 남자였으나 요즘은 남녀 비율이 반반 정도 되는데, 여기서 중요한 것은 성별과는 무관하게 체력이 좋아야 한다는 것이다.

3) 조향사는 화학을 전공해야 하는가

향수의 원료 배합비를 알려면 화학 지식을 기본으로 갖추어야 할 것으로 생각하기 쉽다. 그러나 바세는 향수의 배합은 요리사가 음식을 만들 때 재료를 어떻게 섞는지를 화학 책에 나오는 식으로 표현하지 않고 레시피에 따라 맛을 내는 것과 같다고 하였다. 또한 실무에 필요한 화학 지식은 일하면서 배워도 충분한 기본적인 것들이다. 그러나 여전히 유명한 조향 학교에서는 대학에서 화학이나 관련 전공자를 우선시한다.

3. 조향사의 직업관

우리나라 1세대 조향사로 알려진 정미순 대표가 2017년 11월 10일 「매일경제」 인터뷰에서 설명한 조향사의 직업관을 살펴보자.

1) 후각과 감성은 조향사가 갖추어야 할 기본 조건이다

조향사가 기본적으로 갖추어야 할 자질은 후각과 감성이다. 후각은 타고나지만 감성은 조향사 자신이 직접 접하고 느끼는 것으로 문학이나 예술적인 감성의 표현력이 매우 중요하다. 즉, 특정 향을 언어로 표현하여 사람들에게 전달하든지, 거꾸로 사물의 느낌을 향으로 표현하는 기술이 필요하다. 향화학 수업 시간에 학생들이 향을 표현하는 것을 매우 부담스러워하는 것을 볼 수 있다. 예를 들어 라면 국물의 냄새를 표현해 보라고 하면 겨우 3~4개뿐이었다. 따라서 유능한 조향사는 향에 대한 변별력에서 일반 사람들과 크게 차이가 난다.

조향사는 후각의 기능을 잘 유지해야 한다. 코를 건조하지 않게 하고 스트레스를 적게 받는 것이 중요하다. 스트레스를 많이 받으면 향을 제대로 맡을 수 없기 때문이다. 또, 충분한 수면과 정신적으로 평온한 상태를 유지한다면 후각을 최대로 예민하게 유지할 수 있다.

2) 민간 자격증을 취득하면 직업인으로 조향사가 될 수 있다

조향사가 되는 조건으로 화학 지식이 꼭 필요한 것은 아니지만, 기업 연구소나 조향을 직업으로 선택하고 싶다면 화학을 전공하는 게 좋다. 그러나 단순히 공방에서 향을 다루는 일을 하고 싶다면 훈련을 받는 것만으로도 기본적인 화학 지식을 얻을 수 있다. 조향사는 화장품·향료 회사에서 일할 수도 있지만 퍼퓸 디자인 분야 등 더 넓은 범주에서 직업을 찾을 수 있다.

현재 우리나라에는 정부가 공인하는 조향사 자격증은 없으나 조향 학원에서 1년 정도 교육을 받으면 민간 자격증을 취득할 수 있다. 조향사 교육과정은 기초 과정인 3급 퍼퓸 디자이너, 전문가 과정인 2급 퍼퓸 마스터와 1급 퍼퓸 인스트럭트로 구성된다. 이러한 교육과정을 통하여 조향사의 전문 지식과 경험을 쌓을 수 있다.

3) 조향사는 자신의 컬러를 강조해야 한다

조향사는 무의식적으로 자신의 취향(컬러)을 반영한 향수를 만든다. 대중이 좋아하는 향이 있지만 조향사 자신이 좋아하는 향도 있기 때문이다. 따라서 유명한 향수 회사에 소속된 조향사들은 트렌드에 민감하게 반응하면서 동시에 그 브랜드만의 고유한 틀을 유지하되 자신의 취향을 조향에 일부 포함시킨다. 티에리 바세가 좋은 예이다.

프랑스를 대표하는 향수 회사인 겔랑의 장 폴 겔랑이 젊은 세대의 취향에 맞게 겔랑 향수의 느낌을 변화시킬 목적으로 티에리 바세라는 조향사를 영입하였다. 그러나 보수적인 고객들은 "이건 내가 예전부터 쓰던 겔랑 향수가 아닌데…."라며 겔랑의 향수를 외면했다는 것이다. 또, 묵직한 느낌(올드)의 향수를 가벼운 느낌으로 만들었더니 "이 향수는 왜 이렇게 가벼워."라면서 기피한 것이다. 대중성이 있어도 모두를 만족하는 향이란 존재하지 않는다는 것을 알 수 있다.

4) 조향사의 독창적인 향수는 어떻게 탄생하는가

대부분의 조향사는 향수를 만들 때 대중성과 독창성 가운데 어느 것을 택할지 항상 고민한다. 즉, 개성이 강한 독창적인 향과 대중이 좋아하는 향 사이에서 선택해야 한다. 사람들이 익숙한 일반적인 아쿠아틱(바다), 플로럴(꽃), 프루티(과일) 향을 이용하면 대중이 좋아하는 향수를 만들 수 있다. 조향의 구성(톱, 미들, 베이스)에서 저렴한 느낌이 나는 향을 입히면 저가 제품이, 고급스러운 느낌이 나는 향을 입히면 고가 제품이 된다. 향은 제품의 부가가치를 높이는 역할을 하므로 제품 콘셉트에 맞는 향을 매치하는 것이 가장 중요하다.

따라서 조향사는 일반적인 향에 개성이 강한 나무 향, 스파이시 향 등을 조화롭게 해서 독특한 향을 만들어 낼 수 있다. 이러한 향을 넣은 향수는 대중적이기보다 개성을 마음껏 드러낸 독창적인 향수가 된다. 세계적인 조향사 파브리스 펠레그린의 최근 작품인 '오드 민떼'는 민트라는 일반 향에 자신만의 개성이 강한 향을 조화시킴으로써 독창적인 작품으로 탄생시켰다.

4. 자신에게 알맞은 향수란

향수는 개인의 취향에 따라 즐기면 된다. 티에리 바세는 자신의 방법을 찾는 게 좋다고 하였다. 예를 들어 남성용 향수인 옴므 겔랑(L'Homme Guerlain)은 티에리 바세가 쿠바 여행에서 마신 모히토의 맛과 바의 분위기를 향수에 옮긴 것이다. 조향사가 모히토를 주제로 삼았다고 해서 향수를 뿌리는 사람도 모히토로 느낄 필요는 없다. 향수는 그것을 어떻게 즐기든 향수 뿌리는 사람의 마음이기에 외출하기 전에 뿌리면 좋다든가, 신체 어느 부위에 뿌려야 향이 잘 난다든가 하는 점에 집착할 필요는 없다. 조향사가 자유로운 상상력을 창조해 향수를 만들어 내듯이 향수를 사용하는 사람도 향수를 뿌리는 그 순간만큼은 자유를 느끼는 것이 중요하다.

일반적으로 사람들은 이런저런 향을 맡아 보고 마음에 드는 향을 자신에게 맞는 향이라고 착각한다. 시향할 땐 착향하고 나서 향이 사라질 때까지 맡아 보는 게 중요하다. 시간이 지나도 그 향에 계속 호감이 간다면 자신한테 잘 맞는 것이다. 반면 시향을 해보니 첫 향(톱 노트)은 좋은데 시간이 지나니 뭔가 불편한 게 있다면 자신에게 맞지 않는 것이다. 또한 착향하고 하루 정도 관찰해 보는 것을 권한다. 향은 일종의 기운, 즉 에너지이므로 사람의 에너지 흐름을 바꿀 수도 있기 때문이다. 향수를 뿌렸는데 기분이 좋아지는 것을 느낄 때도 있지만, 반대로 나빠질 때도 있다. 이러한 경우에 자신에게 잘 맞는 향은 당연히 전자일 것이다. 향수를 계속 사용하는 사람은 이 미묘한 변화를 감지할 수 있으므로 자신의 컨디션을 좋게 만드는 향수를 잘 알아낸다.

또한 나라별로 기후, 문화 등이 다르듯이 선호하는 향수도 자연스레 달라진다. 서양 사람들에게 잘 맞는 향이 있는 반면 동양 사람들에게 잘 어울리는 향이 있다. 서양인은 오리엔탈 향 등 무거운 느낌이 나는 향의 선호도가 높지만, 우리나라 사람들은 무거운 향을 쉽게 받아들이지 못하여서 프루티, 시트러스 향 등이 인기가 많다.

향수를 직접 제조하든가 향수품을 개인 취향으로 즐기고 싶다면 온라인 사이트 프래그란티카(Fragrantica)를 소개한다. 프래그란티카는 미국 캘리포니아주 샌디에이고에 기반을 둔 향수 온라인 백과사전, 향수 잡지이자 향수 애호가의 커뮤니티이다. 이곳에서는 독자들에게 새로운 향수의 출시뿐만 아니라 유명한 향수와 덜 알려졌지만 멋진 향수도 소개한다. 모든 사람에게 여러 언어로 제공하는 오픈 공간이어서 리뷰에 기여하고 포럼 토론에도 참여할 수 있다. 또한 이미 출시한 향수의 관능 평가인 세계 각국의 소비자 평가 결과를 실시간으로 제공하므로 독자에게 매우 유용한 자료가 될 것이다.

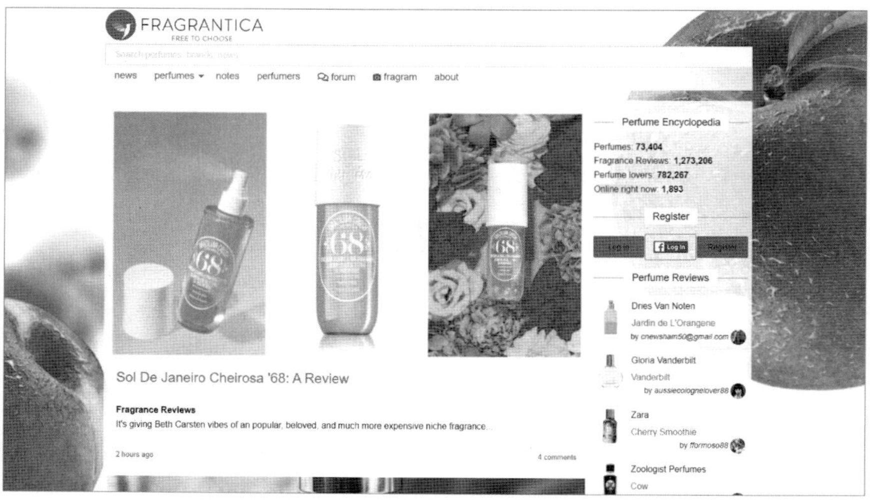

그림 14-1 프래그란티카 홈페이지(https://www.fragrantica.com)

5. 외국의 조향사 양성 기관

조향사 양성 기관으로는 장자크 겔랑이 프랑스 베르사유에 세운 이집카(ISIPCA)와 조향 기업인 지보단이 스위스에 세운 향수 학교(Givaudan perfumery school)가 유명하다.

- 이집카: https://www.isipca-schol.com
- 지보단 향수 학교: https://www.givaudan.com/fragrance-beauty/perfumery-school

1) 이집카

이집카는 장자크 겔랑(Jean-Jacques Guerlain)이 1970년에 설립하여 헌신, 정확성, 창의성을 바탕으로 많은 전문가를 훈련·양성하였으며, 세계적으로 영향력을 확대해 왔다. 향수, 화장품, 향료 분야에서 세계를 선도하는 권위 있는 고등 교육 기관으로 프랑스인뿐 아니라 외국 학생과 업계 전문가에게 세계적인 수준의 전문 지식을 제공한다.

표 14-1 이집카의 교육과정

구분	내용	학비	입학 요건(등록 조건)
교육 과정	석사 학위 1, 2, 3년 과정: 유럽 향수 및 화장품 석사 (대학 학위, 향수 원료 및 화장품에 대한 철저한 지식 습득, 공식화 기술의 이해)	• 석사 2년 과정 총 €21,000 -1학년: €11,900 -2학년: €9,300 • 석사 1년 과정 €10,250	• 석사 2년 과정 - 화학, 생화학, 생물학, 생명공학, 약학 학사 학위 (180 ECTS 제공) - 유창한 영어 실력이 필요하다. 영어 능력 시험 점수는 TOEFL iBT 80 이상이다.
			• 석사 1년 과정 - 대학원 수준의 과학 분야 석사(화학, 화학 공학, 생화학, 식품 기술, 식품 과학) - 풍미 또는 식품 기술에 대한 전문 경험은 필수는 아니지만 권장한다. - 유창한 영어가 필요하다. 영어가 모국어가 아닌 사람에게 필요한 영어 능력 시험 점수는 IELTS 6.5 또는 TOEFL iBT 85 또는 TOEIC 850이다.
			• 석사 3년: 전문대학 졸업자의 자격을 필한 자이다.
	5개월 과정의 전문 석사 학위 과정 인턴십		• 5개월 과정 자격은 따로 문의하여야 한다. • 화학, 식품 과학, 생물 공학 석사 학위 이상 • 생명 과학, 화학, 약학에서 5년 고등 교육 연구자 • 약사, 수의사, 의학 분야의 의사, 또는 석사 1년, 고등교육 4년 이상인 자
			• 전문 경력 3년(과장)과 유창한 영어(TOEFL iBT 85) 실력이 필요하다.

학생들은 과학, 기술, 마케팅, 무역 응용 분야에서 숙련을 쌓기 위해 해당 분야의 전문가인 열정적인 강사와 함께 일한다. 수준 높은 교육은 사치품, 화장품, 식품 향료, 산업용 향수와 같은 주요 프랑스 산업에서 전문 경력을 쌓을 기회를 제공한다.

2) 지보단 향수 학교

지보단은 기술뿐만 아니라 기술을 개발하고 사용하는 조향사 교육에도 독보적이어서 지보단 향수 학교를 통하여 세계 최고의 조향사를 길러낸다. 1992년 지보단과 루루(Roure)사가 합병한 이후 1997년부터 지보단 퍼퓨머리 학교로 이름을 바꿨다. 샤넬의 조향사로 유명한 자크 폴쥐(Jacques Polge)도 이 학교 출신이다. 처음 7개월 동안 원료 500가지의 향을 기억해야 하는데, 이를 수행하지 못하면 퇴교당하는 엄격한 교육 시스템으로 유명하다. 반면 이 과정을 통과한 학생들은 지보단에서 5년간 일할 수 있도록 보장받는다. 즉, 지보단 향수 학교에서 4년과 지보단에서 5년 총 9년 동안 실습과 업무를 겸할 수 있다. 2015년 10월에 싱가포르에 분교를 설치하였다.

지보단은 세계 최대 향료 제조 회사이자 조미료 회사이다. 향수뿐만 아니라 화장품, 세제류, 가정용 생활용품, 음료, 과자류, 식품 등 다양한 제품에 사용하는 향료 원료를 생산하고 있다. 지보단은 해마다 매출의 10% 이상을 연구개발에 투자하고 있다. 특히 지보단이 개발한 고유 기술인 센트 트렉(scent trek)은 식물에서 특정 천연 향을 채취하므로 세계 유명 향수 브랜드들이 지보단의 향을 독점 계약하여 사용하고 있다.

6. 향료 회사의 국내외 동향

전 세계 시장에서 판매되는 수많은 향수와 향수 브랜드 중에서 조향사가 자체적으로 원료 조달부터 제품 기획과 개발·생산까지 책임지는 곳은 겔랑과 샤넬 정도다. 겔랑은 프랑스 황제 나폴레옹 3세의 주문으로 1853년에 내놓은 '오드콜로뉴 앵페리알(Eau de Cologne Imperiale)'은 지금도 생산되고 있다. 1925년 출시한 '샤이마르(Shalimar)'는 여성용 향수 시장에서 여전히 베스트셀러이다. 나머지 브랜드는 대개 스위스 지보단과 피어메니시(Firmenich), 미국 IFF(International Flavors & Fragrances) 등과 같은 유럽의 세계적인 향료 업체에 개발과 생산을 맡기고 마케팅만 담당한다.

2015년 현재 글로벌 향료 업계 1위 업체는 스위스의 지보단이다. 이 회사는 매출액 기준 시장 점유율을 19%로 기록하고 있다. 이어 스위스 피어메니시(13%), 미국 IFF(12.5%), 독일 심라이즈(12%), 일본 다카사고 향료공업주식회사(4.9%) 순서이다. 이들 업체는 대부분 19세기 후반에 창립된 100년이 넘은 기업들이다.

국내에는 글로벌한 규모의 향료 회사는 없으며 보락(1959년 창립)과 서울향료(1974년 창립)가 업계 1~2위를 다투고 있다. 금융감독원에 따르면 보락의 2018년 매출액은 337억 원으로 서울향료(360억 원)보다 23억 원 적었지만, 2017년에는 보락이 334억 원으로 서울향료(324억 원)보다 10억 원 많았다. 보락은 식품 첨가물을 주로 판매하며 식품 소재, 원료 의약품, 기능성 소재 그리고 화장품 원료도 판매한다. 1959년 한국농산공업이라는 이름으로 창립한 후 1989년 상호를 보락으로 바꾸고 유가증권시장에 상장하였다. 서울향료는 향료 제조 판매 기업으로 본사는 서울 신반포동에 있으며 인천과 충북 등에 공장이 3개 있다.

2021년 9월 한국기업평판연구소에서는 빅데이터 분석으로 소비자의 브랜드 습관과 브랜드의 관계 분석을 통하여 브랜드 평판을 분석한 20개 순위 결과를 내놓았다. 샤넬(Chanel), 조말론(Jo Malone), 구찌(Gucci), 딥티크(Diptyque), 겐조(Kenzo), 클린(Clean), 몽블랑(Montblanc), 버버리(Burberry), 크리스찬 디올(Christian Dior), 불가리(Bulgari), 크리드(Creed), 톰포드(Tom Ford), 베르사체(Versace), 랑방(Lanvin), 끌로에(Chloé), 캘빈클라인(Calvin Klein), 러쉬(Lush), 키엘(Kiehl's), 마크제이콥스(Marc Jacobs), 바이레도(Byredo) 향수순으로 나타났다.

| 참고문헌 |

1장

Cha YJ, Kim JH, Sim JH, Yu D. Studies on the flavor compounds in traditional salt-fermented fishes. ***Korean J Fish Aquat Sci*** 53(3), 259-272, 2020.

Hong YS, Kim KS. Identification of volatile flavor compounds in Jeju citrus fruits. ***Korean J Food Preserv*** 23(7), 977-988, 2016.

Reicher SD, Templeton A, Neville F, Ferrari L, Drury J. Core disgust is attenuated by ingroup relationa. ***PNAS*** 113(10), 2631-2635, 2016.

식품의약품안전처. 식품영양성분DB. 2020.
https://www.foodsafetykorea.go.kr/fcdb/

2장

김정도. 후각 인터페이스와 후각 디스플레이 기술. 전자공학회지 34(6), 59-70, 2007.

김현정. 올 노벨의학상, 인간 후각구조 체계화 인정. 데일리메디. 2004.
http://www.dailymedi.com/detail.php?number=650301

양해주. 향의 세계. 화장품신문사. 한국, 1996.

平山令明. 香りの 科學. 향의 과학. 윤선해 옮김. 황소자리. 한국, 2021.

Baik JH. G Protein coupled recptor signaling: Recent progress. ***Endocrinology and Metabolism*** 14(3), 440-452, 1999.

Han SY. Background information on the sense of smell and stereochemical theory of odor. ***J Soc Cosmet Sci Korea***, 8(1), 3-8, 1980.

Kim JW. Mechanism of olfaction by odorant receptors of the nose. ***J Clinical Otolaryngol*** 18, 3-9, 2007.

Konosu S, Yamaguchi K. The flavor components in fish and shellfish. In ***Chemistry & Biochemistry of Marine Food Products***. Martin RE, Flick GJ, Hebard CE, Ward DR eds. pp.367-404, AVI Publising Co., Westport, CT, USA, 1982.

Mamlouk AM. Quantifying Olfactory Perception, Diploma Thesis, University of Lubeck, 2002.

Panda H. ***Perfumes and Flavours Technology Handbook***. Asia Pacific Business Press Inc.,

New Delhi, India, 2010.

Vroon P, Amerongen A van, Vries H de. *Verbogen Verleider.* 냄새: 그 은밀한 유혹. 이인철 옮김. 까치글방. 한국, 2000.

3장

박중곤. 한국의 향기문화. ㈜가야넷. 한국, 1999.

양해주. 향의 세계. 화장품신문사. 한국, 1996.

주경옥. 향수. 세창출판사. 한국, 1995.

平山令明. 香りの 科學. 향의 과학. 윤선해 옮김. 황소자리. 한국, 2021.

Tisserand R. *The Art of Aromatherapy.* 향기요법. 손숙영 옮김. 글이랑. 한국, 1997.

4장

김정선. 국내외 식품 향료 관리현황 및 시사점. 식품과학과 산업 49(1), 20-29. 2016.

식품첨가물공전. 2021.
https://www.foodsafetykorea.go.kr/foodcode/04_00.jsp

양해주. 향의 세계. 화장품신문사, pp.24-31, 1996.

최낙언의 자료보관소. 2022.
http://www.seehint.com/hint.asp?no=10022

Lee DS. Reviews on the sources, isolations and analytical technology of natural fragrances. *Korean J Odor Res Engineer* 1(1), 16-30, 2002.

Reineccius G. *Flavor Chemistry and Technology.* CRC Press Taylor & Francis Group, Boca Raton, FL, USA. pp.33-72, 2005.

Teranishi R. Challenges in Flavor Chemistry: An Overview. In *Flavor Analysis*, CJ Mussinan, MJ Morello eds, ACS Symposium series No. 705, Washington DC, USA, pp.1-6, 1998.

5장

이철호·이진근·채수규·고경희·손혜숙. 식품의 향미. 식품평가 및 품질관리론. pp.126-163, 유림문화사. 서울, 한국, 1999.

차용준·김훈·장성민·박지영. AEDA법에 의한 한국산 젓갈류의 Aroma-Active 성분의 구명, 1. 시판 멸치젓의 Aroma-Active 성분. 한국식품영양과학회지 28(2), 312-318, 1999.

Acree TE, Barnard J, Cunningham DG. A Procedure for the Sensory Analysis of Gas Chromatographic Effluents. *Food Chemistry* 14, 273-286, 1984.

Blank I. Gas Chromatography-Olfactometry in Food Aroma Analysis. In *Techniques for Analyzing Food Aroma*, Marsili R. ed, Marcel Dekker, pp.293-329, New York, USA. 1996.

Dravnieks A. *Atlas of Odor Character Profiles, ASTM Data Series DS 61*. American Society for Testing and Materials, Philadelphia, PA, USA, 1985.

Jeltema MA, Southwick EW. Evaluation and Application of Odor Profiling. *J Sensory Studies* 1, 123-136, 1986.

Miranda-Lopez R, Libbey LM, Watson BT, Mcdaniel MR. Odor Analysis of Pinot Noir Wines from Grapes of Different Maturities by a Gas Chromatography-olfactometry Technique (OSME). *J Food Sci* 57(4), 985-993, 1992.

Schieberle P, Grosch W. Evaluation of the Flavour of Wheat and Rye Bread Crusts by Aroma Extract Dilution Analysis. *Eur Food Res Technol* 185, pp.111-113, 1987.

6장

김윤숙. 21세기의 식품관리기술: 전자 코. Bulletin of food technology, 24(2), 255-264, 2011.

악취의 개요, 정의, 악취유발물질, 측정과 분석, 악취의 제어.
https://www.cheric.org/files/research/ip/g200001/g200001-101.pdf

오재순·양현철·이진영·지윤영·정성호. 초임계 CO_2 추출 기술에 의한 견과류로부터 천연 향료 소재개발기술 확립 및 적용(보고서). 농림수산식품부, pp.21-23, 2009.

이홍원. 후각의 원리. 한국과학기술정보연구원, ReSEAT프로그램. 2007.
https://www.reseat.or.kr/portal/cmmn/file/fileDown.do?menuNo=200019&atchFileId=82bfd168b5624c31a1d02fc8a0aa112d&fileSn=1&bbsId=

차용준. 식품 향기원으로서의 유지와 향기 분석기술. 식품과학과 산업 30(3), 49-64, 1997.

차용준·김훈·장성민·박지영. AEDA법에 의한 한국산 젓갈류의 Aroma-Active 성분의 구명, 1. 시판 멸치젓의 Aroma-Active 성분. 한국식품영양과학회지 28(2), 312-318, 1999.

한국식품영양과학회 편. 식품영양실험핸드북, -식품편-. 도서출판 효일. 한국, pp.263-276, 2000.

Acree TE. Gas chromatography-olfactometry. In *Flavor Measurement*, Ho CT, Manley CH eds, Marcel Dekker, New York, USA, pp.77-94, 1993.

Bankova V, Bertelli D, Borba R, Conti BJ. Cunha IBS, Danert C, Eberlin MN. et al. Standard methods for *Apis mellifera* propolis research. *J Apicultural Research* 58(2), 1-49, 2016.

Blank I. Gas chromatography-olfactometry in food aroma analysis. In *Techniques for Analyzing Food Aroma*, Marsili R. ed, Marcel Dekker, New York, USA, pp.293-329, 1996.

Buettner A, Schieberle P. Evaluation of Key Aroma Compounds in Hand-Squeezed Grapefruit Juice (Citrus paradisi Macfayden) by Quantitation and Flavor Reconstitution Experiments. *J Agric Food Chem* 49, 1358-1363, 2001.

Cha YJ, Kim H, Park SY, Kim SJ, You YJ. Identification of irradition-induced volatile flavor compounds in beef. *J Korean Soc Food Sci Nutr* 29(6), 1042-1049, 2000.

de Koning S, Janssen HG, Brinkman UAT. Modern Methods of Sample Preparation for GC Analysis. *Chromatographia Supplement* 69, S33-78, 2009.

Demole E, Paul Enggist P, Ohlof G. 1-p-Menthene-8-thiol: A Powerful Flavor Impact Constituent of Grapefruit Juice (Citrus purudisi Macfayden). *Helvetica Chimica Acta* 65(6), 1785-1794, 1982.

Etiévant PX, Callement G, Langlois D, Issanchou S, Coquibus N. Odor Intensity Evaluation in Gas Chromatography-Olfactometry by Finger Span Method. *J Agric Food Chem* 47, 1673-1680, 1999.

Nagata Y, Takeuchi N. Measurement of odor threshold by triangle odor bag method. *Odor measurement review* 118, 8-127, 2003.

NIST Chemistry Webbook, 2015.
http://webbook.nist.gov/chemistry/

Reineccius G. Flavor Analysis. In *Source Book of Flavors*, Chapman & Hill, New York, USA, pp.24-60, 1994.

Reineccius G. *Flavor Chemistry and Technology*. CRC Press Taylor & Francis Group, Boca Raton, FL, USA. pp.33-72, 2005.

Schmidt K, Podmore I. Solid phase microextraction (SPME) method development in analysis of volatile organic compounds (VOCS) as potential biomarkers of cancer. *J Mol Biomark Diagn* 6(6), 253, 2015.

Sydor R, Pietryzk DJ. Comparison of porous copolymers and related absorbents for the stripping of low molecular weight compounds from a flowing air stream. *Anal Chem* 50(13), 1842-1847, 1987.

7장

양해주. 향의 세계. 화장품신문사. 한국, 1996.

平山令明. 香りの科學. 향의 과학. 윤선해 옮김. 황소자리. 한국, 2021.

Anois DP. Hyacinth in perfumery. *Perfumer & Flavorist* 10, 17-20, 1985.

Buettner A, Schieberle P. Evaluation of Key Aroma Compounds in Hand-Squeezed Grapefruit Juice (Citrus paradisi Macfayden) by Quantitation and Flavor Reconstitution

Experiments. *J. Agric Food Chem* 49, 1358–1363, 2001.

Demole E, Paul Enggist P, Ohlof G. 176. 1-*p*-Menthene-8-thiol: A Powerful Flavor Impact Constituent of Grapefruit Juice (Citrus purudisi Macfayden). *Helvetica Chimica Acta* 65(6), 1785–1794, 1982.

Grapefruit. *Helvetica Chimica Acta*, 65(6), 1785–1794, 1982. https://onlinelibrary.wiley.com/doi/abs/10.1002/hlca.19820650614

Haring HG, Rijkens F, Boelens H, van der Gen A. Olfactory studies on enantiomeric eremophilane sesquiterpenoids. *J Agr Food Chem* 20(5), 1018–1021, 1972.

Lee DS. Reviews on the sources, isolations and analytical technology of natural fragrances. *Korean J Odor Res Engineer* 1(1), 16–30, 2002.

Muchtaridi M, Subarnas A, Apriyantono A, Mustarichie R. Identification of compounds in the essential oil of nutmeg seeds (*Myristica fragrans* Houtt.) that inhibit locomotor activity in mice. *Int J Mol Sci* 11(11), 4771–4781, 2010.

Ohloff G, Vial C. 205. Stereochemistry-odor relationships in enantiomeric ambergris fragrances. *Helvetica Chimica Acta* 63(7), 1932–1946, 1980.

Son HH, Lee DS. Analysis of volatile aroma compounds from vanilla perfume using headspace disk type monolithic material sorptive extraction. *Anal Sci Technol* 24(6), 421–428, 2011.

Sun J, Sun B, Ren F, Chen H, Zhang N, Zhang Y. Influence of different frying processes on the flavor characteristics and sensory profile of garlic oil. *Molecules* 24(24), 4456, 2019.

Tisserand R, Young R. *Essential Oil Safety: A Guide for Health Care Professionals*. 2nd ed, Churchill Livingstone, London, UK, 2014.

8장

오홍근. 아로마테라피 핸드북. 양문출판사. 서울, 한국, 2002.

이세희 편저. 아로마테라피. 홍익재. 서울, 한국, 1995.

平山令明. 香りの科學. 향의 과학. 윤선해 옮김. 황소자리. 한국, 2021.

荒井綜一, 小林彰夫, 矢島泉, 川崎通昭(編). 最新 香料の事典. 朝倉書店. 東京, 日本, 2000.

Al-Shuneigat J, Al-Sarayreh S, Al-Qudah M, Al-Saraireh Y, Al-Tarawneh I. Chemical composition and antioxidant activity of essential oil of Achillea santolina. *Indian J Natural Sci* 56(10), 17694–17701, 2019.

Tisserand R, Young R. *Essential Oil Safety: A Guide for Health Care Professionals*. 2nd ed, Churchill Livingstone, London, UK, 2014.

Tisserand R. *The Art of Aromatherapy*. 향기요법. 손숙영 옮김. 글이랑. 서울, 한국, 1997.

9장

강린·서문경애. 향기요법 간호중재의 통증완화 효과-체계적 문헌고찰과 메타분석. *J Digital Convergence* 14(6), 271-283, 2016.

강지윤. 스트레스로 오는 질병을 위한 아로마 블렌디에 대한 연구. 조선대학교 디자인대학원 뷰티·패션디자인학과 석사학위논문. 2005.

박재연. 효과적인 에센셜 오일 사용을 위한 블랜딩 방법에 관한 연구. 대한피부미용학회지 4(2), 47-55, 2006.

오홍근. 아로마테라피 핸드북. 양문출판사. 한국, 2002.

윤나리·유은주·윤천성. 아로마테라피의 효능과 활용에 관한 탐색적 연구. 뷰티산업연구 9(2), 85-98, 2015.

이세희 편저. 아로마테라피. 홍익재. 한국, 1995.

이용호. 향기요법(Aromatherapy)이란 무엇인가. 산업보건 180, 43-46, 2003.

Tisserand R, Young R. *Essential Oil Safety: A Guide for Health Care Professional*s. 2nd ed, Churchill Livingstone, London, UK, 2014.

Tisserand R. *The Art of Aromatherapy*. 향기요법. 손숙영 옮김. 글이랑. 서울, 한국, 1997.

10장

(独)産業技術総合研究所 関西産学官連携センター. 香気成分分析, 中小企業のための分析機器利用マニュアル. 平成21年度 研究開発環境支援事業, 日本, 2009.
http://www.chem-agilent.com/cimg/manual_100310.pdf

渡邊昭次. 香料化學入門. 향료화학 입문. 이유선·김경희·김성문 편역. 신일북스. 한국, 2015.

松浦弘明, 塩田誠. GC/MSによる高脂肪食品中ラクトン類の簡易定量. 分析化学 66(10), 751-756, 2017.

印藤元一. 合成香料: 化学と商品知識. 化学工業日報社. 東京, 日本, 1996.

印蒋元一. 香料の実際知識 第2版. 東洋經濟新報社. 東京, 日本, 1985.

長谷川香料株式会社. 香料の科學(The Science of Flavors and Fragrances). 講談社. 東京, 日本, 2013.

中島基貴 編著. 香料と調香の基礎知識. 産業園書. 日本, 1995.

下田満哉, 筬島豊. 香気成分の分析と評価-その1 -試料調製法-. 日本調理科学会誌 33(4), 510-514, 2000.

JFFMA. 香料の原料. Japan Flavor & Fragrance Materials Association. 2009. https://www.jffma-jp.org/course/

Nivaldo J. *Introductory Chemistry*. 화학의 이해. 안상두·정기주·신권수 옮김. 라이프사이언스. 한국, 2008.

11장

김상진·권소영·간수연. 향수, 과학 혹은 예술. 훈민사. 한국, 2009.

渡邊昭次. 香料化學入門. 향료화학 입문. 이유선·김경희·김성문 편역. 신일북스. 한국, 2015.

印藤元一. 香料の実際知識 第2版. 東洋經濟新報社. 東京, 日本, 1985.

長谷川香料株式会社. 香料の科學(The Science of Flavors and Fragrances). 講談社. 東京, 日本, 2013.

中島基貴 編著. 香料と調香の基礎知識. 産業園書. 東京, 日本, 1995.

JFFMA. 香りと香料. Japan Flavor & Fragrance Materials Association. 2009. https://www.jffma-jp.org/fragrance/

JFFMA. 香料とは. Japan Flavor & Fragrance Materials Association. 2009. https://www.jffma-jp.org/about/

12장

김상진·권소영·간수연. 향수, 과학 혹은 예술. 훈민사. 한국, 2009.

양해주. 향의 길라잡이. 도서출판 남양문화. 서울, 한국, 2015.

황영한·정용안·장윤호·노경호. 탈취제의 최근 동향. 화학공업과 기술 15(1), 26-31. 1997.

渡邊昭次. 香料化學入門. 향료화학 입문. 이유선·김경희·김성문 편역. 신일북스. 한국, 2015.

印藤元一. 香料の実際知識 第2版. 東洋經濟新報社. 東京, 日本, 1985.

長谷川香料株式会社. 香料の科學(The Science of Flavors and Fragrances). 講談社. 東京, 日本, 2013.

中島基貴 編著. 香料と調香の基礎知識. 産業園書. 東京, 日本, 1995.

JFFMA. 香りと香料. Japan Flavor & Fragrance Materials Association. 2009. https://www.jffma-jp.org/fragrance/

13장

식품안전나라. 천연향료. 식품의약품안전처. https://foodsafetykorea.go.kr/foodcode/04_03.jsp?idx=617

식품안전나라. 합성향료. 식품의약품안전처.
https://foodsafetykorea.go.kr/upload/residue/2-4-613.pdf

식품안전나라. 식품공전, 제5. 식품별 기준 및 규격, 9. 음료류. 식품의약품안전처.
https://foodsafetykorea.go.kr/foodcode/01_03.jsp?idx=30

식품안전나라. 식품공전, 제5. 식품별 기준 및 규격, 1. 과자류, 빵류 또는 떡류. 식품의약품안전처.
https://foodsafetykorea.go.kr/foodcode/01_03.jsp?idx=22

식품안전나라. 식품공전, 제5. 식품별 기준 및 규격, 2. 빙과류. 식품의약품안전처.
https://foodsafetykorea.go.kr/foodcode/01_03.jsp?idx=23

양해주. 향의 길라잡이. 도서출판 남양문화. 한국, 2015.

渡邊昭次. 香料化學入門. 향료화학 입문. 이유선·김경희·김성문 편역. 신일북스. 한국, 2015.

印藤元一. 香料の実際知識 第2版. 東洋經濟新報社. 東京, 日本, 1985.

長谷川香料株式会社. 香料の科學(The Science of Flavors and Fragrances). 講談社. 東京, 日本, 2013.

中島基貴 編著. 香料と調香の基礎知識. 産業圖書. 東京, 日本, 1995.

JFFMA. 香料とは. Japan Flavor & Fragrance Materials Association. 2009.
https://www.jffma-jp.org/about/

JFEMA. 香りと香料. Japan Flavor & Fragrance Materials Association. 2009.
https://www.jffma-jp.org/fragrance/

14장

30조 향료산업, 세계 1위는 스위스 지보단. 2019.
https://biz.chosun.com/site/data/html_dir/2019/05/17/2019051700859.html

미트 한방울이면... 퀴퀴한 당신도 '쏘~쿨'. 조선일보. 최보윤 기자. 2019.
https://www.chosun.com/site/data/html_dir/2019/05/28/2019052800178.html

이집카(ISIPCA)
https://www.isipca.fr/en/evenements/application-deadline-msc-isipca?gclid=Cj0KCQjwuuKXBhCRARIsAC-gM0j7gPvPS1SpZJdLzmOl_c9xM1iq5tP3oo2VDqUMrDtJEnI-kSjVwegaAgOwEALw_wcB

정미순. 세상에서 가장 향기로운 직업. 매일경제 위크엔드 인터뷰. 2017.
https://www.mk.co.kr/news/society/view/2017/11/746939/

지보단
https://www.givaudan.com/fragrance-beauty/perfumery-school

티어리 바세. 181년 역사 프랑스 겔랑의 최고 조향사. 중앙일보 인터뷰. 2009.
https://www.joongang.co.kr/article/3939477#home

한국기업평판연구소 브랜드평판지수어워드. 2021.
http://brikorea.com/bbs/board.php?bo_table=rep_1&wr_id=719

Fragrantica
https://www.fragrantica.com

사진 자료

https://mbdrive.gettyimageskorea.com

| 찾아보기 |

ㅁ

ㅂ

ㅌ

ㅍ

ㅎ

기타

영어

A

B

F

G

H

저자 소개

차용준 현재 창원대학교 식품영양학과 명예교수
부산수산대학교 식품공학과 학사, 석사, 박사
Louisiana State University 식품공학과 post-Doc.
Louisiana State University, Misisippi State University 교환교수
한국식품영양과학회 회장 역임

장성민 현재 ㈜대천향료 대표
창원대학교 식품영양학과 학사, 석사
고려대학교 바이오시스템공학과 박사수료
㈜보락 향료연구실 팀장
향료연구회 부회장

정은정 현재 창신대학교 식품영양학과 교수
창원대학교 식품영양학과 학사, 석사, 박사
창원시 안전관리자문단 위원
한국미용학회, 한국산업융합학회 정회원
한국식품영양과학회 정회원

유대웅 현재 창원대학교 식품영양학과 교수
부경대학교 식품공학과 학사, 석사
University of Saskatchewan 화학생물공학과 박사
서울대학교 연구조교수
제32회 과학기술우수논문상 수상

향화학 이론과 실제

2022년 9월 20일 초판 인쇄
2022년 9월 25일 초판 발행

지은이 차용준 · 장성민 · 정은정 · 유대웅

발행인 이 영 호
발행처 **수 학 사**
10881 경기도 파주시 회동길 56 기한재 1층
출판등록 1953년 7월 23일 제2020-000143호
전화번호 031) 946-4642(代) 팩스 031) 944-1457
http://www.soohaksa.co.kr
디자인 북큐브

정가 26,000원

ISBN 978-89-7140-741-7 (93590)